O MISTÉRIO POR TRÁS DAS
NOSSAS ORIGENS

Gregg Braden

O MISTÉRIO POR TRÁS DAS
NOSSAS ORIGENS

Uma Jornada para Além da Teoria da Evolução

Tradução
Mário Molina

Editora Cultrix
SÃO PAULO

Título do original: *Human by Design – From Evolution by Chance to Transformation by Choice.*
Copyright © 2017 Gregg Braden.
Publicado originalmente em 2017 por Hay House Inc.

P.S.: Sintonize a Hay House Broacasting em: www.hayhouseradio.com.

Copyright da edição brasileira © 2021 Editora Pensamento-Cultrix Ltda.
1ª edição 2021.
Todos os direitos reservados. Nenhuma parte desta obra pode ser reproduzida ou usada de qualquer forma ou por qualquer meio, eletrônico ou mecânico, inclusive fotocópias, gravações ou sistema de armazenamento em banco de dados, sem permissão por escrito, exceto nos casos de trechos curtos citados em resenhas críticas ou artigos de revistas.

A Editora Cultrix não se responsabiliza por eventuais mudanças ocorridas nos endereços convencionais ou eletrônicos citados neste livro.

Editor: Adilson Silva Ramachandra
Gerente editorial: Roseli de S. Ferraz
Preparação de originais: Newton Roberval Eichemberg
Gerente de produção editorial: Indiara Faria Kayo
Editoração eletrônica: Ponto Inicial Design Gráfico
Revisão: Vivian Míwa Matsushita

Dados Internacionais de Catalogação na Publicação (CIP)
(Câmara Brasileira do Livro, SP, Brasil)

Braden, Gregg
   O mistério por trás das nossas origens : uma jornada para além da teoria da evolução / Gregg Braden ; tradução Mário Molina. -- São Paulo : Editora Pensamento Cultrix, 2021.

   Título original: Human by design : from evolution by chance to transformation by choice

   Bibliografia.
   ISBN 978-65-5736-090-3

   1. Seres humanos - Filosofia 2. Seres humanos -
Origem I. Título.

20-57208   CDD-128

Índices para catálogo sistemático:
1. Seres humanos: Antropologia filosófica 128
Cibele Maria Dias - Bibliotecária - CRB-8/9427

Direitos de tradução para o Brasil adquiridos com exclusividade pela
EDITORA PENSAMENTO-CULTRIX LTDA., que se reserva a
propriedade literária desta tradução.
Rua Dr. Mário Vicente, 368 — 04270-000 — São Paulo, SP
Fone: (11) 2066-9000
http://www.editorapensamento.com.br
E-mail: atendimento@editorapensamento.com.br
Foi feito o depósito legal.

*"Para criaturas pequenas como nós, a vastidão
só é suportável graças ao amor."*

Carl Sagan (1934-1996)
astrônomo e cosmólogo norte-americano

SUMÁRIO

Nota do Autor 9

Introdução: Nossa Origem – Por que Isso Tem Importância 11

PARTE I: A NOVA HISTÓRIA HUMANA 19

CAPÍTULO 1: Rompendo com o Discurso de Darwin: *A Evolução É um Fato, Mas Não para os Seres Humanos* 23

CAPÍTULO 2: Humano Conforme um Planejamento: *O Mistério da Fusão do DNA* 56

CAPÍTULO 3: O Cérebro no Coração: *Células do Coração que Pensam, Sentem e Têm Lembranças* 79

CAPÍTULO 4: A Nova História Humana: A Vida com um Propósito 100

PARTE II: O DESPERTAR DA NOVA HISTÓRIA HUMANA 127

CAPÍTULO 5: Nossa "Fiação" Está Pronta para a Conexão: *O Despertar dos nossos Poderes de Intuição, Empatia e Compaixão* 129

CAPÍTULO 6: Nossa "Fiação" Está Pronta para nos Dar Pleno Acesso à Cura e a uma Vida Longa: *O Despertar do Poder de nossas Células Imortais* 165

CAPÍTULO 7: Nossa "Fiação" Está Pronta para nos Ligar à Realização do nosso Destino: *Da Evolução pelo Acaso à Transformação pela Escolha* 216

CAPÍTULO 8: Para Onde Vamos a Partir Daqui? *Já Estamos Vivendo a Nova História Humana* 252

Recursos 267

Notas 269

Índice Remissivo 283

Agradecimentos 293

NOTA DO AUTOR

Na Parte II deste livro, uso a expressão "we are wired" ("nossa 'fiação' está pronta para") a fim de indicar que já temos a biologia de que precisamos e que estamos em condições adequadas para realizar os extraordinários potenciais descritos em cada capítulo.

Wired [em inglês, "ligado por fiação" ou, simplesmente, "ligado"] é uma gíria que já teve outros significados no passado.

O uso original da palavra remonta aos dias que antecederam os telefones, quando o telégrafo era o principal meio de comunicação. Nessa época, era comum dizer que havíamos "transmitido" uma mensagem a alguém, indicando que havíamos enviado uma mensagem por telégrafo. Significados posteriores têm variado desde a agitação causada pela ingestão de cafeína em excesso, ou a ligação com a experiência causada por certas drogas psicodélicas, até a maneira como os neurônios estão conectados entre si em nosso cérebro. É por causa dessa variedade de sentidos que estou esclarecendo agora, logo de início, o que pretendo dizer ao empregar essa palavra nas páginas a seguir.

INTRODUÇÃO

Nossa Origem: Por que Isso Tem Importância

Desde que nossos ancestrais contemplaram pela primeira vez, com assombro e reverência, as estrelas distantes em um céu noturno sem luar, uma única pergunta tem sido feita um sem-número de vezes por um sem-número de pessoas que compartilharam a mesma experiência ao longo das eras. A pergunta que fizeram sempre se dirigiu diretamente ao que está no âmago de cada desafio, por maior ou menor que seja, que sempre nos pôs à prova na vida. Está no cerne de cada opção que teremos de enfrentar e constitui o alicerce de cada decisão que pecisaremos de tomar. A pergunta que está na raiz de todas as perguntas feitas durante os cerca de 200 mil anos em que estimamos estar vivendo na Terra é simplesmente esta: "Quem somos nós?".

Naquela que pode ser a maior ironia de nossa vida, depois de 5 mil anos de história registrada e de realizações tecnológicas que assombram a imaginação, ainda não respondemos com a devida precisão a essa pergunta tão fundamental.

> *Ponto-chave 1:* Até mesmo na presença dos mais importantes avanços tecnológicos do mundo moderno, a ciência ainda não pode responder à pergunta mais fundamental de nossa existência: "Quem somos nós?".

POR QUE NOSSA ORIGEM TEM IMPORTÂNCIA

A maneira como respondemos à pergunta a respeito de como chegamos a ser o que somos penetra a essência de cada momento de nossa vida. Constitui o olhar perceptivo – os filtros – por meio dos quais vemos as outras pessoas, o mundo à nossa volta e, o que é ainda mais importante, a nós mesmos. Por exemplo, quando nos imaginamos como seres distintos de nossos corpos, aproximamo-nos do processo de cura sentindo-nos como vítimas impotentes de uma experiência sobre a qual não temos controle. Por outro lado, descobertas recentes confirmam que, quando abordamos a vida sabendo que nossos corpos estão projetados para serem continuamente reparados, rejuvenescidos e curados, essa mudança de perspectiva cria, em nossas células, uma química que reflete nossa crença.[1]

Nossa autoestima, nosso senso de valor próprio, e também de autoconfiança, nosso bem-estar e nossa segurança provêm diretamente da maneira como concebemos que estamos no mundo. Desde a pessoa a quem dizemos "sim" quando escolhemos um parceiro (ou parceira) de vida, passando pelo tempo que o relacionamento que criamos dure, até os empregos que achamos que merecemos ter, as decisões mais importantes que tomaremos na vida estão baseadas na maneira como respondemos a esta simples e eterna pergunta: "Quem somos nós?".

Em um nível mais espiritual, nossa resposta cria o fundamento para o modo como reconhecemos a nossa relação com Deus. Justifica inclusive nosso pensamento quando se trata de tentar salvar uma vida humana, e quando optamos por encerrar outra.

As ideias que temos a nosso próprio respeito também se refletem no que ensinamos aos nossos filhos. Por exemplo, quando o delicado senso de dignidade deles é ameaçado por um incessante *bullying* de rivais e colegas de escola, é a resposta que dão à pergunta "Quem sou eu?" que lhes traz força para curar a ferida. Essa resposta pode até mesmo fazer a diferença entre se sentirem dignos de viver ou não.

Em uma escala mais ampla, também são as ideias que temos a nosso respeito que determinam as políticas de corporações e nações, entre elas as que justificam despejar todos os anos nos oceanos do mundo mais de

12 milhões de toneladas de plástico usado e milhares de galões de lixo radioativo ou que, pelo contrário, mostram que a dimensão dos crimes ambientais nos deixa suficientemente indignados para que tenhamos a iniciativa de investir na preservação da vida nos oceanos.

Até mesmo a maneira como os países decidem criar as fronteiras que os separam e como nossos governos justificam o envio de exércitos através dessas fronteiras, entrando na terra e nas casas dos habitantes de outra nação, começa com o modo como vemos a nós mesmos como pessoas. Quando pensamos a respeito disso, nossa resposta à mais básica das perguntas – "Quem somos nós?" – está no centro de tudo o que fazemos e define tudo o que estimamos.

> *Ponto-chave 2:* Tudo, desde nossa autoestima até nosso senso de valor próprio e de autoconfiança, nosso bem-estar e nossa segurança, assim como nossa visão do mundo e das outras pessoas, deriva de nossa resposta à pergunta: "Quem somos nós?".

É precisamente pelo fato de a ideia que fazemos de nós mesmos desempenhar um papel tão vital em nossa experiência do mundo que devemos a nós mesmos uma explicação, com o máximo possível de verdade e honestidade, sobre quem somos e de onde viemos. Isso inclui levar em consideração todas as fontes de informação disponíveis, desde a ciência de ponta de hoje até a sabedoria de 5 mil anos de experiência humana. *Isso também inclui mudar a narrativa existente quando novas descobertas nos dão as razões para fazê-lo.*

POR QUE PRECISAMOS DE UMA NOVA NARRATIVA

Há mais de 150 anos, o geólogo Charles Darwin publicou um livro demolidor de paradigmas intitulado *Sobre a Origem das Espécies por Meio da Seleção Natural* [*On the Origin of Species by Means of Natural Selection*], com frequência abreviado para *A Origem das Espécies*. O livro pretendia fornecer uma explicação científica para a complexidade da vida – mostrar como, através dos tempos, células primitivas se transformaram nas formas complexas que vemos hoje. Darwin acreditava que a evolução testemunhada por ele em certas partes do mundo, e em determinadas formas de vida, aplicava-se a todas as formas de vida, incluindo a vida humana.

Em uma das grandes ironias do mundo moderno, a própria ciência, da qual se esperava, desde a época de Darwin, que apoiasse sua teoria e, no devido tempo, resolvesse os mistérios da vida, tem feito exatamente o contrário. As descobertas mais recentes estão revelando fatos que desafiam abertamente consagradas tradições científicas, em especial quando se trata da evolução humana. Entre esses fatos, estão os seguintes:

Fato 1: As relações mostradas na árvore da evolução humana convencional – as linhas pontilhadas que ligam um fóssil a outro e levam aos modernos seres humanos no topo da árvore – não são baseadas em evidências. Embora se acredite que essas relações existam, elas nunca foram provadas, sendo fruto de *inferências* ou de *especulações*.

Fato 2: Os seres humanos modernos surgiram de repente na Terra, cerca de 200 mil anos atrás, com as características avançadas que nos diferenciam de todas as outras formas de vida conhecidas e *já desenvolvidas*.

Fato 3: A falta de um DNA comum entre os antigos Neandertais – que são considerados parte de nossos antepassados – e os primeiros seres humanos, cujo DNA é semelhante ao nosso, nos diz que não descendemos originalmente dos neandertais, mesmo que tivesse ocorrido cruzamento com eles em alguma etapa do processo evolutivo.

Fato 4: Aperfeiçoadas análises do genoma revelam que o DNA que nos distingue de outros primatas é resultado de uma antiga, misteriosa e precisa fusão de genes, e isso sugere que alguma coisa *além* da evolução tornou possível nossa humanidade.

Para ser claro, as características avançadas que identificamos no Fato 2 não se desenvolveram lentamente, durante longos períodos de tempo, como sugere a Teoria da Evolução. Em vez disso, características que incluem um cérebro 50% maior que o de nosso parente primata mais próximo e um sistema nervoso complexo, com aptidões emocionais e sensoriais ajustadas ao nosso mundo com uma precisão de sintonia fina já existiam nos seres humanos modernos quando eles apareceram. E os seres humanos não mudaram.

Em outras palavras, os seres humanos contemporâneos são os mesmos seres humanos 2 mil séculos depois!

Esses fatos, que se baseiam em ciência cuidadosamente estabelecida por consenso científico e acadêmico, constituem um problema para a história evolutiva de nossas origens, que já se sustenta há muito tempo. De fato, as novas evidências, claramente, não sustentam a narrativa convencional do passado que nos tem sido ensinada. A narrativa popular que está sendo compartilhada em nossas salas de aula e livros didáticos nos leva a crer que somos seres insignificantes, que surgiram muito tempo atrás graças a um feliz acaso biológico e que, depois de suportarmos 200 mil anos de competição brutal, submetidos à lei da "sobrevivência do mais forte [ou mais apto]", descobrimos que somos vítimas impotentes em um mundo hostil de separação, competição e conflito.

Porém, as descobertas científicas descritas neste livro sugerem agora que, na verdade, ocorreu algo radicalmente diferente. É por essa razão que precisamos de uma nova narrativa para acomodar as novas evidências. Ou, ao contrário, precisamos seguir as evidências que já temos para acompanhar a nova história que elas narram.

Pouco antes de sua morte, em 1962, o físico Niels Bohr, ganhador do Prêmio Nobel, lembrou-nos de que a chave para resolver um mistério é encontrada dentro do próprio mistério. "Cada grande e profunda dificuldade traz em si mesma sua solução", disse ele. "Isso nos obriga a pensar de modo diferente para encontrá-la."[2] As palavras de Bohr são tão poderosas hoje quanto o foram quando ele as disse, há mais de meio século.

De fósseis e locais de sepultamento ao tamanho do cérebro e ao DNA, as provas existentes já estão solucionando o mistério da origem de nossa espécie. Elas já nos contam nossa nova narrativa. O fundamental é que temos primeiro de pensar de maneira diferente sobre nós mesmos para aceitar o que a narrativa revela. Escrevi este livro como um convite para fazermos exatamente isso.

Ponto-chave 3: Ao permitir que novas descobertas levem às novas histórias que elas narram, em vez de forçá-las a entrar em um arcabouço predeterminado de ideias, podemos, por fim, responder às mais importantes questões sobre nossa existência.

POR QUE ESTE LIVRO?

O objetivo deste livro é: 1) revelar novas descobertas sobre nossa origem, na Parte I, e 2) mostrar como aplicar essas descobertas em nossa vida cotidiana, na Parte II. Em vez de especular sobre como a primeira célula de vida apareceu na Terra, começarei, como Darwin o fez, *no momento que se seguiu à nossa misteriosa origem*. Tanto a Parte I como a Parte II incluem exercícios para ajudar a fixar o significado de descobertas específicas em nossa própria vida.

O QUE ESTE LIVRO NÃO É

- *O Mistério por Trás das Nossas Origens* não é um livro científico. Embora eu compartilhe com o leitor a ciência de ponta que nos convida a repensar nosso relacionamento com o mundo, este trabalho não foi escrito para se ajustar ao formato ou aos padrões de um manual didático de ciência ou de um periódico técnico.

- *O Mistério por Trás das Nossas Origens* não é um livro religioso. Não pretende apoiar qualquer crença religiosa particular no que se refere à criação dos seres humanos ou às origens humanas, como o criacionismo. Ele se baseia em evidências científicas (antropológicas, paleontológicas, biológicas e genéticas) reconhecidas pela comunidade científica, evidências essas que começaram a surgir *imediatamente depois* do aparecimento de nossa espécie sobre a Terra. Como tal, há pontos nos quais a nova história contada neste livro pode parecer contrariar tanto as narrativas tradicionais da religião como as da ciência tradicional.

- *O Mistério por Trás das Nossas Origens* não é uma monografia de pesquisa acadêmica. Os capítulos *não* passaram pelo demorado processo de revisão por parte de uma comissão avaliadora ou de um painel selecionado de peritos condicionados a ver nosso mundo pelo prisma de um determinado campo de estudo, como a física, a matemática ou a psicologia.

O QUE ESTE LIVRO É

- Este livro *é* uma abordagem bem pesquisada e documentada das áreas que examina. Escrevi *O Mistério por Trás das Nossas Origens* de modo que ele fosse facilmente acessível ao leitor leigo no assunto, incorporando relatos da vida real, descobertas científicas e experiências pessoais para dar apoio a uma maneira que não apenas nos permitisse ver a nós mesmos no mundo com um olhar renovado, mas também que fosse capaz de nos revigorar e nos fortalecer.

- Este livro *é* um exemplo do que pode ser realizado quando cruzamos as fronteiras tradicionais entre ciência e espiritualidade. Casando descobertas de ponta de biologia, genética e geociências com sabedoria antiga, ganhamos um poderoso arcabouço para compreender o que é possível em nossa vida.

NOVAS DESCOBERTAS SIGNIFICAM UMA NOVA NARRATIVA, UMA NOVA HISTÓRIA

Se formos honestos com nós mesmos e reconhecermos que o mundo está mudando, também faz sentido reconhecermos que nossa história no mundo tenha igualmente de mudar. É muito provável que a nova história humana será um híbrido de teorias que já existem. Elas se entrelaçarão na nova tapeçaria de uma grandiosa crônica que descreve um passado extraordinário e épico. E com essa nova narrativa, adotaremos por fim a história que não pode ser encontrada isoladamente em nenhuma das teorias existentes.

Um conjunto cada vez maior de evidências sugere que somos o produto de algo mais que mutações aleatórias e boa sorte biológica. Mas as evidências não podem ir além disso. Fósseis, DNA, antigas artes rupestres e locais de sepultamento humano só podem nos mostrar os remanescentes do que aconteceu no passado. Não podem nos dizer por que essas coisas aconteceram. A não ser que encontremos um meio de voltar ao passado, a verdade é que talvez jamais venhamos a ter um conhecimento completo de *por que* nossa existência se tornou possível.

Mas talvez não precisemos saber. Talvez não seja necessário ter esse nível de detalhe para alterarmos a maneira como pensamos a nosso próprio respeito e mudarmos nossa vida. A descoberta de que somos produto de algo mais que a evolução – muito provavelmente de um ato de criação consciente e inteligente – talvez seja tudo de que precisamos para tomarmos uma direção nova, honesta e saudável no que diz respeito à história humana.

O fato inegável é que alguma coisa aconteceu 200 mil anos atrás para tornar nossa existência possível. E seja lá o que tenha sido essa coisa, ela nos deixou com extraordinárias capacidades para a intuição, a compaixão, a empatia, o amor, a autocura e outras faculdades.

Cabe a nós aceitarmos o conjunto de evidências, as histórias que elas contam e o poder de cura que trazem para nossa vida. O poder da história humana que está surgindo talvez nos ajude a trazer uma cura verdadeira e permanente do ódio racial, da violência sexual, da intolerância religiosa e dos outros desafios devastadores que enfrentamos, e que se estendem do abuso da tecnologia à praga do terrorismo, que estão varrendo o planeta. Ter um objetivo menor que esse é, simplesmente, colocar um band-aid na ferida emocional que cria essas expressões de medo.

Pela primeira vez nesses 300 anos de história da ciência, estamos escrevendo uma nova história humana, que nos dá uma nova resposta à eterna pergunta: "Quem somos nós?".

> *Ponto-chave 4:* Novas evidências a respeito do DNA sugerem que somos o resultado de um ato intencional de criação, que nos impregnou de extraordinárias capacidades para a intuição, a compaixão, a empatia, o amor e a autocura.

Escrevo este livro com um objetivo em mente: capacitar-nos para as opções que conduzem a vidas prósperas em um mundo transformado.

Gregg Braden
Santa Fé, Novo México

PARTE I

a nova história humana

O objetivo dos capítulos que vêm a seguir é capacitá-lo com novas maneiras de pensar e novas razões para pensar de forma diferente sobre você mesmo e seus relacionamentos cotidianos: os relacionamentos que você tem com outras pessoas, o relacionamento que você tem com a Terra e com o mundo à sua volta, o relacionamento que você tem consigo mesmo e, por fim, o relacionamento que você tem com Deus/o Espírito/a Fonte Universal/o Uno. No entanto, antes de descobrir a capacitação que esses novos recursos podem lhe proporcionar, é útil você primeiro definir as coisas em que você acredita exatamente agora – achar um referencial para a maneira como você pensa em si mesmo e em seu lugar no mundo.

O exercício seguinte não pretende julgá-lo ou criticar quaisquer de seus pensamentos, sentimentos ou crenças existentes. É apenas um ponto de referência para que você identifique crenças das quais talvez não esteja ciente ou esclarecer crenças sobre as quais você pode apenas ter suspeitado no passado.

EXERCÍCIO

Estabelecendo uma base de referência
para suas crenças

Usando suas respostas às perguntas a seguir como ponto de partida, você poderá reconhecer com facilidade, no fim do livro, onde e como as novas informações que você recebeu transformou a maneira como você pensa a seu próprio respeito e em seu potencial. Para este exercício, você vai precisar de papel e caneta.

A Técnica. Usando palavras simples ou frases curtas, anote suas respostas às perguntas a seguir com a maior sinceridade possível. Para escolhas entre sim ou não, faça um círculo em volta da resposta.

- **Perguntas sobre nossas Origens**
    1) Você acredita que a origem da vida, em geral, é resultado de um evento aleatório que aconteceu muito tempo atrás, como a ciência convencional sugere?

        Sim   Não

    2) Você acredita que a vida humana, em particular, é resultado de um evento aleatório que aconteceu muito tempo atrás, como a Teoria da Evolução sugere?

        Sim   Não

- **Perguntas sobre o seu Potencial**
    3) Você acredita que está designado a influenciar conscientemente os eventos de sua vida, a qualidade de sua vida e quanto tempo vai viver?

        Sim   Não

    Se respondeu "Não", passe para "Definindo suas Crenças" mais adiante.

    Se respondeu "Sim", responda às perguntas 4 a 6:

    4) Você confia em sua capacidade para desencadear conscientemente um processo de autocura em seu corpo quando precisar?

        Sim   Não

    5) Você confia em sua capacidade para desencadear conscientemente seus estados mais profundos de intuição quando precisar deles?

        Sim   Não

    6) Você confia em sua capacidade para autorregular seu sistema imunológico, seus hormônios da longevidade e sua saúde em geral?

        Sim   Não

- **Definindo suas Crenças.** Complete as seguintes frases:
    7) Quando noto que está acontecendo alguma coisa diferente com meu corpo (pontadas ou dores repentinas, uma comichão inexplicável, o coração batendo com rapidez sem nenhuma razão aparente e assim por diante), eu me vejo sentindo _____.

    8) Quando noto que alguma coisa fora do comum está acontecendo com meu corpo, a primeira coisa que faço é _____.

capítulo um

Rompendo com o Discurso de Darwin

A Evolução É um Fato, Mas Não para os Seres Humanos

"Quem somos nós... a não ser as histórias que contamos sobre nós mesmos, em particular se as aceitamos?"

Scott Turow (1949), escritor norte-americano

"Por que você está aqui?", perguntou uma voz de algum lugar na escuridão.

De um lugar que a meu ver era um ponto distante, um homem estava fazendo a pergunta, mas o som parecia vir de tão longe que eu não tinha certeza se ele falava comigo ou com outra pessoa. Lembro-me da sensação de estar ao mesmo tempo desperto e adormecido e de achar que talvez estivesse sonhando. Não me ocorreu sequer que eu poderia abrir os olhos para ver quem era o homem. Então ouvi de novo sua voz, agora falando meu nome. "Gregg... você está bem. Fez tudo muito bem. Mas preciso que me diga por que está aqui." Dessa vez eu soube que não estava sonhando – o homem sabia meu nome e estava falando diretamente comigo. De maneira instintiva, meus olhos começaram a se abrir quando virei a cabeça na direção dele. A luz no alto era tão forte que me forçou a apertar os olhos quando, de minha cama, ergui a cabeça para o teto. Por incrível que me parecesse, o homem não estava distante, em absoluto. Na verdade, estava de pé bem ao meu lado, olhando-me por trás de uma máscara cirúrgica azul. Sua imagem sacudiu minha memória e de repente me lembrei do que estava acontecendo.

Eu estava acordando da anestesia que recebera no início daquela manhã. Estava na sala de recuperação pós-operatória da Clínica Mayo, em Jacksonville, na Flórida. A voz que ouvia era do médico que me garantiria, havia apenas mais ou menos uma hora, que eu estava em boas mãos com sua equipe e que me recuperaria. E embora ele continuasse me tranquilizando, eu não estava preparado para a pergunta que ele continuava fazendo sobre o motivo de eu estar lá.

Menos de um mês antes, um exame em uma clínica diferente havia mostrado um crescimento anômalo na parede da minha bexiga. "Há alguma coisa em sua bexiga que não devia estar lá", havia me dito aquele primeiro médico. "Precisa ser removido." Querendo assegurar o melhor resultado possível para o que quer que fosse necessário fazer, procurei a conceituada Clínica Mayo em busca de uma segunda opinião. Foi lá que descobri que o único meio de determinar com certeza se o tumor era benigno seria submeter o próprio tecido a um teste – realizar uma biópsia.

No entanto, o que estava acontecendo agora não fazia parte do plano original. Depois de receber anestesia geral e de ser preparado para a cirurgia, eu estava acordando com um médico confuso fazendo uma pergunta a que eu mal conseguia responder em meu estado alterado de consciência: "Por que você está aqui?". Ele me fez essa pergunta porque o crescimento anômalo que aparecera nos exames anteriores havia sumido. O cirurgião estava me dizendo que não havia nada para remover porque eu tinha uma bexiga normal e de aparência saudável. Para enfatizar esse ponto, ele me mostrou uma imagem colorida do interior da minha bexiga, fotografada momentos antes.

Enquanto eu me esforçava para entender o que o cirurgião estava dizendo, ele usou a ponta de sua caneta para me indicar onde o tumor surgira nas tomografias anteriores. Ele enfatizou que já não havia hematomas, nem descoloração e nenhum tecido cicatricial ou qualquer sinal indicando que alguma coisa fora do comum tivesse jamais existido. Ele queria saber por quê. Queria saber como aquilo podia ter ocorrido.

No estado em que me encontrava, ainda grogue por causa da anestesia, não fui tão eloquente na resposta como gostaria de ter sido. Esforcei-me ao máximo para contar ao médico sobre a pesquisa que eu fizera a respeito do potencial de autocura do corpo humano, sobre as antigas tradições que dominavam a arte de lidar com esse potencial de cura e a ciência que agora confirma que nosso corpo pode curar a si próprio quando ocorrem as condições para que isso aconteça. A última lembrança que tenho desse médico é a de vê-lo se virando e caminhando em direção à porta enquanto eu me esforçava ao máximo para responder à sua pergunta. A explicação que eu estava lhe oferecendo para o que nós dois tínhamos vivenciado naquele dia não era obviamente a que ele esperava (nem a que ele queria) ouvir.

Quando, mais tarde, depois da minha recuperação, pensei no modo como meu médico reagiu, pude entender sua frustração. Não há absolutamente nada na formação de um moderno profissional de medicina que lhe permita aceitar que podemos ter esses vínculos de autocura com relação ao nosso corpo. E é precisamente por essa razão que, quando ocorre uma experiência como a minha, a equipe médica tem opções limitadas quando é preciso dar uma explicação. Em geral, atribuem o fato a um diagnóstico equivocado, a uma inexplicável recuperação espontânea ou simplesmente a um milagre.

Do ponto de vista do meu médico, acabara de acontecer um milagre em sua sala de cirurgia e ele estava tentando entendê-lo. Do meu ponto de vista, no entanto, o que tinha acontecido dizia menos respeito a um milagre do que a uma tecnologia – uma poderosa tecnologia interior que está disponível a cada um de nós – e cuja existência, com o passar do tempo, caiu progressivamente no esquecimento.

Desde 1986, pesquisei sobre a sabedoria, estudei os princípios e, sempre que possível, experimentei técnicas adotadas por tradições antigas e indígenas relativas à nossa capacidade de autocura. Desde os monges, freiras e abades nos mosteiros do Tibete, Nepal e Egito aos agentes de cura e xamãs indígenas das selvas de Yucatán no México e das montanhas andinas do sul do Peru, nossos velhos ancestrais, e suas modernas contrapartidas, têm se esforçado ao máximo para preservar o conhecimento da relação mais íntima que podemos ter: nossa relação com nosso próprio corpo. E embora o conhecimento que preservaram não seja ciência no sentido tradicional, novas descobertas científicas em genética, em biologia molecular e nos novos campos da epigenética e da neurocardiologia estão confirmando muitas das relações descritas nas antigas tradições.

Quando, no entanto, se tratou de meu próprio corpo, embora eu acreditasse vigorosamente que a autocura era possível e tivesse inclusive testemunhado o sucesso obtido por outras pessoas, uma combinação de minha formação científica com as crenças limitadoras que me foram incutidas em uma tenra idade por meu pai alcoólatra e por um ambiente familiar disfuncional deixaram uma profunda dúvida sobre se essa cura era possível para mim. Desse modo, embora eu tivesse praticado técnicas yogues, técnicas do qigong e outras modalidades de cura, tomado chá de ervas medicinais, adotado uma dieta de alimentos crus e sendo extremamente receptivo às mudanças emocionais que ocorreram no período entre meu diagnóstico e o procedimento na Clínica Mayo, eu ainda duvidava de minha capacidade para criar por mim mesmo as curas bem-sucedidas que eu vira acontecer com outras pessoas. E foi por causa de minha dúvida que eu escolhera a tecnologia moderna oferecida por uma das instalações médicas mais altamente qualificadas do mundo como uma opção responsável para o diagnóstico que recebera.

Como cientista treinado, não posso dizer que as práticas, técnicas e mudanças de estilo de vida que adotei durante essas duas semanas foram a razão de a equipe médica não ter encontrado nada para remover no dia de minha cirurgia. O que posso dizer é que novas descobertas científicas identificaram um elo entre determinadas modalidades de cura conhecidas no passado e a capacidade das mesmas para restaurar o equilíbrio em nosso corpo. É a realidade factual dessa relação que nos pede para reavaliar honestamente a história limitadora que nos tem sido contada a respeito de nossa origem como espécie e do que somos capazes. Quando levamos em consideração os fatos revelados pela melhor ciência de hoje, reconhecemos que curas espontâneas e milagres como o que vivenciei deixam de parecer coisas raras e extraordinárias, revelando-se, em vez disso, como aspectos comuns da vida cotidiana. Os capítulos seguintes desvendam essas descobertas e as histórias que contam. E com essa história mais ampla recebemos as razões que nos permitem adotar uma nova resposta para a pergunta "Quem somos nós?" e escrever uma nova história humana.

Se você já sentiu que há mais coisas na história de nosso passado do que fomos levados a crer, quero que saiba que não está sozinho. Uma pesquisa de opinião pública realizada pelo Gallup em 2014 revelou que, só nos Estados Unidos, uma expressiva parcela de 42% das pessoas consultadas acredita que há nas origens humanas algo mais do que costuma ser admitido pela corrente principal da ciência e da cultura – *essas pessoas acreditam que algo que ultrapassa a Teoria da Evolução de Charles Darwin é responsável por nossa existência*.[1] Os resultados dessa pesquisa refletem um sentimento crescente de que os seres humanos fazem parte de alguma coisa grande, poderosa e misteriosa. Algumas das mentes científicas de maior destaque concordam com isso.

ESTÁ FALTANDO ALGUMA COISA NA HISTÓRIA HUMANA

Francis Crick, ganhador do Prêmio Nobel e coautor da descoberta da dupla hélice do DNA, acreditava que a eloquência dos blocos de construção da vida tem de ser resultado de algo mais que uma afortunada peculiaridade da natureza. Graças à sua pesquisa pioneira, ele foi um dos primeiros seres humanos a testemunhar a complexidade e a imensa beleza da molécula que torna a vida possível. Em um período mais avançado de sua vida, Crick pôs em risco sua reputação como cientista ao declarar publicamente: "Um homem *honesto*, equipado com todo o conhecimento atualmente disponível a nós, só poderia afirmar que, em certo sentido, a origem da vida parece, no presente momento, quase um milagre".[2] No mundo científico, essa declaração equivale a uma heresia ao sugerir que algo mais que uma evolução aleatória levou à nossa existência.

O fato de sentirmos que existe alguma coisa a mais em nossa história não é apenas um fenômeno recente. Descobertas arqueológicas mostram que, com uma regularidade quase universal, os antigos seres humanos se sentiam conectados com realidades que ultrapassavam suas vizinhanças imediatas. Eles sentiam que nossas raízes estão em outros mundos, os quais nem sequer podemos ver, e que, em última análise, somos parte de uma família cósmica que vive nesses mundos.

O texto sagrado dos antigos maias, o *Popol Vuh*, por exemplo, descreve como os "Antepassados" criaram a humanidade, enquanto a Bíblia cristã e a Torá hebraica descrevem como somos descendentes de seres sábios e poderosos conectados a uma inteligência maior e sobrenatural.[3,4,5] Poderia haver uma explicação simples para que essa ideia tivesse se mantido com tanta força conosco, manifestando-se em tradições duradouras tão diferentes? É possível que esse sentimento de que temos uma origem intencional e um potencial maior esteja baseado em algo verdadeiro?

Quando perguntamos "Quem somos nós?", a resposta curta é que não somos o que nos disseram que éramos e que somos mais do que a maior parte de nós jamais imaginou que pudéssemos ser.

SOMOS UMA ESPÉCIE ENVOLVIDA EM HISTÓRIAS

Desde a época de nossos primeiros ancestrais, recorremos a histórias para explicar o mundo à nossa volta e descrever o lugar que ocupamos nele. Às vezes nossas histórias baseiam-se em fatos. Às vezes não. Algumas histórias são metafóricas. Usamos essas histórias para explicar o que permanece inexplicado e para dar sentido à nossa existência.

Os antigos egípcios, por exemplo, acreditavam que a Terra, o espaço abaixo do solo e o céu nas regiões superiores eram mundos independentes. Em sua visão da criação, a terra sob seus pés flutuava sobre Nun, o oceano primordial que era a fonte do Rio Nilo. O céu era formado pelo corpo da deusa Nut. O domo do ventre arredondado de Nut era a morada do Sol e das estrelas, pois ela se arqueava sobre a Terra, com o rosto voltado para baixo, durante toda a duração do tempo. O reino subterrâneo, Duat, era para onde o Sol se dirigia à noite, depois de desaparecer sob o horizonte no crepúsculo.[6]

Todos esses reinos tinham divindades associadas a eles – deuses e deusas – que desempenhavam um papel muito importante na vida cotidiana dos egípcios. E embora suas histórias não se baseassem na ciência, elas funcionavam para as pessoas da época, pois lhes proporcionavam um mecanismo que explicava o que os antigos egípcios viam acontecer em seu mundo cotidiano e lhes ajudava a entender como se encaixavam nesse sistema.

Hoje, continuamos a usar histórias para explicar nosso mundo. E nossas histórias desempenham um papel mais importante do que nunca. Não apenas justificam a maneira como administramos nossas coisas, desde a doença e a cura até nossos relacionamentos e romances; em um nível global, o futuro do planeta e a sobrevivência de nossa espécie, que agora estão em risco, também dependem das histórias que resolvemos adotar. É precisamente por essas razões que é vital contarmos a nós mesmos a história correta.

NOSSAS HISTÓRIAS DEFINEM NOSSA VIDA

Prezamos as histórias que criamos. Como indivíduos, compartilhamos com frequência e com orgulho a história de nossa família e as realizações de nossos antepassados. Como nações, defendemos com orgulho as conquistas atléticas de nossas equipes nas Olimpíadas, os avanços científicos e técnicos que enviaram nossos astronautas à Lua e as bandeiras que nos unem como países. Mas, às vezes, nos vemos defendendo histórias com as quais fomos criados, mesmo quando novas descobertas nos dizem que essas histórias estão erradas. A inclinação que nos leva ao apego a uma história que é familiar, mesmo que novas evidências nos mostrem que ela é obsoleta, pode ser o maior obstáculo que precisamos enfrentar quando queremos compreender, de modo saudável, nosso mundo de extremos.

Ponto-chave 5: As histórias que contamos a nós mesmos sobre nós mesmos – e nas quais acreditamos – definem nossa vida.

Um axioma habitualmente usado sugere que, se ouvimos alguma coisa ser repetida um número de vezes grande o suficiente, começamos a aceitar essa coisa como fato, seja isso verdadeiro ou não. Uma história que mascarou as consequências negativas do hábito de fumar cigarros, e que foi amplamente aceita até o início da década de 1960, é um exemplo perfeito. Antes de um relatório de 1964 que revelou os efeitos perigosos desse hábito, as indústrias de tabaco e os fabricantes de cigarros dos Estados Unidos empenharam-se em uma vigorosa campanha de mídia para convencer o público de que fumar era um hábito seguro, e até mesmo saudável. *Slogans* que captam a atenção, do tipo "quando for tentado a cometer excessos, pegue um Lucky Strike", "Protejo minha voz com Luckys" e "Como seu dentista, eu lhe recomendaria Viceroys", eram comuns em propagandas em revistas, no rádio e na televisão.[7]

Um pôster particularmente incômodo dos cigarros Camel na década de 1940 declarava que, segundo uma pesquisa de opinião de âmbito nacional, "Camel é a marca de cigarro preferida dos médicos".[8] Uma investigação posterior sobre o levantamento revelou o restante da história. As perguntas tinham sido feitas a médicos que receberam maços de cigarros Camel como cortesia em reuniões e conferências antes de responderem à pesquisa. Foi depois de terem recebido as amostras grátis que lhes perguntaram qual era a marca de cigarros de que gostavam mais ou que marca tinham nos bolsos. As amostras efetivamente fizeram as respostas se inclinarem a favor de Camel. Os consumidores norte-americanos confiavam e acreditavam nessas e em outras propagandas. Afinal, se o cigarro era seguro para médicos, tinha de ser seguro para todos, certo?

No entanto, a percepção de tais mensagens e do próprio uso do tabaco mudou para sempre com um estudo, que se tornou um marco, encabeçado pelo médico-chefe do serviço de saúde pública dos Estados Unidos. Pela primeira vez, o estudo apresentava, com precisão científica, aquilo de que muitas pessoas já suspeitavam intuitivamente. Descrevia a relação direta entre o uso do tabaco, a bronquite crônica e o câncer do pulmão. O estudo declarava: "É convicção do comitê que o hábito de fumar cigarro contribui substancialmente para a mortalidade causada por certas doenças específicas e para a taxa global de mortalidade".[9] Em 1965, a indústria do tabaco foi obrigada a colocar os rótulos de advertência, agora comuns, em cada produto de tabaco vendido.

O objetivo desse exemplo é ilustrar como uma crença, antes compartilhada pelas principais mídias e pelo público em geral – a história de que fumar produtos de tabaco era seguro – se transformou ao longo do tempo. Tinha de se transformar, pois as evidências da presença de doenças debilitantes experimentadas por tantos fumantes simplesmente não combinavam com a história contada pelas principais mídias sobre segurança e saúde. Não estava de acordo com as experiências reais das pessoas.

ESTAMOS RESOLVENDO PROBLEMAS DO SÉCULO XXI COM UM PENSAMENTO DO SÉCULO XIX

De modo semelhante, uma campanha destinada a distorcer a verdade para a opinião pública está acontecendo hoje quando se trata de nós e da história de nossa origem. A Teoria da Evolução Humana do século XIX é ensinada hoje como fato incontestável nas salas de aula, não deixando espaço para considerar qualquer outra explicação possível para o mistério de nossa existência. E como não leva em conta descobertas recentes, a história oficialmente aceita nos deixa despreparados para abordar as gravíssimas questões sociais e os desafios globais que estamos enfrentando hoje, e que vão do terrorismo, do *bullying* e de crimes de ódio até as epidemias do abuso de drogas e de álcool entre os jovens.

Como estamos comprometidos com a Teoria da Evolução, nós a usamos para guiar nossas decisões, celebrando mais a competição e a força do que a cooperação e a compaixão. Entre outras coisas, continuamos tentando resolver problemas associados com nossa diversidade racial, religiosa e sexual por meio das ideias obsoletas de competição e "sobrevivência do mais forte" – dois componentes fundamentais da Teoria da Evolução. Isso não faz sentido quando pensamos a respeito e, no entanto, por razões de hábito, dinheiro, ego e poder, o sistema educacional e os educadores do *mainstream* se agarram a uma narrativa obsoleta sobre as origens humanas, que não encontra mais apoio nas evidências. Tanto a história do tabaco como a das origens humanas ilustram perfeitamente por que é importante compreender de maneira correta nossas histórias – e o que pode acontecer quando não fazemos isso.

MUDE A NARRATIVA, MUDE SUA VIDA

Quando se trata da família humana, as histórias compartilhadas de nossos sucessos, as memórias de nossas tragédias e os exemplos inspiradores de nosso heroísmo são os fios que nos conectam. Nossa conexão é poderosa, primordial e necessária. Quer se trate dos grandes temas da política, da religião ou do envio de armas para "combatentes da liberdade" em países devastados pela guerra a meio mundo de distância, ou quer se trate de questões profundamente pessoais como o direito de um homossexual se casar ou o direito de uma mulher de controlar seu próprio corpo, a tecnologia moderna permite-nos agora compartilhar as histórias que justificam nossas escolhas e o futuro que desejamos criar.

O romancista inglês Terence David John Pratchett, conhecido por seus fãs como Terry Pratchett, fez uma bela descrição do impressionante poder de nossas histórias quando disse: "Mude a narrativa, mude o mundo".[10] Acho que há muita verdade nessa declaração. Nossa vida é o reflexo daquilo em que acreditamos sobre nós mesmos e sobre como o mundo funciona. A observação de Pratchett é, de fato, tão universal que podemos levá-la um passo à frente.

Com o mesmo alento com que dizemos "mude a narrativa, mude o mundo", podemos avançar para um nível ainda mais profundo, dizendo: "Mude a narrativa, *mude nossa vida*". Ambas as declarações são corretas. E ambas oferecem uma poderosa maneira de pensar sobre os momentos mais sombrios de nossa vida.

Ponto-chave 6: Quando mudamos a narrativa, mudamos nossa vida.

A narrativa científica relativa à vastidão do cosmos e à nossa insignificância nele é um exemplo perfeito da poderosa influência que uma história pode ter sobre nós. Também ilustra o axioma segundo o qual quando contamos uma história um número suficiente de vezes, começamos a aceitá-la como verdade.

A VELHA HISTÓRIA: PEQUENA, IMPOTENTE E INSIGNIFICANTE

Durante o último século e meio estivemos imersos em uma história cósmica que nos deixou sentindo como se fôssemos pouco mais do que insignificantes grãozinhos de poeira no universo ou informações biológicas irrelevantes no esquema geral da vida. Carl Sagan descreveu com perfeição essa mentalidade quando comentou sobre a perspectiva científica que descreve nosso lugar no cosmos: "Descobrimos que vivemos em um planeta insignificante de uma estrela que não tem nada de especial, perdida em uma galáxia escondida em algum canto esquecido de um universo onde há muito mais galáxias do que pessoas".[11]

Esse tipo limitado de pensamento, promovido pela comunidade científica, nos leva a acreditar que não temos importância quando se trata da vida em geral, e que estamos separados do mundo, separados uns dos outros e, por fim, separados até de nós mesmos.

Albert Einstein fez eco a essa percepção de nossa insignificância quando expressou suas ideias sobre a validade das evidências no campo emergente da física quântica, a qual sugeria que todas as coisas estão profundamente conectadas. Einstein não conseguia aceitar que essa conexão fosse real. Sem deixar dúvida em nossa mente quanto ao que ele acreditava que as novas ideias quânticas significavam para a ciência, Einstein afirmou: "Se a teoria quântica está correta, isso significa o fim da física como ciência".[12] Suas crenças não o deixariam aceitar efetivamente a possibilidade de que vivemos em um mundo onde tudo e todos estão ligados de maneira tão íntima.

Uma das razões para a resistência de Einstein às ideias da nova física era o fato de que viver em um mundo alicerçado na conexão quântica significaria que temos a capacidade de influenciar o que acontece em nossa vida e que nos defrontamos com a responsabilidade pelos resultados que criamos. Em última análise, foi a firme crença de Einstein na ideia de que vivemos em um mundo onde as coisas não estão conectadas que o impediu de realizar o sonho de sua vida. Ele acreditava apaixonadamente que sua pesquisa acabaria por levá-lo a descobrir uma verdade científica que unisse todas as leis da natureza, uma "teoria de tudo". Infelizmente, Albert Einstein morreu em 1955 sem ver concretizado seu sonho esquivo.

Tendo em mente os legados de Einstein e Sagan de separação e insignificância humana, não nos surpreende o fato de que, com frequência, nos sintamos indefesos diante do que acontece em nosso corpo e em nossa vida. Em um mundo de desconexão, nos dizem que as coisas simplesmente acontecem quando e como devem acontecer. É de admirar que com frequência nos sintamos impotentes quando vemos o mundo mudando com tanta rapidez que alguns dizem que ele está "caindo aos pedaços"?

A proposta de Charles Darwin com relação à evolução humana, apresentada em meados do século XIX, assentou a fundação para as conclusões científicas sobre nossa insignificância, as quais vieram mais tarde, no início da década de 1900. A Teoria da Evolução baseava-se na premissa de que somos o resultado final de uma série de eventos casuais que nunca foram testemunhados, comprovados ou reproduzidos, e podemos atribuir o fato de ainda existirmos à "sobrevivência do mais forte [ou mais apto]" ocorrida entre nós. A teoria segundo a qual essa luta nos colocou onde estamos hoje sugere que nos encontramos irremediavelmente presos a vidas de competição e conflito. No nível cultural, essa ideia recebe hoje uma tal aceitação que muitas pessoas acreditam que o uso da força é a melhor maneira de se fazer coisas no local de trabalho e na comunidade das nações.

Conscientemente, e às vezes em níveis inconscientes, essa crença na luta e no conflito se desdobra a cada dia de nossa vida. E isso às vezes ocorre de maneira surpreendente, inesperada. Por exemplo, quando vemos nossos "pontos sensíveis" serem ativados por aqueles que nos conhecem melhor, em nossos relacionamentos mais íntimos, até mesmo aqueles que entre nós têm uma inclinação mais espiritual reagirão com fúria, usando, no momento, táticas ofensivas para se proteger. A razão disso não nos causa surpresa.

Desde o momento em que nascemos, e mesmo antes, quando ainda estamos no útero materno, começamos a aprender a lidar com o mundo por meio dos pensamentos e sentimentos dos que cuidam de nós. Sabemos, pelo tom de voz de nossa mãe, quando o mundo é seguro e quando não é. Também aprendemos a associar as substâncias químicas que provocam tensão, assim como as que produzem prazer, e as que fluem através de nosso corpo com as vozes, sons e experiências que desencadeiam a liberação dessas substâncias.

A não ser que sejamos suficientemente afortunados por ter nascido em uma família realmente saudável de pessoas que se empenharam em cuidar de nós, há boas chances de que nossas respostas ao mundo tenham por base o falso condicionamento que aprendemos com nossos familiares desde o início da vida. E são exatamente esses padrões que vêm de outras pessoas, às vezes de gerações passadas, que também se tornam nossos padrões.

Assim, quando nos tornamos adultos e nos sentimos ameaçados, são esses padrões condicionados que aparecem sob qualquer forma que nossa mente considera necessária para nossa sobrevivência. Quando tais padrões passam a atuar, eles extraem informações do poço profundo de quaisquer crenças que se mantenham articuladas à nossa mente subconsciente por meio das "fiações" que fazem a ligação. O ponto-chave aqui é que essas crenças estão com frequência enraizadas nas histórias e experiências de outras pessoas.

Reagimos com violência, como estamos condicionados a fazer por meio de nossas histórias de "sobrevivência do mais forte [ou mais apto]"? Ou respondemos, confiante e honestamente, abraçando o conhecimento mais profundo de nossa conexão com toda a vida, inclusive com a pessoa que acabou de nos provocar?

Para ser franco, não estou sugerindo que uma ou outra resposta esteja certa ou errada, ou que ela seja boa ou má. O que estou dizendo é que nossas reações não mentem. Não obstante o que possamos pensar que acreditamos, o modo como reagimos em momentos tão íntimos é um reflexo revelador daquilo em que realmente cremos. O fato é que as histórias que nos contaram durante os anos mais vulneráveis e impressionáveis da nossa infância constituem as crenças a que mais profundamente nos agarramos. E é aí que também entra a história de nossas origens.

UM CONTO DE DUAS ORIGENS

Começamos cedo na vida a ouvir a história das origens humanas. E, dependendo das crenças de nossa família, às vezes chegamos a ficar expostos a duas narrativas completamente diferentes e conflitantes ensinadas mais ou menos ao mesmo tempo – uma em casa e outra na escola.

Na maioria das escolas, nos ensinam a Teoria Científica da Evolução por meio da seleção natural, que é uma história estéril e perturbadora para qualquer jovem ouvir. Começa muito tempo atrás, com um inacreditável período de boa sorte, quando *justamente* os átomos certos se combinaram *justamente* no momento certo para criar *justamente* as moléculas certas sob *justamente* as condições certas para levar às primeiras formas simples de vida que finalmente se tornaram os seres complexos que somos hoje.

Até mesmo o mais apaixonado defensor da evolução precisa admitir que a assombrosa boa sorte exigida por tal série de acontecimentos requer um bom esforço de imaginação, ou de fé, para admitir que seja no mínimo possível a ocorrência de um processo como esse. Já mencionamos que até Francis Crick se referiu à existência do DNA como "quase um milagre".

No entanto, a Teoria da Evolução explica essa boa sorte ao sugerir que é a própria luta – a competição entre várias formas de vida – que torna bem-sucedida essa improvável combinação de eventos. Defensores da evolução afirmam: foi a competição que nos levou a ser os atuais vencedores da corrida da natureza pela sobrevivência, que se estende por muitos milhões de anos. O ponto-chave aqui é que nos dizem que a "luta" nos serviu muito bem no passado e, por extensão, ainda nos serve hoje. Na verdade, nos dizem que a luta foi até agora tão bem-sucedida que acabou sendo "programada" geneticamente em nosso corpo. Desse modo, por causa da seleção natural, nossa "fiação" está agora, supostamente, bem conectada para enfrentarmos a competição e a luta.

Ao mesmo tempo que as crianças estão aprendendo nas escolas a história científica da evolução e da luta, contamos a elas, com frequência, uma história religiosa que é igualmente assustadora. Essa história também começa na época das nossas origens. E também requer um bom esforço de imaginação para acreditarmos que ela seja mesmo possível. No judaísmo, no cristianismo e no islamismo, essa narrativa é a história de uma força misteriosa – Deus – e de como Deus criou o primeiro ser humano do pó da terra, insuflou vida ao ser que criou e fez esse primeiro ser humano, Adão, despertar sobre a Terra.

Com base nessa história, aprendemos que somos os descendentes de Adão e de seus filhos, e que viemos para este mundo inerentemente defeituosos como pessoas. O restante da história descreve como estamos destinados a lutar entre o bem e o mal enquanto buscamos uma maneira de nos redimir de nossas falhas. Outras religiões do mundo recorrem a histórias semelhantes para explicar a origem da humanidade e o propósito da vida.

Ambas as histórias – a científica e a religiosa – começam muito tempo atrás. Ambas têm misteriosas lacunas nos detalhes. E ambas nos deixam com o sentimento de que estamos separados do restante do nosso mundo. Talvez ainda mais importante seja o fato de que ambas as histórias também nos deixam com o sentimento de que existimos hoje na Terra como combatentes involuntários presos a uma luta desesperada pela sobrevivência (luta essa travada com a natureza ou entre o bem e o mal). Do ponto de vista científico ou religioso, por mais diferentes uma da outra que ambas as histórias possam parecer superficialmente, percebemos, quando as examinamos um pouco mais a fundo, que elas partem do mesmo lugar e têm o mesmo objetivo. Começam com o fato de que existimos de uma determinada maneira e são tentativas de explicar o que nossa antiga existência significa hoje para nós.

Apesar de surgirem evidências que não se ajustam à narrativa científica tradicional, educadores perpetuam o ensino da Teoria da Evolução e a explicação evolucionista da sobrevivência humana ensinando-as em nossas salas de aula como se elas fossem fatos absolutos e indiscutíveis. E é aqui que o problema começa: estamos tentando resolver problemas modernos que requerem cooperação e ajuda mútua por meio de uma história de 150 anos baseada na competição e na luta. Não causa surpresa o fato de a história que adotamos – a Teoria da Evolução – não fazer mais sentido no que se refere a explicações como a de onde viemos e de como nos tornamos o que somos. Precisamos de uma nova história humana, que reflita as novas evidências, para quebrar o feitiço que as ideias de Darwin exercem sobre nós.

ROMPENDO COM O DISCURSO DE DARWIN

Darwin publicou *A Origem das Espécies*, seu livro mais conhecido, em 1859. Desde a época de sua publicação até hoje, as implicações dessa obra têm reverberado através das fundações da nossa sociedade. Seja na controvérsia acadêmica a respeito de onde viemos e de por que estamos aqui ou em temas dotados de intensa carga emocional, como os da concepção, do aborto e da pena de morte, que às vezes dividem famílias e comunidades inteiras, as implicações da obra de Darwin impactam nossa vida de um modo como poucas outras ideias conseguem fazer. Com frequência, eu me pergunto se Darwin algum dia imaginou o efeito que sua obra teria no mundo e com que profundidade suas ideias iriam atingir – e influenciar –, mais de um século no futuro, a vida das pessoas comuns.

Antes da publicação de *A Origem das Espécies*, havia poucas fontes às quais se podia recorrer quando se tratava de responder às questões mais importantes da vida. Até meados do século XIX, as questões filosóficas sobre a vida, como as que indagavam "De onde viemos?", "Por que estamos aqui?" e "Como podemos tornar a vida melhor?", eram relegadas à religião e ao folclore tradicional. Com a publicação do primeiro livro de Darwin, isso mudou. A Teoria da Evolução oferecia uma nova narrativa para responder às grandes questões sobre a vida sem recorrer a interpretações bíblicas ou a ensinamentos religiosos.

> Ponto-chave 7: Pela primeira vez na história humana escrita, a Teoria da Evolução de Charles Darwin, publicada em 1859, permitiu que a ciência respondesse às grandes questões sobre a vida e a respeito de nossa origem sem a necessidade de recorrer à religião.

Embora o título completo do livro de Darwin, *Sobre a Origem das Espécies por Meio da Seleção Natural*, possa parecer complexo, a ideia que lhe serve de base é realmente muito simples. Darwin propôs que toda vida, incluindo a vida humana, começava com um único organismo primordial que apareceu misteriosamente na Terra muito tempo atrás. Darwin nem sequer tentou descrever como esse organismo passou a existir. De fato, ao contrário do que muitas pessoas costumam supor, a verdadeira origem da vida nunca foi o seu foco. Embora ele reconhecesse prontamente que a ciência de seu tempo ainda não lançara nenhuma luz significativa sobre esse mistério, ele também admitiu que resolver o mistério de como a vida começou não era necessário para que sua Teoria da Evolução fosse aceita.

Darwin defendeu suas crenças usando a analogia de outro mistério sem solução para esclarecer a maneira como pensava. Ele apresentou o exemplo da aceitação científica da gravidade como uma analogia que evidenciava como é possível aceitar uma teoria mesmo que ela não tenha sido completamente explicada. "Não é uma objeção válida", afirmou ele, "dizer que a ciência ainda não lançou luz sobre o problema muito maior da essência ou origem da vida. Quem pode explicar qual é a essência da atração da gravidade? Hoje ninguém faz objeções a acompanhar sem contestações os efeitos provenientes desse desconhecido elemento de atração."[13]

Com base nessa declaração e em outras semelhantes, fica evidente que Darwin estava menos interessado em saber *como* a vida originalmente surgiu e mais interessado *no que aconteceu depois* que ela o fez. De modo específico, como a forma simples de vida que ele acreditou ter surgido no mundo pela primeira vez se metamorfoseou na complexidade e diversidade que reconhecemos hoje como vida.

Darwin baseou sua Teoria da Evolução em sua experiência pessoal e em observações diretas. Muitas dessas observações foram feitas durante uma jornada de cinco anos a bordo de um navio britânico de pesquisa, o HMS *Beagle*.[14] Darwin foi o naturalista designado para o navio, cuja missão lembra muito a da astronave *Enterprise* (na famosa série de TV *Jornada nas Estrelas*): documentar novas formas de vida em galáxias desconhecidas. O trabalho de Darwin consistiu em documentar novas formas de vida nas terras não mapeadas que foram descobertas durante a viagem do *Beagle*. Embora a viagem de Darwin tenha durado de 1831 a 1836, ele só compartilhou sua teoria 23 anos mais tarde. Com a publicação de *A Origem das Espécies*, pela primeira vez a essência da Teoria da Evolução de Darwin ficou disponível para o público em geral. Ele escreveu:

> Mas se variações úteis a qualquer ser orgânico de fato ocorrem, com certeza indivíduos com essas características terão maior chance de serem preservados na luta pela vida; e, com base no vigoroso princípio da herança, tenderão a produzir uma prole com características semelhantes. Pelo bem da concisão, dei o nome de Seleção Natural a esse princípio de preservação.[15]

Hoje, mais de 150 anos depois de Charles Darwin ter publicado sua teoria, os melhores cientistas do mundo moderno, das melhores universidades de nossa época, tendo acesso aos maiores montantes de financiamento em pesquisas sobre a história e a antropologia e usando as mais aprimoradas tecnologias disponíveis, ainda estão lutando para provar a viabilidade dessa teoria em geral e, especificamente, no caso dos seres humanos.

Em essência, são estas as perguntas não respondidas:

- A evolução é suficiente para explicar a diversidade que vemos hoje no mundo natural?

- A evolução se aplica aos seres humanos?

Como veremos nas seções a seguir, novas descobertas estão tornando necessário repensar as maneiras como respondíamos a essas duas perguntas no passado.

ATÉ MESMO DARWIN TINHA SUAS DÚVIDAS

Charles Darwin não sabia em sua época o que sabemos hoje sobre o mundo. Nem poderia saber. Muitos campos da ciência, cujas pesquisas e resultados jamais duvidamos nos dias de hoje que sejam verdadeiros, só passaram a existir no fim do século XIX e início do século XX. Por exemplo, Darwin não poderia ter conhecimentos sobre genética. Embora o fato de que uma geração pode herdar as características dos pais fosse reconhecido durante época de Darwin, exatamente o que tornava essa transferência possível? O DNA só passou a ser compreendido depois de sua morte. Darwin não poderia ter tido conhecimento algum sobre as células especializadas do coração, que nos dão acesso às capacidades e sensibilidades extraordinárias que serão descritas mais adiante neste livro. E não poderia saber que essas células, ou as capacidades que elas tornam possíveis, já existiam quando os seres humanos modernos entraram em cena, 200 mil anos atrás.

Embora a ciência de seu tempo não fosse capaz de lhe fornecer conhecimentos específicos sobre essas coisas, Darwin sem dúvida suspeitava que descobertas futuras derrubariam pelo menos em parte a sua teoria.

Ele afirmou essa possibilidade em seus escritos. Em *A Origem das Espécies*, escreveu: "Se fosse possível demonstrar a existência de qualquer órgão complexo que não poderia se formar por meio de numerosas e sucessivas pequenas modificações" – a "marca registrada" que caracteriza a evolução –, "minha teoria desmoronaria como um castelo de cartas".[16]

É pelo fato de as condições que o próprio Darwin descreveu como sendo a pedra angular de sua teoria terem sido agora derrubadas – pois temos realmente órgãos complexos que não se formaram por meio de "numerosas e sucessivas pequenas modificações" – que a Teoria da Evolução não pode, por si só, explicar o que encontramos no mundo real. Em outras palavras, exatamente como Darwin suspeitava que iria acontecer, sua teoria desmoronou.

Em *A Origem das Espécies*, Darwin revelou sua suspeita de que a Teoria da Evolução talvez não fosse suficiente para explicar a complexidade da vida. Embora a declaração seguinte possa parecer um tanto prolixa, é a linguagem de Darwin. Eu a compartilho para que tenhamos uma noção das reservas feitas por ele – neste caso, com relação às complexas funções de um olho:

> Supor que o olho, com seus inimitáveis dispositivos para ajustar o foco a diferentes distâncias, para admitir diferentes quantidades de luz e para a correção de aberrações esféricas e cromáticas, poderia ter sido formado por seleção natural, confesso sem meias palavras, parece um absurdo no mais alto grau.[17]

O fato de a complexidade do olho, assim como a complexidade de vários outros órgãos, satisfazer a condição que o próprio Darwin declarou que invalidaria sua teoria abre a porta para o tema da Parte I deste livro – a evolução em si mesma e por si mesma não é suficiente para responder pelas características e aptidões extraordinárias que tivemos desde o princípio. As evidências sugerindo que certas características físicas – incluindo nossos olhos, nosso aprimorado sistema nervoso e nosso cérebro – já estavam ativas quando surgiram os seres humanos modernos lança dúvidas sobre a Teoria de Darwin quando se trata da humanidade, em especial quando o destino da humanidade está em jogo.

EVOLUÇÃO HUMANA: ESPECULAÇÃO ENSINADA COMO FATO

O pensamento convencional de hoje nos deixa com a sensação de que a Teoria da Evolução de Darwin é um "assunto encerrado". Que é um caso resolvido e universalmente aceito pela comunidade científica, havendo pouco espaço para dúvidas quando se trata de explicar a vida como nós a entendemos hoje. A evolução é descrita como um fato em livros didáticos e salas de aula. Nesse ambiente de aceitação incondicional, as descobertas científicas que lançam dúvidas sobre a evolução com frequência não são relatadas ou, ainda pior, são ridicularizadas como superstição, religião ou pseudociência. Por essa razão, as pessoas costumam ficar espantadas quando se faz alguma menção a descobertas que lançam dúvidas sobre a Teoria de Darwin.

Um exemplo perfeito dessa visão unilateral é a decisão do Public Broadcasting Service (PBS)* de excluir quaisquer teorias científicas competidoras ou quaisquer críticas científicas da evolução em sua minissérie de oito horas de duração, produção primorosa e grande beleza, *Evolution: A Journey into Where We're from and Where We're Going* [Evolução: Uma Jornada para os Lugares de Onde Viemos e para Onde Estamos Indo], que foi levada ao ar em 2001. Nas próprias palavras da rede, os objetivos do programa consistiam em "intensificar a compreensão pública a respeito da evolução e de como ela funciona, dissipar equívocos comuns sobre o processo e esclarecer por que ele é importante para todos nós".[18] E para todos os que assistiram à série, seus criadores fizeram exatamente isso, ilustrando a evolução exclusivamente a partir da perspectiva de Darwin, que muitos cientistas veem como imperfeita por razões que serão descritas mais adiante neste capítulo.

Uma resenha crítica desse programa especial do PBS feita por Joshua Gilder, autor e ex-assessor de mídia da Casa Branca, não mediu palavras com relação à maneira como o conteúdo foi produzido: "O problema [com o documentário do PBS] é que nada do que ele mostra é verdadeiro, ou está tão cheio de inconsistências, interpretações errôneas e dados precários

---

* Rede pública de TV dos Estados Unidos com programação de caráter educativo e cultural. (N.T.)

(às vezes fraudulentos) que se torna inútil como ciência".[19] Gilder baseou sua crítica, em parte, nas descobertas científicas documentadas pelo biólogo molecular Jonathan Wells em seu livro *Icons of Evolution*, em que as "provas" da evolução humana apresentadas pelo documentário do PBS são contestadas uma a uma.

A EVOLUÇÃO LEVADA AOS TRIBUNAIS

A controvérsia envolvendo esse assunto, a Teoria da Evolução, fica particularmente visível quando ela se estende até o Estado e as leis nacionais relativas ao que os professores estão autorizados a ensinar nas escolas públicas. Um recente projeto de lei estadual de Oklahoma é um exemplo perfeito disso. Em 2016, o senador republicano Josh Brecheen introduziu uma legislação que autorizava os professores a encorajar os alunos a pensar criticamente a respeito dos tópicos que afetam sua vida e seu futuro.

O dispositivo legal proposto por Brecheen, o Projeto de Lei 1322 do Senado, declara que o objetivo da legislação é "criar um ambiente dentro dos distritos da escola pública que encoraje os estudantes a examinar as questões científicas, aprender sobre evidências científicas, desenvolver habilidades para o pensamento crítico e responder de maneira apropriada e respeitosa a diferenças de opinião sobre temas controvertidos... Os professores devem ter permissão para ajudar os estudantes a compreender, analisar, criticar e rever de uma maneira objetiva as forças e as fraquezas das teorias científicas incluídas no curso que está sendo ministrado".[20]

Embora o projeto de lei de Brecheen não mencione especificamente o ensino da Teoria da Evolução, o empenho feito por ele, desde sua eleição em 2010, para introduzir uma legislação semelhante e para incluir a expressão *teorias científicas*, deixa claro que seu objetivo era permitir que os professores compartilhassem descobertas relativas às origens humanas, inclusive as que não dão apoio à narrativa existente sobre a evolução.

Em 2005, o julgamento conhecido de modo informal como Caso Dover foi especificamente dedicado à evolução e à maneira como uma teoria nova, alternativa, a respeito das origens humanas, conhecida como *Design Inteligente* [*Intelligent Design*] se relaciona com a evolução.

O caso ganhou as manchetes mundiais porque foi o primeiro teste legal da nova teoria em um tribunal federal norte-americano.

O Caso Dover começou quando 11 famílias entraram com uma ação contra o Distrito Escolar da Área de Dover do Condado de York, na Pensilvânia, sobre uma mudança no programa exigido para uma turma de biologia do nono ano. Em 2004, o conselho escolar havia orientado os professores a apresentar descobertas que sustentassem o *Design Inteligente*, aliando-o assim ao ensino tradicional da Teoria da Evolução de Darwin. Defensores da teoria do *Design Inteligente*, que foi usada pela primeira vez no livro *Of Pandas and People*, em 1989, afirmam que "certas características do universo e das coisas vivas são mais bem explicadas por meio de uma causa inteligente, e não por um processo não dirigido, como a seleção natural".[21] Ambas as teorias estavam sendo apresentadas nas salas de aula como explicações possíveis para as origens humanas. Os pais que entraram com a ação sentiram, no entanto, que as ideias do *Design Inteligente* se pareciam demais com as ideias religiosas do criacionismo, uma crença segundo a qual o universo e os organismos vivos se originam de atos de criação divina, e solicitaram que o ensino da nova teoria fosse descontinuado.

O caso tramitou como um julgamento comum, não julgamento por júri, e o resultado provocou de imediato uma controvérsia quando o juiz decidiu que as conclusões extraídas das descobertas baseadas na ciência e que sustentavam o *Design Inteligente* na verdade não eram ciência, em absoluto.

Encaminhado do Tribunal Distrital [District Court] dos Estados Unidos para o Distrito Central [Middle District] da Pensilvânia, com John E. Jones III (indicado por George W. Bush em 2002) como o juiz em exercício na época, o veredito diz o seguinte:

> Ensinar o *Design Inteligente* em aulas de biologia de uma escola pública viola a Cláusula de Estabelecimento do Estado Laico da Primeira Emenda da Constituição dos Estados Unidos (e o Artigo I, Seção 3, da Constituição do Estado da Pensilvânia) porque o *Design Inteligente* não é ciência e "não pode ser separado de seus antecedentes criacionistas e, portanto, religiosos".[22]

Imediatamente depois do julgamento, houve acusações de falso testemunho, e até mesmo de perjúrio, envolvendo detalhes e depoimentos de peritos chamados para esclarecer as evidências científicas do *Design Inteligente*. Por causa da natureza de um julgamento comum, no qual não há jurados, bem como das crenças religiosas e políticas do juiz e dos testemunhos questionáveis, a controvérsia prossegue atualmente.

Para manter total clareza, não estou sugerindo que o *Design Inteligente* seja a resposta para o mistério das origens humanas ou que o julgamento não deveria ter acontecido. O que estou dizendo é que acredito que devemos a nós mesmos ser honestos a respeito das novas descobertas que estão sendo realizadas e refletir sobre aonde elas podem levar. O que incomoda nessa decisão judicial é o caráter seletivo que parece ser usado para ignorar a ciência que dá sustentação ao *Design Inteligente*. Por um lado, a Teoria da Evolução, que tem 150 anos – e ainda precisa ser cientificamente comprovada – é ensinada como fato. Por outro lado, as evidências científicas sugerindo que a Teoria da Evolução é incompleta ou nos leva no sentido errado não são sequer autorizadas a serem mencionadas em sala de aula.

Quando rejeitamos a oportunidade de questionar teorias existentes e apresentar teorias baseadas em novas evidências, também abrimos mão do poder do pensamento crítico ao qual precisaremos recorrer se quisermos enfrentar com êxito os desafios do mundo de hoje e sobreviver aos que virão no futuro.

É a natureza – a qual ostenta a autoridade científica que pretende sustentá-los – de belos e convincentes documentários, como *Evolution*, do PBS, e a natureza tendenciosa dos argumentos legais, como os expressos no julgamento de Dover, que levam muitas pessoas a acreditar que a Teoria da Evolução de Darwin é, com a seleção natural, um caso resolvido. Nada poderia estar mais longe da verdade.

Embora muitos cientistas tenham, de fato, aceitado a evolução como a melhor teoria para explicar o mistério das origens humanas, até agora essa aceitação nunca excluiu o reconhecimento de novas teorias, em especial quando elas estão ancoradas em boa ciência.

Incluí as objeções à Teoria da Evolução neste livro por duas razões:
1. Para dar visibilidade ao fato de que a Teoria da Evolução de Darwin não é um fato consumado quando a ciência tem de explicar quem somos nós.
2. Para dar voz a uma amostragem dos respeitados cientistas cujas objeções à Teoria da Evolução não repercutem nos principais canais de mídia da atualidade.

No restante deste capítulo, compartilharei com o leitor algumas opiniões que continuam a alimentar as fogueiras da controvérsia com relação à Teoria da Evolução Humana.

CENTO E CINQUENTA ANOS DE OBJEÇÕES

Objeções apaixonadas à Teoria de Darwin apareceram quase imediatamente depois da publicação de seu livro em 1859. A primeira foi levantada por Louis Agassiz, considerado um dos grandes cientistas do século XIX. Seu legado pioneiro é reconhecido no campo da história natural, especialmente nas áreas da geologia, biologia, paleontologia e glaciologia. A dedicação incansável com que se empenhava em seu trabalho ganhou tamanha prioridade em sua vida que certa vez ele declarou a um colega: "Não posso me dar ao luxo de perder tempo ganhando dinheiro".[23] Em outras palavras, Agassiz estava tão compenetrado em sua pesquisa e em fazer descobertas sobre o mundo natural que ganhar a vida se tornou secundário. Embora tanto ele como Darwin estivessem usando os mesmos métodos e examinando a mesma informação, suas interpretações não poderiam ter sido mais diferentes.

Em seu comentário sobre a Teoria de Darwin em uma publicação de 1874, Agassiz escreveu: "O mundo surgiu de um modo ou de outro. *Como ele se originou, é a grande questão, e a teoria de Darwin, como todas as outras tentativas de explicar a origem da vida, é até agora meramente hipotética.* Acredito inclusive que ele nem mesmo construiu a melhor hipótese possível no presente estágio de nosso conhecimento".[24]

Agassiz não estava sozinho em suas objeções. Uma comunidade de cientistas respeitados contestou a obra de Darwin desde a ocasião em que foi publicada pela primeira vez. Essa comunidade continua a crescer. A lista dos nomes que a compõem parece agora um *Who's Who* [Quem é

Quem] das mentes mais importantes da ciência contemporânea. Eis uma amostra dos tipos de crítica que têm sido levantados desde a época em que Darwin introduziu sua teoria, em 1859, até o presente.

"A Teoria de Darwin não é indutiva – não tem por base uma série de fatos reconhecidos que apontem para uma conclusão geral."[25]

– Adam Sedgwick (1785-1873), Universidade de Cambridge, geólogo britânico e um dos fundadores da geologia moderna

"Não há..., em absoluto, quer nos registros da geologia, na história do passado ou na experiência do presente, fatos que possam ser mencionados como provas da evolução, nem do desenvolvimento de uma espécie a partir de outra por qualquer tipo de seleção, seja ela qual for."[26]

– Louis Agassiz (1807-1873),
Universidade Harvard, geólogo norte-americano

"A teoria sofre de falhas graves, que estão se tornando cada vez mais visíveis à medida que o tempo passa. Ela não pode mais se conciliar com o conhecimento científico prático, nem é suficiente para responder à nossa apreensão teórica dos fatos... Ninguém pode demonstrar que os limites de uma espécie foram um dia ultrapassados. Esses são rubicões que os evolucionistas não podem cruzar... Darwin revirou outras esferas de obras de pesquisa prática em busca de ideias... Mas todo o esquema que ele tirou daí se mantém, até hoje, estranho à zoologia cientificamente estabelecida, uma vez que mudanças reais de espécies por tais meios são ainda desconhecidas."[27]

– Albert Fleischmann (1862-1942),
Universidade de Erlangen, zoólogo alemão

"A evolução se tornou em certo sentido uma religião científica; quase todos os cientistas a aceitaram e muitos estão dispostos a 'enviesar' suas observações para que se ajustem a ela."[28]

– H. S. Lipson (1910-1991), Universidade de Manchester, Institute of Science and Technology, físico britânico

"A evolução é a espinha dorsal da biologia e a biologia está, portanto, na posição peculiar de ser uma ciência alicerçada em uma teoria não comprovada. É então uma ciência ou uma fé? A crença na Teoria da Evolução é assim exatamente paralela à crença em uma criação especial. Ambas são conceitos que os crentes sabem ser verdadeiros, mas que nem uns nem outros, até o momento, foram capazes de comprovar."[29]

– Leonard Harrison Matthews (1901-1986), Universidade de Cambridge, zoólogo britânico

"A possibilidade de que formas de vida superiores possam ter emergido dessa maneira é comparável à possibilidade de que um furacão varrendo um ferro-velho possa montar um Boeing 747 a partir dos materiais ali encontrados. Sou incapaz de compreender a compulsão generalizada dos biólogos para negar o que me parece óbvio."[30]

– *Sir* Fred Hoyle (1915-2001), Universidade de Cambridge, astrônomo britânico; estabeleceu a teoria da nucleossíntese estelar

"Em última análise, a Teoria da Evolução de Darwin não é mais, nem menos, que o grande mito cosmogênico do século XX. A verdade é que, apesar do prestígio da Teoria da Evolução e do tremendo esforço intelectual para reduzir os sistemas vivos aos limites do pensamento darwinista, a natureza se recusa a ser aprisionada. No

final das contas, ainda sabemos muito pouco sobre como surgem novas formas de vida. O 'mistério dos mistérios' – a origem de novos seres sobre a Terra – continua, em grande medida, tão enigmático como quando Darwin zarpou no Beagle.*"*[31]

– Michael Denton (1943), bioquímico britânico, pesquisador sênior, Center for Science and Culture

"Mas como se chega, partindo do nada, a algo tão elaborado se a evolução tem de avançar ao longo de uma extensa sequência de estágios intermediários, cada um deles favorecido pela seleção natural? Não se consegue voar com dois por cento de uma asa ou ganhar muita proteção de um fragmento de vegetação que tenha um potencial de camuflagem com minúscula similaridade. Como, em outras palavras, a seleção natural é capaz de explicar os estágios incipientes de estruturas que só podem ser usadas [como agora as observamos] em uma forma muito mais elaborada?"[32]

– Stephen Jay Gould (1941-2002), Universidade Harvard, paleontólogo e biólogo evolucionista norte-americano

"O que importa, no entanto, é que a doutrina da evolução varreu o mundo, não pela força de seus méritos científicos, mas exatamente por sua capacidade de ser entendida como um mito gnóstico. Ela afirma, com efeito, que os seres vivos criam a si próprios, o que é, em essência, uma afirmação metafísica... Assim, em última análise, o evolucionismo é na verdade uma doutrina metafísica adornada com trajes científicos."[33]

– Wolfgang Smith (1930), matemático e físico norte-americano

Depoimentos como esses oferecem percepções rara vezes encontradas pelo público, as quais, certamente, não costumam ser compartilhadas em salas de aula típicas das escolas quando se trata de aceitar a Teoria de Darwin. Em 2001, no mesmo período em que o PBS levava ao ar a minissérie *Evolution*, um grupo diversificado de cientistas internacionais assinou e postou na internet uma declaração informando ao mundo que, para eles, o mistério de nossas origens ainda não estava resolvido. Desde julho de 2015, a declaração já foi assinada por 1.371 bem-conceituados cientistas do mundo inteiro e a lista de signatários continua a crescer.

A própria petição é breve e se limita a dizer:

> Encaramos com ceticismo o potencial da mutação randômica e da seleção natural para explicar a complexidade da vida. Um exame cuidadoso das evidências associadas à Teoria de Darwin deveria ser encorajado.[34]

Sem dúvida, ainda não temos o veredito sobre a viabilidade da Teoria da Evolução de Darwin na resolução do mistério dos começos da humanidade. É óbvio, quando vemos objeções como, entre outras, as relacionadas acima, que a crítica da evolução continua a ocorrer com paixão e vigoroso debate. E embora tenham sido formuladas há um século e meio, as ideias de Darwin continuam sendo um dos assuntos de maior carga emocional de nossa época. Tenho a impressão de que a razão da controvérsia é dupla: primeiro, a teoria tem profundas implicações morais, sociais e religiosas; segundo, a evolução costuma ser apresentada como fato científico, embora pontos conflitantes ainda tenham de ser resolvidos.

HOMENAGEANDO CHARLES DARWIN

Agora que já passamos em revista algumas das objeções à Teoria da Evolução de Darwin, eu gostaria de aproveitar a oportunidade para esclarecer minha visão pessoal como geólogo, pesquisador e escritor no que diz respeito ao próprio Charles Darwin e às suas ideias sobre evolução.

Começarei declarando que tenho um tremendo respeito por Charles Darwin, tanto como homem quanto como cientista, pelo que ele realizou em seu tempo. Ele vivia em uma sociedade que era muito diferente do mundo de nosso século XXI. Precisou de muita coragem para apresentar o que apresentou, da maneira como o fez, durante o período histórico em que viveu. A Igreja Católica desempenhava um papel poderoso e dominante na Inglaterra do século XIX e Darwin sabia que sua teoria representaria uma ameaça direta à doutrina religiosa da Igreja. Foi precisamente por causa dessa percepção que Darwin esperou que se passassem mais de vinte anos após o término, em 1836, da viagem no HMS *Beagle* para publicar seu livro. Em uma carta que escreveu à botânica Asa Gray em 1860, declarou sua preocupação, dizendo que "não tinha intenção de escrever de modo ateu".[35]

Darwin viveu para ver seus temores de tais críticas justificados quando o cardeal Henry Edward Manning, a autoridade católica de mais alta hierarquia na época da publicação de *A Origem das Espécies*, atacou a Teoria da Evolução como uma "filosofia brutal", declarando que ela pressupunha que "o macaco é nosso Adão".[36] Apesar das críticas, na época de sua morte, em 1862, Darwin era considerado o maior cientista de seu tempo.

Eu também gostaria de reconhecer que grande parte da controvérsia que a Teoria de Darwin tem causado tanto em sua própria época como na nossa se deve a: 1) um mal-entendido a respeito do que ele realmente disse e 2) ao desejo de universidades, professores de faculdades, a comunidade científica em geral e políticos de ostentar sua obra como sagrada e infalível. Em outras palavras, as instituições e as pessoas que a apoiam têm procurado transformar a obra de Darwin em algo que ele próprio nunca pretendeu que ela fosse. Querem usar sua teoria para objetivos que ele nunca previu nem pretendeu dizer.

Darwin era um geólogo e, pelo que se sabe, um bom geólogo. Foi correto e honesto quando escreveu a respeito do que observou, assim como sobre o que acreditava que as observações estavam lhe dizendo. Sua obra foi fruto de cuidadosa reflexão e meticulosamente documentada, e seus métodos seguiam as diretrizes aceitas no período. Acredito, no entanto, que o processo de Darwin tenha falhas relacionadas ao que ele fez depois de publicar *A Origem das Espécies*. Como sua Teoria da Evolução parecia ajustar-se ao que ele viu acontecer com uma forma de vida em um único local do mundo – especificamente, com os tentilhões, pássaros das Ilhas Galápagos –, Darwin tentou generalizar a teoria para aplicá-la a toda a vida em qualquer lugar, inclusive a da humanidade. É nesse salto que a Teoria da Evolução de Darwin parece colapsar.

Embora ainda não se saiba com precisão o que aconteceu quando nossos modernos ancestrais humanos apareceram 200 mil anos atrás, as melhores evidências que obtivemos dos registros fósseis não corroboram a ideia de que a evolução explicaria o que levou esses ancestrais a ser como eram. Estou mencionando agora esse ponto porque o pensamento perpetuado pela mídia dominante, e por muitas instituições acadêmicas que têm um interesse velado em conservar viva a história da evolução, sustenta que a controvérsia está encerrada.

UMA TEORIA QUE PRECISA DE PROVAS

Seguindo-se de imediato ao lançamento, em 1859, de *A Origem das Espécies*, a aceitação generalizada dessa teoria levou a uma busca de evidências físicas para lhe dar suporte: acreditava-se que os "elos perdidos" entre espécies existissem no registro fóssil. Se os cientistas pudessem encontrar essas pistas, diz a lógica, eles seriam capazes de reconstruir a antiga árvore genealógica do nosso desenvolvimento. Do mesmo modo como podemos documentar nossa linhagem familiar individual em um mapeamento reverso, indo de nossos pais aos nossos avós, depois aos nossos bisavós e assim por diante, eles presumiam que um dia seria possível criar uma árvore genealógica de todos os nossos ancestrais coletivos.

O pensamento atual sobre nossa árvore evolutiva humana é mostrado na Figura 1.1. Nessa imagem, os seres humanos modernos estão representados pelo *Homo sapiens*, o ponto em negrito na porção superior esquerda da figura. As linhas formando os galhos que nos conectam com os outros crânios que estão mais baixos na árvore representam os vários caminhos de desenvolvimento – caminhos evolutivos – que os cientistas acreditam ter levado dos primeiros primatas a nós, no presente.

Árvore Especulativa da Evolução Humana

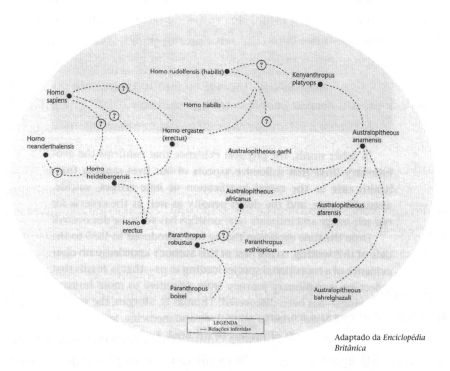

Adaptado da *Enciclopédia Britânica*

Figura 1.1. Exemplo da tradicional árvore da evolução da família humana. O problema com o pensamento representado por essa árvore é que as evidências físicas confirmando a conexão entre os fósseis ainda precisa ser descoberta. Essa falta de evidências é a razão pela qual as linhas que formam a árvore são rotuladas como relações "inferidas".

No entanto, uma observação mais atenta da ilustração da Figura 1.1 revela que os elos entre os fósseis são mostrados como linhas pontilhadas, e não linhas contínuas. Isso significa que as linhas representam conexões *especulativas* ou *inferidas*, em vez de indicar conexões comprovadas. Embora se acredite que os elos existam, depois de 150 anos de busca por evidências para apoiá-los, eles ainda não foram comprovados.

Ponto-chave 8: Embora se acredite que as conexões entre antigos primatas e seres humanos modernos na árvore genealógica evolutiva realmente existam, elas nunca foram comprovadas como fatos – são apenas, no presente momento, conexões inferidas e especulativas.

Em outras palavras, as evidências físicas que confirmam os elos evolutivos que influenciam aspectos de nossa vida, e que vão da assistência à saúde até a justificativa moral de crimes de ódio, suicídio, suicídio assistido e pena de morte, bem como os critérios para nossa autoimagem e nossos relacionamentos íntimos, ainda precisam ser descobertos!

O autor deste livro não tem qualquer conhecimento de que, desde o ano em que a Teoria da Evolução foi introduzida – 1859 – até a data de redação de *O Mistério por Trás das Nossas Origens*, tenham sido descobertas evidências claras de uma espécie de transição que tenha levado até nós – isto é, fósseis que reflitam uma jornada evolutiva de seres primitivos a seres mais parecidos com seres humanos! Thomas H. Morgan, ganhador do Prêmio Nobel de Fisiologia e Medicina em 1933, não deixou dúvidas a esse respeito na mente dos leitores de seu livro *Evolution and Adaptation*. Embora a ciência moderna aplique o que Morgan diz serem "os mais rigorosos… testes usados para distinguir espécies selvagens", ele conclui que "não conhecemos no período da história humana um único exemplo da transformação de uma espécie em outra".[37]

Diante de apaixonados debates científicos e com a tecnologia "futurista" que está agora desvendando os mistérios mais profundos da vida, o duro fato evidenciado pela observação de Morgan continua sendo uma advertência contra a adoção incondicional da Teoria da Evolução Humana. Mesmo assim, a teoria continua a ser ensinada em escolas públicas como se fosse um fato indiscutível!

Em *A Origem das Espécies*, Darwin reconheceu a ironia da falta de evidências físicas para dar suporte à sua teoria. Também comentava que a razão da falta dessas evidências físicas talvez pudesse ser explicada de duas maneiras diferentes: ou os geólogos estavam interpretando a história da Terra de maneira incorreta ou ele próprio havia interpretado de forma incorreta as observações que se tornaram o fundamento de sua teoria.

Nas palavras do próprio Darwin:

> Por que cada coleção de remanescentes fossilizados não fornece evidências claras da gradação e da mutação das formas de vida? Não nos deparamos com tais evidências, e essa é a mais óbvia e convincente das muitas objeções que podem ser levantadas contra minha teoria.[38]

É contra o pano de fundo dessas ideias e críticas que uma impressionante descoberta realizada no fim do século XX forneceu aos cientistas a oportunidade de submeter a teste alguns dos mais vigorosos argumentos a favor da evolução. Se a evolução humana de fato ocorreu, como supõe a hipótese da teoria de Darwin, então a melhor maneira de comprovar a teoria seria nos comparar com nossos ancestrais no nível mais profundo de nossas células. Para fazer isso, os cientistas precisariam obter amostras do DNA de nossos primeiros ancestrais e compará-las com o DNA humano atual, o que é um problema porque os seres humanos modernos já estão presentes há 200 mil anos na Terra. Como o DNA é frágil, ele não dura tanto tempo.

É possível que o DNA de um antigo primata ainda pudesse existir hoje? E se existisse, poderíamos testar o DNA recuperado da maneira como rotineiramente testamos hoje nosso DNA? Embora essas questões pareçam ter sido tiradas do enredo de *Jurassic Park*, um filme que mostra antigos dinossauros sendo ressuscitados nos dias atuais por meio do DNA, as respostas a elas vieram à luz sob a forma de uma descoberta única realizada em 1987. As revelações dessa descoberta deixaram mais perguntas sem resposta, criaram mistérios ainda mais profundos e abriram a porta para uma possibilidade que tem sido considerada território proibido na ciência tradicional.

capítulo dois

HUMANO CONFORME UM PLANEJAMENTO

O Mistério da Fusão do DNA

"Todos nós que estudamos a origem da vida descobrimos que, quanto mais a fundo a observamos, mais sentimos que ela é complexa demais para ter evoluído em algum lugar."

– Harold Urey (1893-1981), químico ganhador do Prêmio Nobel

Em um sábado, 28 de fevereiro de 1953, no condado de Cambridge, na Inglaterra, dois homens entraram no pub Eagle e anunciaram uma descoberta que mudaria para sempre o mundo e a maneira como pensamos a nosso próprio respeito. Era meio-dia quando os dois homens, cientistas da Universidade de Cambridge, James Watson e Francis Crick, anunciaram a colegas seus que estavam almoçando no pub: "Descobrimos o segredo da vida!".[1] Watson e Crick tinham acabado de fazer a descoberta revolucionária do padrão em hélice dupla da molécula de DNA – o código da natureza para a vida.

O DNA é mantido dentro de cada célula de nosso corpo em estruturas filiformes chamadas cromossomos. Como seres humanos, temos 23 pares de cromossomos em nossas células. Cada cromossomo, por sua vez, é constituído de regiões menores chamadas genes. São os códigos contidos dentro dos genes e cromossomos que determinam tudo o que diz respeito às funções de nosso corpo, incluindo a regulação de hormônios e a química do sangue, a rapidez com que nossos ossos crescem e o tamanho que alcançam, bem como o tamanho de nosso cérebro, o tipo de olhos que temos e quanto tempo vivemos – e até mesmo funções automáticas como respiração, digestão, metabolismo e temperatura corporal. Com uma descoberta dessa magnitude, parecia que os maiores mistérios da nossa existência seriam resolvidos. Muitos deles de fato foram. No entanto, por causa das percepções mais profundas que as descobertas do DNA tornaram possível, os cientistas enfrentam agora um dilema quando se trata de interpretar onde as novas informações sobre o nosso código genético se encaixam na história humana aceita.

A RECUPERAÇÃO DO DNA DE UM BEBÊ NEANDERTAL

Em 1987, uma descoberta equivalente a uma mudança de paradigma ocorreu na região do Cáucaso russo, perto da fronteira entre a Europa e a Ásia. Os cientistas descobriram, enterrados profundamente no solo, em um lugar chamado de Gruta Mezmaiskaya, os restos mortais de uma criança neandertal – uma bebê que viveu cerca de 30 mil anos atrás! Para referência, a última era glacial terminou cerca de 20 mil anos atrás, e portanto essa bebê estava viva na era glacial. Seus restos mortais se encontravam em um estado de preservação extremamente raro e os cientistas conseguiram determinar a idade da menina como algo entre um feto de sete meses ainda não nascido e um bebê de dois meses.

William Goodwin, um Ph.D. da Universidade de Glasgow, comentou sobre essa descoberta excepcional. "Não deixa de ser um mistério o fato de os restos mortais dessa criança estarem tão perfeitamente preservados... Normalmente, você só consegue material com esse grau de preservação em amostras encontradas nas áreas de *permafrost*."[2]

Estou compartilhando muitos detalhes aqui porque essa descoberta revolucionária levou a uma mudança decisiva na maneira de responder à pergunta sobre onde os seres humanos se encaixam na árvore genealógica evolutiva.

Usando técnicas forenses, como a tecnologia futurista mostrada na série de TV *CSI: Investigação Criminal*, cientistas conseguiram extrair o

DNA mitocondrial de uma das costelas da bebê para análise. O DNA mitocondrial (mtDNA) é uma forma especial de DNA que está localizada dentro dos centros de energia (mitocôndrias) no interior de cada uma de nossas células, e não nos cromossomos, onde é encontrada a maior parte do nosso DNA. A razão pela qual o mtDNA tem importância crucial no problema da evolução humana é que nós o herdamos apenas de nossa mãe. Ele passa do óvulo da mãe tanto para os filhos como para as filhas, e isso acontece tipicamente sem que ocorra qualquer mutação capaz de levar a novas características em crianças. Isso significa que os filamentos do DNA mitocondrial que temos hoje em nosso corpo são descendentes diretos, e coincidências idênticas, do DNA mitocondrial da mulher que deu início à nossa linhagem particular muito tempo atrás. Graças a essa qualidade única, o mtDNA é usado para estudar como pessoas e populações de um lugar se relacionam com as de outros lugares. É a singularidade dessa forma de DNA que prepara o terreno para a bomba revelada pela criança neandertal.

AGORA SABEMOS QUEM NÃO SOMOS

Usando as técnicas mais avançadas, com resultados que são aceitos nas mais altas cortes de justiça, cientistas russos e suecos testaram o DNA da criança neandertal para constatar quanto ele seria semelhante ao dos seres humanos da época atual. Em outras palavras, os cientistas queriam saber se a menina neandertal era realmente um dos nossos ancestrais, como a árvore genealógica evolutiva nos levava a crer. Os resultados dos primeiros estudos foram publicados em obscuras publicações científicas e concluíam, segundo o Instituto Smithsoniano, que "as sequências do mtDNA neandertal eram substancialmente diferentes do mtDNA humano".[3] Embora pareça relativamente benigna, essa declaração simples equivale a um terremoto com o epicentro bem na raiz da árvore evolutiva humana. No entanto, poucas fontes de notícias veiculadas pelo *mainstream* compartilharam a descoberta e aquelas que o fizeram apresentaram os detalhes técnicos sem simplificá-los para leitores leigos ou sem interpretar seu significado.

Tudo isso, porém, mudou no ano 2000, quando pesquisadores do Human Identification Centre [Centro de Identificação Humana] da

Universidade de Glasgow publicaram os resultados de sua própria investigação comparando o DNA neandertal com o dos seres humanos modernos. Os resultados desse estudo foram compartilhados de um modo que fazia sentido até mesmo para o leitor mais alheio à ciência. E o significado do que descobriram não podia ser ignorado. A conclusão do relatório que os pesquisadores escreveram foi examinada e aprovada para publicação por colegas cientistas do periódico *Nature*, e declarava diretamente que os seres humanos modernos "não eram, na verdade, descendentes de neandertais".[4]

Agora, não podia mais haver volta. Embora os cientistas tivessem inicialmente acreditado que o mtDNA da criança neandertal resolveria o mistério de nossa ascendência, o efeito na realidade foi exatamente o oposto.

Ponto-chave 9: A descoberta de uma menina neandertal extraordinariamente bem preservada – datando de 30 mil anos atrás – e a comparação de seu DNA mitocondrial com o nosso nos diz, em definitivo, que os primeiros seres humanos modernos *não eram* descendentes de antigos neandertais.

NÃO É ENTÃO O NOSSO HOMEM MÉDIO DAS CAVERNAS?

Se não somos descendentes dos neandertais, quem são então os nossos ancestrais? Onde nos encaixamos na árvore da evolução? Será que ao menos pertencemos à família evolutiva de Darwin? A comparação do DNA de neandertais e de outros fósseis de primatas projetou nova luz sobre essa questão. No entanto, ao fazê-lo, também obrigou os cientistas a refletir a respeito de uma nova possibilidade quando se trata de desvendar o mistério de nossas origens.

Nos meus anos de escola, durante as décadas de 1960 e 1970, ao aprender sobre os neandertais e outros seres pré-humanos, como o *Australopithecus* (a famosa Lucy) e o *Homo habilis* (homem habilidoso), ensinaram-nos que havia outro membro da árvore genealógica evolutiva que também era nosso ancestral. Naquele tempo, o nome usado para esses parentes distantes era cro-magnon. Hoje, no entanto, o termo não é mais usado. Os paleoantropólogos o substituíram por outro que faz mais sentido e a razão é evidente. O novo nome usado para identificar os seres antes conhecidos como cro-magnons é *Anatomically Modern Humans*, ou *AMHs* [Seres Humanos Anatomicamente Modernos, ou SHAMs].

Em geral, os cientistas concordam que os SHAMs aparecem pela primeira vez nos registros fósseis aproximadamente 200 mil anos atrás e marcam o início da subespécie *Homo sapiens sapiens* – expressão usada para descrever as pessoas que vivem atualmente na Terra.[5] Embora os próprios fósseis de ossos sejam mais resistentes aos elementos e possam durar milhões de anos, o DNA encontrado dentro de ossos – no tutano – é muito mais frágil e só costuma existir em vestígios ósseos relativamente recentes. Assim, embora os SHAMs tenham aparecido na Terra há 200 mil anos, o mais antigo DNA até agora descoberto a partir deles é o de um homem que viveu na Sibéria há cerca de 45 mil anos.[6]

Em 2003, novos avanços em tecnologia genética permitiram a comparação dos primeiros corpos humanos anatomicamente modernos com quatro corpos de neandertais, então recém-descobertos. Uma equipe de cientistas europeus comparou o DNA de dois SHAMs, um com 23 mil anos de idade e outro com 25 mil anos, com o DNA dos remanescentes de neandertais, que teriam vivido, conforme a equipe os datou, entre 29 mil e 42 mil anos atrás. Um artigo sobre as descobertas, publicado no *National Geographic News*, cita a declaraçnao de um dos coautores: "Nossos resultados se somam às evidências previamente coletadas em diferentes campos, tornando muito improvável a hipótese de uma 'herança neandertal'".[7] Mais uma vez, os neandertais, retratados com frequência como primitivos homens das cavernas em filmes e *cartoons*, foram eliminados como possíveis ancestrais dos primeiros seres humanos modernos.

Agora que sabemos quem nossos ancestrais não eram, o foco da paleoantropologia deslocou-se para o empenho em descobrir quem eles eram. Os estudos sobre o DNA estreitaram a amplitude do campo, reduzindo-a a um candidato particular. E esse candidato não é quem os partidários da Teoria de Darwin esperavam que fosse.

ELES ERAM QUEM NÓS SOMOS

Os cientistas agora acreditam que os SHAMs somos nós e que nós somos eles. Quaisquer diferenças entre corpos contemporâneos e corpos dos SHAMs do passado são tão superficiais que não justificam separá-los em dois grupos distintos. Em outras palavras, embora os antigos seres humanos não se comportassem necessariamente como nós, eles se *pareciam* conosco, funcionavam como nós e, ao que tudo indica, tinham, em seu sistema nervoso, a mesma "fiação" que temos hoje.

Em outras palavras, ainda nos parecemos com eles e funcionamos como eles o faziam há 2 mil séculos, apesar de nossas incríveis conquistas tecnológicas. Um estudo de 2008 sobre remanescentes de um SHAM (na época ainda chamado de cro-magnon), realizado em uma colaboração entre geneticistas das universidades de Ferrara e Florença, na Itália, nos diz que essas similaridades são mais do que superficiais. Os pesquisadores relatam: "Um indivíduo cro-magnon que vivia no sul da Itália 28 mil anos atrás era, genética e anatomicamente, um europeu moderno".[8]

O fato de membros da nossa espécie, a *Homo sapiens*, não terem mudado desde que nossos mais antigos ancestrais apareceram pela primeira vez nos registros fósseis coloca um problema para a história tradicional da evolução, que se baseia em lentas mudanças ocorridas durante longos períodos de tempo. Descobertas que não poderiam ter sido feitas na época de Darwin lançaram nova luz sobre esse prolongado mistério.

O DNA QUE NOS TORNA DIFERENTES

O conjunto de todo o DNA humano, o *genoma humano*, foi a primeira sequência de DNA de qualquer vertebrado a ser inteiramente mapeada. O esforço internacional que tornou possível esse mapeamento – o Projeto Genoma Humano (PGH) – foi resultado do maior projeto cooperativo de biologia na história do mundo.[9] Em junho de 2000, o primeiro-ministro Tony Blair do Reino Unido e o presidente Bill Clinton dos Estados Unidos revelaram conjuntamente que a primeira versão do código de vida humano fora completada com êxito. Ao fazê-lo, anunciaram ao mundo que esse ato sem precedentes de cooperação abria uma nova era de medicina genética salvadora de vidas, e o *boom* industrial e econômico global que se seguiria.

Depois do sucesso do PGH, as mesmas técnicas usadas para mapear o DNA humano foram aplicadas ao DNA de outros seres vivos. Pela primeira vez, cientistas puderam ir além de meras suposições convencionais sobre nossas relações genéticas e comparar efetivamente o código da nossa vida com o de qualquer outra forma de vida. Os resultados não foram menos que estonteantes. Embora os cientistas já soubessem havia muito tempo que, por exemplo, os chimpanzés são nossos parentes mais próximos, mapas do DNA lhes permitiram ver, pela primeira vez, até que ponto esse parentesco era de fato estreito.

O mapeamento genético revelou que há uma diferença de apenas 1,5% nos separando dos chimpanzés ou, invertendo a afirmação, ele mostrou que compartilhamos mais de 98% do mesmo DNA.[10] Quando os métodos de mapeamento foram aplicados a outros seres vivos além dos primatas, os resultados foram igualmente impressionantes. Por exemplo, compartilhamos 60% de nosso DNA com uma drosófila, a mosca-das-frutas, 80% com uma vaca e 90% com um gato doméstico comum. Obviamente não nos parecemos com uma mosca-das-frutas, com uma vaca ou com um gato, nem agimos como eles. A grande questão que surge de tais revelações é esta: se temos tanto em comum, geneticamente falando, com outras criaturas, por que somos tão diferentes delas?

A resposta a essa pergunta remonta a uma descoberta inesperada feita durante o PGH: um único gene pode ser ativado de diferentes maneiras, e em diversos graus, para realizar coisas variadas. O que isso nos diz é que não se trata tanto de saber *que genes* temos em comum com chimpanzés, vacas, moscas-das-frutas e gatos. Trata-se mais de saber *como* esses genes são ativados – ou expressos. Um gene chamado FOXP2, que agora compreendemos estar diretamente ligado à nossa capacidade para desenvolver uma fala complexa, é um exemplo perfeito do que estou querendo dizer aqui.

FOXP2, abreviação de *Forkhead Box Protein P2*, é uma proteína que está envolvida na capacidade humana para a linguagem. Localizada no cromossomo 7 (precisamente na localização 7q31), a proteína FOXP2 está codificada a partir de um gene que tem o mesmo nome, FOXP2, e está presente tanto em seres humanos como em chimpanzés.[11,12] É óbvio, no entanto, que chimpanzés não conseguem cantar "Stairway to Heaven", do Led Zeppelin, da maneira como uma pessoa a canta! Esse fato nos diz que há mais alguma coisa envolvida aqui além do próprio gene. Há alguma coisa na forma como o gene se expressa que nos proporciona a capacidade para criar, de maneira consistente, os sons da linguagem. Em 2009, um estudo publicado no periódico *Nature* nos deu uma pista sobre o que é essa "alguma coisa".

Os cientistas sabiam, graças a pesquisas mais antigas, que tanto seres humanos como chimpanzés abrigam o gene FOXP2. Também já haviam determinado que a versão humana do gene se alterara (sofrera mutação) em algum momento do passado e que a mudança acontecera com rapidez – e não de maneira lenta e gradual, como teria sugerido a Teoria da Evolução. Agora, pesquisadores da Faculdade de Medicina David Geffen da UCLA determinaram que essa mudança ocorreu precisamente em um momento crítico do desenrolar da história humana. Segundo esses cientistas, a mutação aconteceu "com rapidez e mais ou menos na mesma época em que a linguagem surgiu entre os seres humanos".[13] Foi uma descoberta crucial, pois, pela primeira vez, um conjunto específico de mutações na FOXP2 foi cientificamente associado à nossa capacidade para criar uma linguagem complexa.

Estudos adicionais levaram essa pesquisa ainda mais longe e determinaram quando essa mudança em particular havia ocorrido. Segundo Wolfgang Enard, do Instituto Max Planck de Antropologia Evolutiva, as mutações na FOXP2 que tornaram possível nossa linguagem complexa "ocorreram no mesmo referencial de tempo em que os seres humanos modernos evoluíram".[14] Uma reportagem da *News World Edition* da BBC esclarece essa conexão, afirmando que nossa capacidade para a linguagem manifestou-se quando "mudanças em duas únicas letras do código do DNA [as representações dos blocos de construção dos aminoácidos] surgiram nos últimos 200 mil anos de evolução humana".[15]

A velocidade e a precisão das mutações na FOXP2, ocorrendo justamente nos dois pontos certos do código do DNA, são exemplos adicionais do tipo de mudança que não contribui para a Teoria da Evolução – pelo menos não como compreendemos hoje essa teoria. Por que as mudanças aconteceram da maneira como aconteceram? O que poderia ter causado justamente a mudança correta das letras do DNA, justamente no lugar certo, e justamente dentro do cromossomo certo, para nos dar a extraordinária capacidade de compartilhar nossos sentimentos durante um jantar a dois à luz de velas, participar de um coro frenético quando nosso time vence o Super Bowl ou a Copa do Mundo, e sussurrar no ouvido de uma pessoa amada? A melhor ciência do mundo moderno nos deu agora a resposta. E a pergunta é: "Será que estamos dispostos a aceitar o que o DNA nos revela?".

ACHAMOS NOSSO DNA "PERDIDO"!

Uma vez que os seres humanos são classificados como os membros mais complexos e avançados da família primata, era razoável que os cientistas esperassem que tivéssemos mais cromossomos que nossos parentes menos complexos. E é aqui que começa uma inesperada guinada na história do nosso DNA. Nossos parentes primatas mais próximos, os chimpanzés, têm mais cromossomos que nós, com um total de 48 em seu genoma. Ironicamente, os seres humanos têm apenas 46. Em outras palavras, parece que nos *faltam* dois cromossomos quando somos comparados com chimpanzés. Foi só recentemente, usando métodos avançados de sequenciar o DNA, que o mistério de "para onde eles foram?" parece ter sido resolvido. Ao fazê-lo, no entanto, mais uma vez nos encontramos no limiar de um mistério mais profundo, que tem surpreendentes implicações!

Um olhar mais atento para o nosso mapa genético mostra que, na verdade, nosso DNA "perdido" não está, em absoluto, desaparecido. Sempre esteve o tempo todo conosco; porém, foi modificado e organizado de uma maneira que não era óbvia no passado. Nova pesquisa revela que o segundo maior cromossomo no corpo humano, constituindo 8% do DNA total nas células, o *cromossomo humano 2* (HC2), realmente contém os cromossomos menores "perdidos" encontrados no genoma do chimpanzé.[16] Em outras palavras, em algum momento do passado, por razões que permanecem controversas, dois cromossomos distintos no chimpanzé se combinaram em um único cromossomo maior, que é o nosso cromossomo 2.

É a maneira como esses cromossomos menores se combinaram que pode resolver o mistério de mutações como as do FOXP2 e, em última análise, o mistério das origens humanas. Embora reconheçam que as mutações, sem dúvida, ocorreram em FOXP2 e no referencial de tempo que corresponde ao surgimento de seres humanos anatomicamente modernos, os cientistas não podem realmente nos dizer o que causou a mudança. Mas podem fazer isso no caso do cromossomo 2. E é essa diferença que coloca em destaque o cromossomo 2.

Uma nova tecnologia revelou exatamente o que levou à criação do HC2. Compartilharei com você a descoberta de duas maneiras: primeiro, na própria linguagem técnica dos cientistas, tirada do periódico *Proceedings of the National Academy of Sciences*,* para revelar a própria descoberta, e depois, com uma descrição mais simples, em linguagem leiga, para ilustrar por que essa descoberta é importante para a nossa discussão.

- A explicação técnica. "Concluímos que o *locus* clonado nos cosmídios c8.1 e c29B é a relíquia de uma *antiga fusão telômero-telômero* e marca o ponto em que dois cromossomos simiescos ancestrais se fundiram para dar origem ao cromossomo humano 2."[17]

- A explicação simplificada. Parece que, muito tempo atrás, dois cromossomos distintos de chimpanzés (os cromossomos 2A e 2B) se *misturaram* ou se fundiram no único e maior cromossomo humano 2 – um dos cromossomos fundamentais que nos proporcionam nossa humanidade.

Muitas das características que nos tornam únicos como seres humanos surgem da fusão do DNA que resultou no cromossomo humano 2. Traços associados ao HC2 incluem elementos como o nosso intelecto, o crescimento e o desenvolvimento de nosso cérebro em geral e, em especial, a parte mais ampla de nosso cérebro, o córtex, que está associado à maneira como pensamos e agimos, bem como à nossa capacidade emocional.[18] O HC2 contém mais de 1.400 genes, que continuam a ser mapeados e explorados atualmente. Embora uma lista completa, em nomenclatura técnica, esteja disponível nas referências que cito nas notas finais, compartilharemos no quadro a seguir alguns exemplos simplificados desses genes para que você tenha uma noção dos papéis fundamentais que eles desempenham em nossa humanidade.[19]

---

* Publicação oficial da Academia Nacional de Ciências dos Estados Unidos. (N.T.)

Gene	Influência
Gene TBR1	Fundamental no desenvolvimento do cérebro, em particular no desenvolvimento do córtex (a parte mais ampla do cérebro humano, que está associada à nossa maneira de pensar e agir), bem como no de nossa capacidade emocional, empática e compassiva, além de ser essencial no desenvolvimento de funções neuronais (a "fiação" que estabelece as conexões encarregadas de transportar sinais dentro do cérebro, e por todo o corpo, para processar informações).
Gene SATB2	Fundamental no desenvolvimento do mesencéfalo e do prosencéfalo.
Gene BMPR2	Fundamental na osteogênese (formação do tecido ósseo), assim como no crescimento celular por todo o corpo.
Gene MSH2	Conhecido como um supressor de tumores ou gene "cuidador" [*caretaker*]..
Gene SSB	Fundamental no desenvolvimento fetal de órgãos que incluem coração, cérebro, olho, rim, fígado, pulmão, esqueleto e baço, entre outros.

Essa pequena amostra deixa claro que o cromossomo humano 2 desempenha um papel importante ao contribuir para estabelecer quem nós somos, e para definir o que nós somos. Isso é evidente, em especial, para os genes TBR1 e SATB2, localizados no HC2, bem como para o papel que eles desempenham no desenvolvimento e nas funções de nosso cérebro avançado e em nossa extraordinária capacidade para a emoção. À luz da enorme importância do HC2, a indagação sobre como ele passou a existir torna-se mais significativa do que nunca.

Ao contrário do exemplo anterior do gene FOXP2, no qual as mudanças aparecem simplesmente em uma comparação de genoma (indicando, em determinado momento, que elas não existem no registro genético de fósseis, e em outro momento, que elas estão lá), o cromossomo humano 2 preservou um registro de como ele passou a existir. É o que essa evidência forense pode de fato nos revelar que tem aberto as portas para tanta especulação. É onde a história de nosso passado dá uma guinada inesperada, com implicações mais profundas que fazem nossas origens começarem a se parecer com o tema de um romance realmente empolgante de ficção científica. Veja só, o estudo publicado em *Proceedings of the National Academy of Sciences* declara que, embora se saiba que esse tipo de fusão acontece ocasionalmente, ele é raro.

O que acompanhou a própria fusão abriu as portas para nossa nova história humana.

Na linguagem dos pesquisadores que descrevem essa descoberta, a fusão era "acompanhada ou seguida pela inativação ou eliminação de um dos centrômeros ancestrais, assim como por eventos que estabilizam o ponto de fusão".[20] Embora essa linguagem sem dúvida seja complexa, a mensagem é clara e simples. O estudo está nos dizendo que, durante a fusão ou logo depois, as funções sobrepostas do que originalmente eram dois cromossomos distintos foram ajustadas, desligadas ou removidas por completo a fim de tornar mais eficiente o novo e único cromossomo.

O fato sugere com vigor uma intencionalidade. E como anteriormente descobrimos, essa intencionalidade levou à posse pela humanidade de muitas funções extraordinárias que não são encontradas em nenhuma outra forma de vida na Terra.

> Ponto-chave 10: O cromossomo humano 2, o segundo maior cromossomo do corpo humano, é resultado de uma antiga fusão de DNA que não pode ser explicada pela Teoria da Evolução como a compreendemos atualmente.

Duas perguntas: Por quê? E como?

Agora que sabemos onde o DNA perdido está localizado e como dois antigos cromossomos primatas fundiram-se no novo e maior cromossomo humano 2, surgem naturalmente duas perguntas:

1. *Por que* aconteceu essa antiga fusão de DNA?
2. *Como* as partes sobrepostas (redundantes) da fusão foram "desligadas" ou inteiramente removidas?

A resposta à primeira pergunta é que os cientistas simplesmente não sabem. No momento em que escrevo, os cientistas não podem dizer com absoluta certeza por que o DNA primata se fundiu da maneira como o fez, produzindo os SHAMs. Embora com certeza não faltem de teorias e especulações tentando explicar o mistério, a verdade é que, até o presente, 25 anos depois que essa descoberta foi realizada, ainda não há consenso científico a respeito do que poderia ter desencadeado esse evento de caráter milagroso.

Uma coisa, no entanto, parece certa: o DNA que nos torna quem nós somos, e o que nós somos, *não é* resultado do processo de evolução que Charles Darwin descreveu. Acredito que, se conseguirmos responder à segunda pergunta – como a fusão ocorreu –, o que descobrirmos acabará por nos ajudar a responder à questão do porquê, e muito mais. Quando conseguirmos dar uma resposta definitiva às perguntas que indagam como a antiga fusão genética ocorreu e de que maneira componentes específicos da fusão foram modificados com tanta precisão e tanta rapidez há 200 mil anos, a solução desses mistérios nos levará a explicar diretamente por que ocorreu um evento tão extraordinário.

Como você poderia imaginar, a descoberta de uma antiga e complexa fusão do DNA é interpretada de diferentes maneiras pelos cientistas. E as diferentes interpretações têm desencadeado uma avalanche de controvérsias. Mesmo depois da publicação do já mencionado artigo no *Proceedings of the National Academy of Sciences*, fiéis defensores da aplicação aos seres humanos da Teoria da Evolução têm argumentado que existem outras explicações para a fusão do DNA. Por exemplo, uma teoria propõe que seres humanos e símios, como chimpanzés e gorilas, compartilham um ancestral comum e que muito tempo atrás uma "diferenciação" [*split*] nos separou deles.

Se isso for verdade, a fusão do cromossomo 2 aconteceu conosco, e só conosco, e ocorreu *depois* que nos diferenciamos dos outros primatas. Eles conservaram seus 48 cromossomos e nós experimentamos a fusão que nos dá nossos 46.

Essa ideia faz pouco sentido para mim, pois sugere que o DNA que nos proporciona nossa singularidade só apareceu depois que a singularidade que causou a diferenciação já havia ocorrido!

Essa opinião não é só minha e, até o presente, as explicações evolucionistas não têm recebido grande apoio popular. Estou compartilhando um exemplo para ilustrar como uma descoberta radical que tenta resolver um mistério, como a fusão do DNA no cromossomo 2, pode criar ainda mais mistérios à medida que seu significado é digerido.

COMPLEXIDADE IRREDUTÍVEL

Há uma consideração adicional a ser feita quando se trata da maneira como pensamos a respeito da evolução e do papel que ela pode ter desempenhado em nossa vida. E embora provavelmente você (ainda) não veja essa ideia exposta em salas de aula e livros didáticos, creio que é importante compartilhá-la aqui para completarmos nossa argumentação. A ideia é a da *complexidade irredutível*, cujo significado é muito mais simples do que o seu nome sugere.

Mencionei anteriormente que temos acesso, em nossa era, a conhecimentos que não estavam disponíveis na época em que Darwin viveu. É esse fato que justifica plenamente uma exploração atual da complexidade irredutível. Por exemplo, Darwin não poderia saber que até mesmo a bactéria mais simples, a unicelular *E. coli*, precisa de 2 mil diferentes proteínas para existir; e ele não poderia saber que cada uma dessas 2 mil proteínas contém uma média de 300 aminoácidos que a tornam o que ela é. O importante aqui é o fato de que nem Darwin nem qualquer cientista do fim do século XIX ou do início do século XX poderia saber quanto os seres vivos são de fato complexos. Até recentemente, ninguém poderia saber.

Complexidade irredutível significa, em essência, que se alguma porção de um sistema para de funcionar, o sistema inteiro falha. Uma ratoeira comum é com frequência usada para ilustrar esse ponto. Quando todas as partes de uma ratoeira estão no lugar, ela faz o que foi construída para fazer – o que foi *planejada* para fazer: aciona uma alavanca e prende o rato que estava em busca da isca de queijo, pondo um fim à vida do roedor.

A ratoeira é um sistema de partes, com cada parte desempenhando uma tarefa específica para alcançar a meta final. Por exemplo, existe a alavanca, que retém a isca, e existe a poderosa mola, que desce com uma força tão letal quando mexem na isca que o rato nem percebe o que o atingiu. Embora a ratoeira pareça uma engenhoca simples, a chave para a ação que realiza é esta: *se estiver faltando uma única parte do dispositivo, a ratoeira simplesmente não vai funcionar*. Sem a mola, a alavanca nunca vai se armar. Sem a alavanca, a mola não terá nada para disparar. Como todas as peças da ratoeira são necessárias para o sistema funcionar, é justo dizer que não podemos de modo algum simplificar a ratoeira. Não podemos reduzi-la a um dispositivo mais simples e manter o sistema operante. Ela é irredutivelmente complexa.

Se aplicarmos essa ideia ao corpo humano, obteremos um resultado semelhante.

SOMOS EXEMPLOS VIVOS DA COMPLEXIDADE IRREDUTÍVEL

Todos nós sabemos que, quando esfolamos um joelho, geralmente o local do ferimento sangrará um pouco e depois o sangramento vai parar. Isso acontece porque o sangue coagula no lugar esfolado. Estamos tão acostumados a ver esse processo que é fácil considerar a complexidade de nosso sangue coagulando como algo óbivio. Simplesmente presumimos que vai acontecer. E o fato de que ele realmente coagula é um exemplo perfeito de complexidade irredutível. Quando nossa pele é arranhada, cortada ou rompida, 20 proteínas diferentes precisam estar a postos e prontas a agir para que o nosso sangue coagule e o sangramento cesse.

Esse fato é fundamental para nossa discussão sobre a complexidade irredutível por uma razão importante: *se faltar apenas uma das 20 proteínas necessárias para a coagulação, o sangramento continuará.* Quer esperemos dez minutos ou dez horas, o resultado será o mesmo. Nosso sangue só pode coagular quando todas as proteínas que tornam a coagulação possível estiverem no local.

A capacidade do nosso sangue para coagular é exemplo de uma função vital que não poderia ter se desenvolvido por meio da evolução. Seria preciso que 20 proteínas já estivessem formadas e presentes no lugar certo antes que o sangue que dá vida a nosso corpo pudesse se compor. Se esses componentes já não estivessem a postos, nossos ancestrais teriam sangrado até a morte com os primeiros ferimentos sem importância que sofressem – e isso significa que poderíamos não estar aqui, pois eles provavelmente teriam morrido sem produzir descendentes. E esse é apenas um exemplo.

Eis outro exemplo: os pequenos braços ondulantes (cílios) que permitem às células, inclusive espermatozoides, viajar em fluidos têm mais de 40 partes móveis e todas precisam estar presentes para os cílios ondularem. Se faltar alguma parte, as células não conseguem se mover. Se antigos espermatozoides de um homem de nossa espécie não estivessem imediatamente capacitados a "nadar" em direção ao óvulo de uma mulher, a reprodução não seria possível.

E não é só isso.

Até hoje, jamais se soube da existência de uma peça de maquinaria mais complexa do que a célula humana. Até mais ou menos meados do século XX, pensava-se que as células fossem, essencialmente, minúsculas bolsas de água salgada contendo elementos dissolvidos. Sabemos agora que nada poderia estar mais longe da verdade. De fato, se pudéssemos ampliar uma célula até que ela atingisse o tamanho de uma cidade, descobriríamos que a célula é mais complexa do que a mera infraestrutura que a mantém em funcionamento. Uma amostra das estruturas importantes de uma célula inclui:

- Ribossomos que fabricam proteínas.

- Retículo endoplasmático que cria e transporta importantes substâncias químicas usadas pela célula.

- Um núcleo que transporta instruções para a célula informando-lhe sobre como funcionar.

- Microtúbulos que permitem à célula se mover e mudar de forma.

- Cílios (pequenos braços ondulantes) que permitem a algumas células se moverem em um fluido.

- Mitocôndrias que geram energia para a célula.

- Uma membrana que se comunica com o ambiente e determina o que entra e o que sai da célula.

Isso é apenas uma amostra da miríade de processos que acontecem a todo momento em cada uma das células do corpo humano (há cerca de 50 trilhões delas). Quando descobrimos o que cada processo faz, fica evidente que toda essa maquinaria celular precisava estar previamente criada, e precisava estar a postos, para que nossas primeiras células já fizessem o que fazem. Além do sangue que coagula e dos cílios que nadam, o corpo contém muitos outros exemplos de complexidade irredutível.

Até mesmo para o cientista mais cético, é óbvio que o DNA da vida se baseia na estrutura, na ordem e no compartilhamento de informações que dizem às nossas células o que fazer e quando fazer. Na natureza, esse tipo de ordem é frequentemente considerado como um sinal de inteligência.

Ponto-chave 11: As 20 proteínas que tornam possível a coagulação do sangue e os mais de 40 componentes dos cílios (caudas ondulantes) que permitem às células moverem-se através de um fluido são apenas dois exemplos de funções que não poderiam se desenvolver gradualmente, durante um longo período, como a evolução sugere. Em ambos os exemplos, se faltar uma só proteína ou parte componente, as células perdem sua função.

Em entrevistas imparciais que concedeu em anos avançados de sua vida, Albert Einstein compartilhou tanto sua crença em que existe no universo uma ordem de informação subjacente, como também seu pensamento sobre a proveniência dessa ordem. Durante uma dessas conversas, ele confidenciou: "Vejo um padrão, mas a minha imaginação não consegue conceber o criador desse padrão. Todos nós dançamos ao som de uma melodia misteriosa, entoada a distância por um flautista invisível".[21] Em nossa busca das origens humanas, a própria presença da ordem e da intencionalidade que reconhecemos em nosso DNA é um sinal de que o flautista invisível de Einstein existe.

SOMOS SUPERDOTADOS!

Há um tema adicional da Teoria da Evolução que intencionalmente esperei até agora para mencionar. É um corolário da Teoria de Darwin, exposto pela primeira vez por um dos seus colegas acadêmicos, e partidário de suas ideias, o naturalista britânico Alfred Russel Wallace. Por meio de seu trabalho, Wallace definiu o princípio evolucionista que prepara o caminho para o restante deste livro. Com base na obra original de Darwin, Wallace fez uma observação extraordinária relativa ao desenvolvimento de novas características em uma espécie. Vou compartilhar o corolário de Wallace, formulado em suas próprias palavras, e depois aplicar essa declaração ao que agora sabemos sobre nosso próprio desenvolvimento.

No último capítulo de seu livro *Contributions to the Theory of Natural Selection* [Contribuições à Teoria da Seleção Natural], publicado em 1870, Wallace não deixa seus leitores em dúvida sobre o que está dizendo: "A

Seleção Natural só teria dotado o homem selvagem de um cérebro um pouco superior ao de um macaco, ao passo que ele realmente possui um cérebro muito pouco inferior ao de um filósofo".[22] Nesse trecho um tanto complexo, Wallace está declarando que a natureza só nos dá o que precisamos, quando precisamos, e faz isso por meio da evolução, que Darwin definiu como um processo lento e gradual. Em outras palavras, a teoria diz que temos aptidões como postura ereta, visão periférica avançada e capacidade para compartilhar nossas emoções por meio de sorrisos, testas franzidas e outras expressões faciais porque tivemos necessidade delas em algum momento do passado.

Aqui, no entanto, se encontra o problema. Porque somos todos superdotados! E parece que temos sido assim desde a aurora da nossa existência.

> Ponto-chave 12: Os seres humanos apareceram na Terra com o mesmo cérebro avançado e sistema nervoso que temos hoje e com a capacidade para autorregular funções vitais já desenvolvidas, contradizendo o corolário da Teoria da Evolução segundo o qual a natureza só nos "superdota" com essas características quando elas são necessárias.

A NOVA HISTÓRIA HUMANA

Cento de cinquenta anos depois que estivemos acompanhando as melhores mentes da humanidade investindo em pesquisas e especulações (com o apoio das universidades mais bem-conceituadas do mundo, financiadas por tremendas somas de dinheiro e usando as mais sofisticadas tecnologias disponíveis) para resolver o mistério de nossas origens, é provável que, se estivéssemos trilhando a pista certa, já teríamos chegado mais longe do que chegamos atualmente. À luz do malogro da Teoria de Darwin para explicar nossa existência e levando em consideração as novas evidências que apresentei, é razoável fazer a pergunta que se tornou a grande pedra no meio do caminho da pesquisa genética: "E se a ciência moderna estiver trilhando a pista errada?".

E se estivermos tentando comprovar a teoria errada e escrevendo a história humana errada? Responder a essas perguntas foi a razão que me levou a escrever este livro. Se estivermos no caminho errado, isso pode ajudar a explicar por que tantas soluções aplicadas aos problemas do mundo não estão funcionando. Indicaria que nosso pensamento e as "soluções" que nossas abordagens têm produzido estão baseadas em algo que não é verdadeiro!

Por que não deixar que as evidências nos *levem* à história de nosso passado, em vez de tentar *encaixá-las à força* em um padrão que foi formulado há mais de um século e meio? Se nós estamos efetivamente dispostos a resolver o mistério mais profundo de nossa existência, faria sentido abrirmos nossa mente e permitir o ingresso de outra interpretação dos dados que coletamos durante um século e meio de estudo.

E se não houver um caminho evolutivo que conduza aos modernos seres humanos? E se as peças do quebra-cabeça genético que nos faz ser quem somos tivessem sido de repente encaixadas no lugar correto, todas de uma só vez, em vez de terem se acumulado gradualmente ao longo do tempo? Com o que se pareceria uma história dessas? Os dados obtidos a partir de estudos do cromossomo humano 2 e de outros estudos do DNA, a falta de evidências fósseis documentando a transição de uma espécie hominídea em outra e a ausência de um DNA comum entre seres humanos e primatas menos avançados, todos esses fatos sugerem que podemos não pertencer à mesma árvore genealógica dos primeiros hominídeos que costuma ser mostrada nos livros didáticos. De fato, sugerem que podemos nem pertencer, em absoluto, a uma árvore genealógica! Em suma, as evidências sugerem que nossa história pode ser mais bem representada como um arbusto isolado – uma moita evolutiva – que começa e termina conosco.

Em outras palavras, podemos descobrir que somos uma espécie única em si mesma.

> Ponto-chave 13: Um conjunto crescente de evidências físicas e de características do DNA sugere que nossa espécie pode ter aparecido 200 mil anos atrás sem nenhuma trilha evolutiva que tenha levado ao nosso aparecimento.

Isso não significa que a evolução não exista ou que não tenha ocorrido em algum lugar. Ela existe e ocorreu. Como geólogo, vi em primeira mão registros fósseis da evolução que aconteceu com várias outras espécies. O problema é que, quando tentamos aplicar a seres humanos o que sabemos sobre a evolução de plantas e animais, os fatos não dão suporte à teoria. Ela não consegue explicar o que as evidências revelam.

Se quiséssemos colocar a essência das novas descobertas a nosso respeito em uma lista concisa, as afirmações a seguir ofereceriam um sumário precioso. Além disso, nos dariam uma boa ideia de para onde as novas teorias, e a nossa nova história, podem estar se encaminhando.

EIS O QUE NÃO SOMOS

- A teoria de células vivas evoluindo (em mutações randômicas) durante longos períodos de tempo *não* explica, e *não pode* explicar, nossas origens ou as complexidades de nosso corpo.
- A árvore genealógica evolutiva para os seres humanos *não é* confirmada por evidências físicas.
- Os estudos de DNA comprovam que *não* descendemos dos neandertais, como se acreditava.
- *Não* mudamos desde que os primeiros indivíduos de nossa espécie, os seres humanos anatomicamente modernos, apareceram nos registros fósseis da Terra há aproximadamente 200 mil anos.
- Os eventos precisos que produziram o DNA que nos proporciona nossa singularidade *não são* lugar-comum na natureza.

Então, agora que sabemos o que *não* somos, o que a melhor ciência de nossa época nos diz sobre quem *somos*? Com o que se parece a nova história humana?

EIS O QUE SOMOS

- Os Seres Humanos Anatomicamente Modernos (SHAMs) apareceram na Terra aproximadamente 200 mil anos atrás com o DNA, o cérebro avançado e o complexo sistema nervoso que nos separa de outras formas de vida já formadas e em funcionamento.

- Parecemos ser uma espécie única em si mesma, com uma árvore genealógica própria e simples, em vez de ser uma variação de formas de vida preexistentes, tradicionalmente mostradas em uma árvore genealógica cada vez mais apinhada de ramos.

- O DNA que nos torna únicos é resultado de uma rara combinação de cromossomos, que são fundidos e otimizados de um modo que não pode ser reconhecido como aleatório.

Ponto-chave 14: Um cientista honesto, que não é limitado pelas restrições do pensamento acadêmico, da política ou da religião, não pode mais desconsiderar as novas evidências sobre nossas origens humanas e continuar digno de crédito.

No decorrer de minha vida, descobri que, quando encontro uma coisa que não faz sentido para mim, geralmente isso acontece porque não tenho toda a informação. Acredito que a Teoria Científica Convencional das Origens Humanas – a história que nos pedem que aceitemos – entra nessa categoria. Sem dúvida, as novas evidências que compartilhei neste capítulo não dão suporte à história da evolução de Darwin. Mesmo que elas venham de uma boa ciência e que os métodos usados pelos cientistas sejam adequados, é nossa responsabilidade reconhecer os limites do que a ciência pode revelar. Como já mencionei, embora as evidências científicas possam nos dizer, em definitivo, *o que* aconteceu no passado, elas não podem nos dizer, necessariamente, *por que* algo aconteceu ou se uma intenção consciente nos levou ao acontecimento.

Por exemplo, quando vemos uma fogueira muito alta em uma noite quente de verão, no meio de uma área verde, o conhecimento científico nos diz que algum tipo de centelha iniciou o fogo. Ele está nos dizendo que o fogo pode vir apenas de: a) uma fonte de calor intensa o bastante para iniciar o fogo (a *temperatura de ignição*) ou b) outro fogo, como a centelha acidental da lâmina de um cortador de grama batendo em uma pedra, a centelha intencional de um fósforo ou de um isqueiro, ou a centelha natural de um relâmpago atingindo o solo. O que eu quero dizer é o seguinte: sem primeiro conhecer as circunstâncias que atuavam quando do o fogo começou, a ciência não pode nos dizer precisamente por que razão a centelha ocorreu nem se ela foi um ato intencional. Se um incêndio aconteceu centenas ou milhares de anos no passado, em grande parte as informações relativas às suas circunstâncias se perderam na névoa do tempo. Tudo que saberíamos dos restos calcinados de um tronco ou de uma rocha queimada é que houve um incêndio.

A fusão do DNA no cromossomo humano 2 se parece com esse incêndio no campo. A ciência pode nos dizer que a fusão que tornou possível a existência do cromossomo ocorreu, e como ela ocorreu. Mas uma vez que os cientistas não podem determinar todas as circunstâncias que envolvem a fusão – pois elas se perderam ao longo do tempo –, só nos resta confiar nos fatos, na lógica e no raciocínio dedutivo para dar um sentido ao que vemos. A mesma observação que estou fazendo aqui com relação ao nosso cromossomo 2 pode ser feita para o nosso gene FOXP2.

SOMOS HUMANOS CONFORME UM PLANEJAMENTO

Quero deixar absolutamente claro que aquilo que afirmo a seguir não é uma conclusão científica sancionada por colegas acadêmicos, embora os cientistas comprometidos com o *mainstream* com quem falei disseram-me suspeitar que isso seja verdade, mesmo que se mostrem relutantes em comentar publicamente tais suspeitas por medo de colocar em jogo sua reputação, sua credibilidade e até mesmo seus empregos. Quando reflito com honestidade sobre as evidências que compartilhei nestes capítulos, reconheço que sem dúvida faz sentido olhar para além da evolução e de um período inacreditavelmente bom, e de "boa sorte" biológica, para explicar o fato de nossa existência.

As evidências sugerem de maneira esmagadora que:
1. Somos resultado de um ato intencional de criação.
- As mutações no gene FOXP2 e no cromossomo humano 2 são precisas.
- As mutações no gene FOXP2 e no cromossomo humano 2 parecem ter ocorrido rapidamente, e não por meio de um longo e lento processo evolutivo.
- A otimização do cromossomo humano 2, que ocorreu *após a fusão*, parece ser intencional.

- Depois de 150 anos de buscas, o fato de não ter sido descoberta nenhuma evidência física que nos associasse a outras formas de vida na árvore genealógica da evolução primata sugere que podemos ser uma espécie peculiar, contida em si mesma, sem nenhuma história evolutiva.

2. Somos o produto de uma forma inteligente de vida.
- O *timing*, a precisão e o grau de certeza que envolvem nossas mutações genéticas, bem como a tecnologia necessária para produzir essas mutações implicam a premeditação e a intenção de uma inteligência avançada.
- A inteligência que realizou as modificações genéticas responsáveis por nossa humanidade tinha a tecnologia avançada para fazer 200 mil anos atrás o que hoje estamos apenas aprendendo a fazer (por exemplo, a fusão do DNA e a junção de genes).

Reconhecer honestamente essas possibilidades abre a porta para um paradigma que altera a maneira como nos sentimos em relação a nós mesmos e como reconhecemos nosso lugar no universo. Com essa mudança, ficamos livres de um paradigma que nos condena a uma solitária e desolada insignificância e nos aproximamos de outro, no qual somos possuidores de um precioso legado que estamos apenas começando a explorar. E é onde este livro começa. Estamos aqui com o corpo e o sistema nervoso que nos permitem cultivar a capacidade para a compaixão, a empatia, a intuição, a autocura e muito mais. O fato de trazermos essa presença dentro de nós sugere que estamos destinados a utilizar – e dominar – as sensibilidades com as quais chegamos até aqui.

A nova história humana começa com a nossa origem como seres humanos. Começa com o fato de que, desde essa época original, nossa "fiação" está neurologicamente articulada com vias de acesso a capacidades extraordinárias. Esse *planejamento* nos proporciona modos de vida extraordinários e vidas extraordinárias.

A questão que de imediato nos vem à mente quando consideramos que tivemos desde nossa origem características tão avançadas é esta: "Como despertamos plenamente essas capacidades em nossa vida atual? Nos próximos capítulos, convido o leitor a compartilhar uma jornada de descoberta na qual nos esforçaremos para responder a essa pergunta e explorar o que significa ser humano conforme um planejamento.

capítulo três

O CÉREBRO NO CORAÇÃO

Células do Coração que Pensam, Sentem e Têm Lembranças

"Se o século XX foi, por assim dizer, o Século do Cérebro, o século XXI deve ser o Século do Coração."

– Gary E. R. Schwartz, Ph.D., e Linda G. S. Russek, Ph.D.

Os primeiros fósseis de seres humanos anatomicamente modernos foram descobertos sob uma saliência de rocha no sudoeste da França em 1868. O nome dado à formação onde a descoberta foi feita é *abri de Cro-Magnon* (significando, no dialeto local, "abrigo da família Magnon moradora das cavernas"), que foi logo abreviado para Cro-Magnon.[1] Esse local serviu para designar os seres humanos de Cro-Magnon, conhecidos agora como HAMs (*Anatomically Modern Humans*) ou SHAMs (Seres Humanos Anatomicamente Modernos). Seja qual for o nome que usamos para descrever as primeiras pessoas que viveram nessa região da França, esses antigos seres humanos eram diferentes de qualquer outra forma de vida existente na época ou que passou a existir desde então.

Assim como os cientistas forenses são hoje capazes de usar computadores para reconstruir a massa muscular, a carne e as características faciais de um corpo humano moderno que foi reduzido a esqueleto, os cientistas puderam usar a mesma tecnologia em esqueletos SHAMs e as características que conseguiram reconstruir são parecidas com as nossas – pois eles somos nós! As evidências arqueológicas e de DNA nos dizem que não mudamos em 200 mil anos.

Seres humanos anatomicamente modernos tinham traços que os diferenciavam de outras criaturas antigas, como os neandertais, que, como sabemos agora, viveram na mesma época. Os SHAMs do sexo masculino, medindo aproximadamente 1,75 metro,[2] eram altos em comparação com os homens de Neandertal, cuja estatura variava de 1,62 metros a 1,65 metros.[3] A estrutura óssea dos SHAMs era, em geral, mais fina e mais delicada, o crânio mais arredondado na parte de trás e o rosto menor, com queixo mais pontiagudo.

Além dessas diferenças visíveis, os SHAMs tinham uma biologia avançada – diferenças que não podiam ser observadas a olho nu e que lhes davam uma vantagem sobre todas as outras formas de vida na Terra. Muitos cientistas atribuem sua sobrevivência durante a última era glacial e até a chegada aos tempos modernos a essas características avançadas, que incluíam um cérebro 50% maior que o de seu parente primata mais próximo, uma linguagem complexa, uma anatomia que lhes permitia parar, andar e correr em postura ereta, e polegares que se opunham aos outros dedos e lhes permitiam agarrar objetos.

Por motivos de clareza, quero voltar a enfatizar que a constituição dos SHAMs de 200 mil anos atrás era essencialmente a mesma dos seres humanos de hoje, tanto na genética como na fisiologia. Em virtude disso, supomos que as características avançadas que temos hoje também fizeram parte de nossos ancestrais humanos. Essas características inatas teriam incluído a capacidade que temos hoje para utilizar a rede de neurônios, órgãos vitais e glândulas através de todo o corpo para ativar, de modo consciente, nossos potenciais extraordinários – e fazê-lo à vontade – a fim de experimentar benefícios como a intuição profunda e a autocura.

Podemos comparar a presença dessa rede nos SHAMs e em outras formas de vida que também possuem redes neurais, mas são menos desenvolvidas e precisam contar com algo no ambiente externo para ativar os benefícios de sua biologia. Um pequeno peixe-zebra, que costuma ser usado em experimentos de laboratório, é um exemplo perfeito do que pretendo dizer aqui. Só quando o peixe é estimulado por alguma coisa fora de seu corpo, como uma sugestão visual que o faz supor que está sendo levado para trás por uma corrente, é que 80% dos neurônios em seu cérebro disparam todos ao mesmo tempo. Isso equivale a disparar o sinal: *"Todos os sistemas, em frente!"* no corpo do peixe. É esse disparar simultâneo de neurônios que dá ao peixe acesso imediato aos benefícios de uma experiência tão coerente. Nesse caso, o peixe-zebra é capaz de utilizar o poder neural combinado para nadar com rapidez e corrigir seu curso.[4]

Antigos seres humanos tinham a capacidade de utilizar seu poder neuronal sem precisar de um estímulo externo. Podiam ativar uma poderosa rede de células e órgãos especializados quando fosse preciso. E hoje continuamos a ter essa capacidade.

É nesse ponto que a nova história humana, à qual a nossa biologia está tendo acesso e nos revelando suas descobertas, se afasta das ideias originais de Darwin sobre evolução. Ter acesso consciente à nossa avançada rede neural nos oferece os poderes divinos da intuição, da autocura, da superconsciência e muito mais. Esses benefícios têm sido utilizados por yogues e xamãs ao longo de todas as eras e descritos em seus sagrados textos místicos. Talvez não cause surpresa o fato de que a chave para se ter acesso a essas características avançadas de nossa experiência comece com nosso domínio do único órgão que tem sido, durante milênios, o foco dos ensinamentos de nossos ancestrais: o coração humano.

Uma descoberta recente relativa ao interior do coração está abalando os fundamentos do que fomos levados a crer sobre o papel do coração no que se refere a nós e ao nosso corpo. É interessante observar que, embora essa descoberta esteja invalidando o pensamento tradicional com relação àquele que consideramos o órgão mestre do corpo, ela efetivamente apresenta paralelismos com os ensinamentos encontrados em nossas tradições mais antigas e veneradas.

O CORAÇÃO NÃO MAPEADO

Quando se pede para que as pessoas comuns identifiquem o órgão que controla as funções essenciais do corpo, na maioria das vezes a resposta é a mesma. Elas vão dizer que é o cérebro. E não causa surpresa que o façam. Desde a época de Leonardo da Vinci, 500 anos atrás, até o fim da década de 1990, pessoas de todo o mundo ocidental instruído acreditavam que o cérebro é o maestro que regia toda uma série de funções do corpo em uma sinfonia que nos mantinha vivos e sadios.

É isso o que nos ensinaram. É isso o que nos levaram a acreditar. É o que os professores têm declarado com autoridade. É a premissa na qual médicos e profissionais de assistência à saúde têm baseado decisões de vida ou morte. E é o que a maioria das pessoas dirá quando lhes pedirem para identificar os papéis dos órgãos mais importantes do corpo. A crença em que o cérebro é o principal órgão do corpo humano tem sido adotada e endossada por alguns dos cientistas e pensadores mais inovadores nas mais estimadas instituições e universidades da história moderna, e persiste atualmente no pensamento da corrente principal da cultura.

A *homepage* do site da Clínica Mayfield, afiliada do Departamento de Neurocirurgia da Universidade de Cincinnati, é um belo exemplo desse modo de pensar com relação ao cérebro. Ela afirma:

> O cérebro é um órgão incrível de 1,4 kg que controla todas as funções do corpo, interpreta informações que vêm do mundo exterior e incorpora a essência da mente e da alma. Inteligência, criatividade, emoção e memória são algumas das muitas coisas governadas pelo cérebro.[5]

A crença que considera o cérebro o centro de controle do corpo humano, de nossas emoções e de nossas memórias tem sido tão universalmente aceita que há muito tempo, quase sem ser colocada em questão, é tomada como certa – isto é, até agora. Como as descobertas descritas nos capítulos a seguir revelarão, essa perspectiva é apenas uma peça de uma história muito maior.

Hoje, o que pensávamos que sabíamos sobre o cérebro está mudando. E precisa mudar. A razão é simples: as descobertas descritas neste capítulo e as décadas de pesquisa que se seguiram a elas nos dizem que o cérebro é apenas uma parte da história. Embora sem dúvida seja verdade que as funções do cérebro incluem coisas como percepção, habilidades motoras e processamento de informações, fornecendo gatilhos químicos para cada impulso que sentimos automaticamente – como fadiga, fome e desejo sexual – e também mantendo o vigor de nosso sistema imune, é também verdade que o cérebro não pode fazer essas coisas sozinho.

O cérebro era apenas uma parte da figura maior que ainda está surgindo, da história maior que, em grande medida, ainda não foi contada. É uma história que começa no coração.

> Ponto-chave 15: Como parte de nosso sistema nervoso avançado, o coração se associa ao cérebro como um órgão fundamental para informar ao cérebro tudo o que o corpo precisa em qualquer momento.

O CORAÇÃO HUMANO: MAIS DO QUE APENAS UMA BOMBA

Quando eu estava na escola, aprendi que a finalidade principal do coração é movimentar o sangue através do corpo. Disseram que o coração é uma bomba – uma bomba fabulosa, mas ainda assim uma bomba, pura e simplesmente. Também me ensinaram que o coração desempenha uma só tarefa: manter o sangue em movimento durante todo o período de nossa existência. Seja como for que avaliemos isso, é uma realização extraordinária, pois o coração de um adulto bate em média 101 mil vezes por dia. Ao fazê-lo, põe em circulação cerca de 7.600 litros de sangue ao longo de cerca de 96,5 mil quilômetros de artérias, capilares, veias e outros vasos sanguíneos![6]

No entanto, um conjunto cada vez maior de evidências científicas sugere agora que o bombeamento produzido pelo coração, por mais importante que seja essa função, pode empalidecer em comparação com as funções adicionais do coração que só recentemente foram descobertas. Em outras palavras, embora o coração *bombeie* o sangue com vigor e eficiência pelo corpo, talvez o bombeamento não seja seu objetivo primário ou exclusivo.

Durante milhares de anos, nossos ancestrais consideravam o coração humano como o centro do pensamento, da emoção, da memória e da personalidade – o verdadeiro órgão mestre do corpo. Tradições para homenagear o papel do coração foram criadas e transmitidas de geração em geração. Foram executadas cerimônias e desenvolvidas técnicas para utilizar o coração como um canal de intuição e cura.

O coração é mencionado 830 vezes na Bíblia e a palavra *coração* aparece em 59 dos 66 livros dessa obra.[7] O livro dos Provérbios descreve o coração como uma fonte de imensa sabedoria, que requer um cultivo da compreensão para fazer sentido: "O ensinamento no coração de um homem é como água profunda; mas um homem de entendimento saberá extraí-lo".[8]

O mesmo sentimento é declarado com clareza na sabedoria nativa do povo omaha da América do Norte, cuja tradição nos convida com estas palavras: "Faça perguntas com seu coração e terá respostas do coração".[9]

O Sutra do Lótus, da tradição budista Mahayana, nos ensina sobre o "tesouro oculto do coração".[10] Esse tesouro é descrito em um texto sagrado como "tão vasto quanto o próprio universo, o que dissipa quaisquer sentimentos de impotência".[11]

> Ponto-chave 16: Tradições antigas sempre sustentaram que o coração, e não o cérebro, é um centro de profunda sabedoria, de emoção e de memória, além de servir como um portal para outros reinos da existência.

Sem dúvida, referências como essas destacam o coração como algo muito superior a uma simples bomba física. Estão nos dizendo, como o filósofo visionário Rudolf Steiner, criador do método de educação Waldorf, e o cientista John Bremer, pesquisador de agricultura biodinâmica na Universidade Harvard, em uma sugestão que ofereceu aos seus alunos da Faculdade de Medicina de Harvard no início do século XX, que existe no coração algo além do que fomos levados a crer.[12]

Se estivermos dispostos a adotar o que as descobertas seguintes nos dizem, podemos admitir, com Steiner e Bremer, que o nosso coração é capaz de algo muito mais misterioso, poderoso e belo do que simplesmente funcionar como uma bomba.

A exploração para conhecermos a nós mesmos criou uma jornada que oscila entre dois extremos, como um pêndulo. Desde o momento em que minha vida começou, no início da década de 1950, até hoje, tenho visto o pêndulo do pensamento oscilar entre uma visão extrema do coração exclusivamente como uma bomba isolada, que se pode consertar e substituir como uma máquina, e uma visão equilibrada, que reconhece no coração muito mais do que apenas uma bomba. Há um novo reconhecimento do coração como uma fonte integral de memórias, intuição e profunda sabedoria, assim como um órgão biológico que nos dá vida. Essa mudança de pontos de vista nos convida a repensar que órgão podemos honestamente chamar de órgão mestre do corpo.

O "PEQUENO CÉREBRO" NO CORAÇÃO

Em 1991, uma descoberta científica publicada no periódico *Neurocardiology* eliminou qualquer dúvida que ainda pudesse persistir entre os cientistas que indagavam se o coração humano é ou não é mais do que uma bomba. O nome da revista nos dá uma pista para a descoberta de uma poderosa relação entre o coração e o cérebro que passara despercebida no passado. Uma equipe de cientistas liderada por J. Andrew Armour, médico e Ph.D. da Universidade de Montreal, que estava estudando essa estreita relação entre coração e cérebro, descobriu que cerca de 40 mil neurônios especializados, ou *neuritos sensoriais*, formam uma rede de comunicação dentro do coração.[13]

A palavra *neurônio* descreve uma célula especializada que pode ser excitada (eletricamente estimulada) de um modo que lhe permita compartilhar informações com outras células do corpo. Embora grande número de neurônios esteja obviamente concentrado no cérebro e ao longo da medula espinhal, a descoberta dessas células no coração, e em outros órgãos em menor número, traz uma nova percepção sobre o profundo nível de comunicação que existe dentro do corpo.

Neuritos são minúsculas projeções que saem do corpo principal de um neurônio para executar diferentes funções no corpo. Alguns transportam informações que o neurônio *envia* e que, assim, o conectam com outras células, enquanto outros detectam sinais que provêm de várias fontes e são transportados *para* o neurônio. O que torna essa descoberta excepcional é que os neuritos do coração desempenham muitas funções idênticas às que se encontram no cérebro.[14]

Em palavras simples, Armour e sua equipe descobriram o que passou a ser conhecido como o *pequeno cérebro* no coração, bem como os neuritos especializados que tornam possível a existência desse pequeno cérebro. Como os cientistas que fizeram a descoberta afirmam em seu relatório:

"O 'cérebro do coração' é uma intrincada rede de nervos, neurotransmissores, proteínas e células de suporte semelhantes àqueles que se encontram no cérebro propriamente dito".[15]

Ponto-chave 17: A descoberta de 40 mil neuritos sensoriais no coração humano abre a porta para novas e vastas possibilidades, que revelam paralelismo com aquelas que foram descritas com precisão nas escrituras de algumas de nossas mais antigas e estimadas tradições espirituais.

Um papel fundamental do cérebro do coração é o de detectar mudanças de hormônios e de outras substâncias químicas dentro do corpo e comunicar essas alterações ao cérebro para que ele possa responder às nossas necessidades em conformidade com tais mudanças.

O cérebro do coração faz isso convertendo a linguagem do corpo – as emoções – na linguagem elétrica do sistema nervoso a fim de que suas mensagens façam sentido para o cérebro. As mensagens codificadas do coração informam o cérebro quando precisamos de mais adrenalina, por exemplo, em uma situação estressante, ou quando é seguro criar menos adrenalina e se concentrar em construir um sistema imune mais forte.

Agora que o pequeno cérebro no coração foi reconhecido por pesquisadores, o papel que ele desempenha em uma série de funções físicas e metafísicas também veio à tona. Essas funções incluem:

- Comunicação direta do coração com neuritos sensoriais em outros órgãos do corpo.
- A sabedoria baseada no coração conhecida como *inteligência do coração*.
- Estados intencionais de intuição profunda.
- Capacidades precognitivas intencionais.
- O mecanismo de autocura intencional.
- O despertar de aptidões de superaprendizado.
- E muito mais.

Também se descobriu que o pequeno cérebro do coração funciona de duas maneiras distintas, mas relacionadas. Ele pode agir:

- Independentemente do cérebro craniano para pensar, aprender, lembrar e inclusive sentir por si mesmo nossos mundos interiores e exteriores.[16]

- Em harmonia com o cérebro craniano para nos dar o benefício de uma única e poderosa rede neural compartilhada pelos dois órgãos distintos.[17]

A descoberta de Armour tem o potencial de mudar para sempre a maneira como pensamos sobre nós mesmos. Oferece um novo significado às possibilidades de nosso corpo e ao que somos capazes de realizar em nossa vida. Em suas palavras: "Tem se tornado claro, em anos recentes, que uma sofisticada comunicação de via dupla ocorre entre o coração e o cérebro, cada um deles influenciando a função do outro".[18]

A ciência do novo campo da neurocardiologia está apenas começando a alcançar o mesmo nível das crenças tradicionais no que diz respeito à explicação de experiências como intuição, precognição e autocura. Isso fica especialmente visível quando examinamos os princípios expostos em algumas das nossas tradições espirituais mais antigas e estimadas. Em âmbito quase universal, ensinamentos históricos demonstram uma compreensão do papel do coração na influência direta que ele exerce sobre nossa personalidade, nossas decisões cotidianas e nossa capacidade para fazer escolhas morais que incluem o discernimento entre certo e errado.

O cristão copta São Macário, fundador de um antigo mosteiro egípcio que leva seu nome, captou com uma visão abrangente esses níveis potenciais que existem no coração ao dizer:

> O próprio coração é apenas um pequeno vaso e, no entanto, há nele dragões, e há leões, e criaturas peçonhentas e toda uma riqueza de perversidades; e há caminhos brutos e desiguais, e abismos; e lá também se encontra Deus, e lá estão os anjos, estão a vida e o reino, estão a luz e os apóstolos, estão as cidades celestiais, estão os tesouros, estão todas as coisas.[19]

Entre "todas as coisas" que São Macário descreveu, precisamos agora incluir as novas descobertas que documentam a capacidade do coração para recordar acontecimentos da vida – mesmo quando esse órgão não está mais no corpo da pessoa que vivenciou tais eventos.

MEMÓRIAS QUE VIVEM NO CORAÇÃO

Um dos mistérios que envolvem os transplantes de coração está no próprio fato de que um coração que não sofreu danos continuará a bater depois de ser removido de seu dono original – às vezes durante um período de horas – e é capaz de retomar seu funcionamento depois de ser colocado em um novo corpo e conectado a novos vasos sanguíneos e nervos. O ponto central do mistério é este: se o cérebro fosse realmente o órgão mestre do corpo, responsável por enviar instruções *para o* coração ordenando-lhe que batesse e bombeasse sangue, então por que o coração não pararia de bater e de funcionar depois de ter perdido sua conexão com o cérebro? Por que ele funciona sem essas instruções?

Os relatos a seguir, exemplos tirados da vida real, e a descoberta à qual eles levaram, lançam uma poderosa luz sobre o mistério do coração e oferecem novas percepções sobre quão profundo é o papel que ele desempenha em nossa vida cotidiana.

O primeiro transplante de coração humano bem-sucedido foi realizado na Cidade do Cabo, África do Sul, em 3 de dezembro de 1967. Nesse dia, o Dr. Christiaan Barnard colocou o coração de uma mulher de 25 anos, que morrera em um acidente de carro, no corpo de Louis Washkansky, um homem de 53 anos com uma lesão cardíaca.[20] De um ponto de vista médico, o procedimento foi um tremendo sucesso. O coração da mulher começou a funcionar de imediato dentro do corpo do homem, exatamente como a equipe do transplante havia esperado.

Um dos maiores obstáculos a todos os transplantes, inclusive o de Washkansky, está no fato de que o sistema imunológico da pessoa que recebe o coração (ou qualquer outro órgão) não o reconhece como seu e tenta rejeitar o tecido estranho. Por essa razão, os médicos usam medicamentos especializados para suprimir o sistema imunológico do receptor e enganar seu corpo, fazendo com que ele aceite o novo órgão. A boa notícia é que essa técnica consegue reduzir a probabilidade de rejeição. O sucesso, no entanto, vem com um alto preço.

Com um sistema imune seriamente enfraquecido, quem recebe o novo órgão fica susceptível a infecções comuns, como o resfriado, a influenza e a pneumonia. E foi precisamente isso o que aconteceu no primeiro transplante de coração humano do mundo. Embora o novo coração de Louis Washkansky funcionasse perfeitamente até seu último suspiro, ele morreu 18 dias após o transplante por causa de complicações de uma pneumonia. No entanto, sua sobrevivência com um novo coração por mais de duas semanas demonstrou que o transplante de um órgão era uma possibilidade viável nos casos em que um corpo, a princípio saudável, perde um órgão por acidente ou doença.

Nas décadas que se seguiram ao primeiro transplante de Barnard, os procedimentos foram aperfeiçoados a tal ponto que transplantes de coração humano passaram a ocorrer agora de modo rotineiro. Em 2014, foram realizados aproximadamente 5 mil transplantes de coração em todo o mundo.[21] E embora esse número pareça elevado, ao compará-lo com a lista de 50 mil pessoas que esperam por um novo coração vindo de um doador compatível, fica claro que a demanda por doadores de órgãos continuará alta no futuro previsível.[22]

A razão pela qual estou compartilhando aqui o pano de fundo dos transplantes de coração está no fato de que isso tem uma relação direta com o tema deste capítulo. Desde a época dos primeiros procedimentos, sempre houve um fenômeno curioso que é agora reconhecido na comunidade médica como possível efeito colateral de um transplante do coração. É chamado *transferência de memória*. Um dos primeiros exemplos desse fenômeno foi documentado pela experiência direta de uma mulher chamada Claire Sylvia, que recebeu um transplante em 1988. Seu livro de memórias, *A Change of Heart*, é um relato de suas experiências como receptora e de como elas abriram a porta para que pesquisadores realizassem um estudo sério, e chegassem a uma aceitação final, de como as memórias da vida de uma pessoa podem ser preservadas dentro do próprio coração, independentemente do corpo onde ele se encontra.[23]

Sylvia, que já fora dançarina profissional, tinha recebido com êxito o coração, assim como os pulmões, de um doador cuja identidade não foi inicialmente revelada. Não muito tempo depois da operação, ela passou a desejar comer alimentos que nunca, no passado, haviam exercido atração especial sobre ela, como *nuggets* de frango e pimentões verdes. E, no caso dos *nuggets*, a vontade de comer era muito específica. Sylvia se sentia inexplicavelmente atraída a satisfazer seus anseios na cadeia de restaurantes KFC. Como nunca desenvolvera uma preferência por comidas desse tipo antes da cirurgia, seus amigos, família e médico ficaram intrigados com a novidade.

Pouco antes da operação, tinham lhe informado que ela estava recebendo os órgãos de um rapaz que morrera em um acidente de moto. Embora os detalhes dos doadores em geral não sejam compartilhados com as pessoas que recebem os órgãos, Sylvia investigou a informação que tinha e descobriu a identidade do jovem em um obituário local, juntamente com o endereço de seus pais. Foi durante uma visita que fez a ambos que Sylvia ficou conhecendo alguns detalhes sobre a vida do filho deles, Tim, cujo coração e pulmões estavam agora em seu corpo. E esses detalhes lhe confirmaram de modo racional a verdade que ela já percebera de maneira intuitiva: Tim adorava exatamente o tipo de *nuggets* de frango e pimentões verdes pelos quais ela agora ansiava. Era claro que a atração de Tim por determinados alimentos durante sua vida passara a fazer parte da experiência de Sylvia e que ela adquirira esses novos gostos por meio da transferência de memória.[24]

> Ponto-chave 18: A documentação científica de memórias transportadas de um doador para o corpo de um receptor por meio do próprio coração – *transferência de memória* – demonstra exatamente quanto a memória do coração é real.

Embora a história de Claire Sylvia seja um dos primeiros e mais bem documentados relatos de transferência de memória por meio de um transplante de coração, outros exemplos têm aparecido desde o caso de Claire. Em cada um deles, ocorre uma mudança na personalidade da pessoa que ganha um novo coração. Essas mudanças variam de uma nova preferência por alimentos específicos até alterações da personalidade, e até mesmo de orientação sexual, refletindo as preferências e a personalidade do doador.

Embora os exemplos de alterações na personalidade sejam fascinantes, as histórias não acabam aí. Pelo que parece, as memórias emocionais de nossa vida estão a tal ponto profundamente entranhadas na memória do coração que são preservadas com tremenda claridade, e costumam voltar a ser vivenciadas pela pessoa que recebe o coração em um transplante.

Mesmo que os céticos das teorias de memória cardíaca tenham proposto várias explicações alternativas para as mudanças na personalidade e no estilo de vida pós-transplante, inclusive reações a drogas e influências subconscientes, há um tipo particular de experiência que não pode ser explicado pelas teorias dos céticos. É esse tipo de estudo de caso documentado que tem levado à aceitação da transferência de memória como um fato da vida, e não como uma curiosa coincidência.

SE O CORAÇÃO ESTÁ VIVO, AS MEMÓRIAS PERMANECEM

Em 1999, dois anos depois do lançamento do livro de Claire Sylvia, o Dr. Paul Pearsall, um neuropsicólogo, publicou outra obra pioneira documentando estudos de casos de memória do coração. Esse livro, *The Heart's Code*, incluía relatos verídicos das memórias e sonhos, e até mesmo dos pesadelos, experimentados por pessoas que foram submetidas a transplantes do coração. O que tornava um dos relatos tão extraordinário é o fato de que as experiências do receptor puderam ser confirmadas como eventos factuais que tinham acontecido na vida do doador. Esse caso envolvia uma menina de 8 anos que recebeu o coração de outra menina dois anos mais velha.

Quase imediatamente após a cirurgia, a menina começou a ter sonhos – pesadelos – muito nítidos e assustadores, de ser perseguida, atacada e assassinada. Embora seu transplante tenha sido um sucesso do ponto de vista técnico, o impacto psicológico dos pesadelos continuou. Por fim, ela foi encaminhada a uma psiquiatra para avaliação de sua saúde mental. Os acontecimentos e imagens que a menina descreveu eram tão claros, consistentes e detalhados que a psiquiatra ficou convencida de que os sonhos não eram apenas curiosos subprodutos do transplante. Ela teve certeza de que a menina estava descrevendo memórias de uma experiência da vida real. A pergunta era: "Memórias de quem?".

As autoridades acabaram se envolvendo no caso e rapidamente descobriram que a menina estava narrando os detalhes de um crime não resolvido que ocorrera na cidade. Ela conseguiu descrever em minúcias onde, quando e como o crime aconteceu. Conseguiu inclusive repetir as palavras que foram pronunciadas durante o ataque e dizer o nome do criminoso. Com base nos detalhes fornecidos por ela, a polícia conseguiu localizar e prender um homem que se encaixava nas circunstâncias e na descrição. Por fim, ele foi levado a julgamento e condenado pelo estupro e assassinato da menina de 10 anos cujo coração estava agora no corpo da receptora de 8 anos.[25]

Esse relato nos diz como é real o pequeno cérebro em nosso coração, e como ele pode funcionar de um modo que antigamente acreditávamos que só acontecesse no cérebro craniano. A descoberta desse segundo cérebro no coração e a evidência convincente de sua capacidade para pensar e se lembrar abriu a porta para um imenso leque de possibilidades em nossa vida.

O que o potencial oculto do coração significa para nossa vida? Desde a época em que Leonardo da Vinci, pela primeira vez, representou em um diagrama os nervos que conectam o cérebro com os principais órgãos do corpo, quase 600 anos atrás, fomos levados a conceber o coração e o cérebro de uma perspectiva do tipo "ou isto ou aquilo".[26] Cientistas, engenheiros e peritos na solução analítica de problemas consideram, desde há muito tempo, o cérebro como o principal centro de controle das funções no restante do corpo, ignorando com frequência o coração. Ao mesmo tempo, artistas, músicos e pensadores intuitivos sentiram, em geral, que o coração é a chave para a inspiração, o discernimento diante dos desafios da vida, e a profunda sabedoria que pode guiar nossa vida, e não têm hesitado em, prontamente, desconsiderar a capacidade pensante do cérebro nessas funções. Agora, é evidente por que esse pensamento (ou lógica) do "ou isto ou aquilo" geralmente não funciona muito bem.

Separar o cérebro do coração nos deixa com um quadro incompleto do nosso pleno potencial. Sem dúvida, quanto mais nós descobrimos como o coração e o cérebro podem funcionar como uma rede única para regular o corpo, em vez de nos concentrarmos exclusivamente em um ou no outro, torna-se claro que nosso maior benefício vem dessa harmonia entre os dois órgãos trabalhando conjuntamente. Quanto mais compreendermos como criar uma harmonia cérebro-coração, mais poderemos usar essa compreensão para ter acesso à energia de nossos maiores potenciais!

Certa vez, uma autora teatral e congressista do século XX, Clare Boothe Luce, disse: "O ápice da sofisticação é a simplicidade".[27] A verdade de suas palavras aplica-se especialmente à natureza. A natureza é simples e elegante até que a tornemos difícil por meio de descrições desajeitadas e fórmulas complexas. Desse modo, o que poderia ser mais simples do que o cérebro em nosso coração e o cérebro em nossa cabeça formando naturalmente uma rede única, poderosa, que nos habilita a vivenciar a intuição profunda, a empatia e a compaixão em nossa vida?

Embora esses tipos notáveis de estados de consciência costumem ser atribuídos à extraordinária habilidade de místicos, monges e yogues treinados, tenho a impressão de que, na verdade, se tratam de estados de consciência ordinários disponíveis a cada um de nós, mas que nossa cultura simplesmente esqueceu.

SABEDORIA DO CORAÇÃO NA VIDA COTIDIANA

Alguma vez você já teve de enfrentar uma decisão que lhe parecia impossível de tomar? Talvez se tratasse de saber se você deveria submeter-se a um procedimento médico que não estava de acordo com seu sistema de crença. Ou talvez se tratasse de decidir se era melhor insistir em um relacionamento difícil em vez de terminá-lo. Talvez se você reagisse à situação de maneira errada, você ou uma pessoa amada tivessem de enfrentar consequências de vida ou morte.

Por mais diferentes que esses problemas sejam uns dos outros, o elemento que une as decisões é que ninguém tem uma resposta absoluta a respeito delas. Não há uma resposta certa ou errada para cada situação. Quando enfrentamos decisões difíceis, não há um "manual da verdade" para consultar e que possa nos dizer qual é a melhor opção. E se você já esteve em uma situação em que precisou tomar esse tipo de decisão, provavelmente descobriu que cada amigo a quem pedia ajuda tinha uma opinião única – e diferente – sobre qual seria o melhor caminho a seguir, o que o deixava com uma coleção de opiniões que tornava a escolha original ainda mais confusa e difícil de tomar.

Ou talvez tenha acontecido outra coisa. Talvez você tenha seguido a recomendação de um amigo íntimo ou de um parente que tinha a sincera intenção de ajudá-lo. Ou ainda, talvez você tenha tentado a antiquíssima solução de resolver sua dúvida fazendo uma lista de prós e de contras. Foi este, quando eu estava crescendo, o conselho que minha mãe me deu para tomar as decisões difíceis.

"Em uma folha de papel, faça duas colunas", diria ela. "Dê o título de *Prós* a uma delas, na qual você indicará as coisas boas de sua escolha, e chame a outra de *Contras*, na qual você listará as coisas que não forem tão boas. Depois, some os prós e os contras e terá a resposta. Se não der certo, vá perguntar ao seu pai. "Posso afirmar, por experiência, que nenhuma dessas soluções funciona. Antes de deixar nossa família quando eu tinha 10 anos de idade, meu pai, via de regra, não estava disponível quando se tratava de discutir sobre os grandes problemas da vida. Então, se minha mãe não pudesse responder à minha dúvida, eu tinha poucas opções. E a lista que ela me pedia para fazer parecia sempre se inclinar a favor do que eu *queria* que fosse a resposta, e não da resposta que realmente seria a melhor.

A razão pela qual é tão difícil tomar grandes decisões que não têm respostas claras está diretamente ligada à maneira como fomos condicionados a pensar. A maioria de nós foi preparada para pensar exclusivamente o cérebro. E embora haja ocasiões em que ele, sem dúvida, nos serve para usar o raciocínio mental, como nos casos em que estamos criando planos para construir uma casa passo a passo, para resolver um problema matemático complexo ou para definir que providências serão necessárias a fim de conseguirmos garantir uma renda segura no futuro, há situações em que de fato nos limitamos a tentar responder aos grandes desafios da vida apenas pelo raciocínio. Resolver nossos problemas apenas pelo raciocínio pode, às vezes, ser um processo lento e difícil por duas razões principais:

- Escolhas baseadas no pensamento são geralmente filtradas por meio de nossas percepções e experiências passadas. Por exemplo, quando se trata de escolher nosso papel em um relacionamento íntimo, a decisão que tomamos, baseada na lógica, é obtida por meio dos filtros de nossa autoimagem. É por isso que nossa resposta à pergunta "Quem sou eu?" é tão importante. Nossa mente fará a escolha de continuar um relacionamento ou de interrompê-lo através da lente do nosso sentido de valor pessoal. Como veremos no capítulo seguinte, esse sentido, em parte, deriva da narrativa científica da evolução e do sentimento de insignificância em que ela nos coloca.

- Nossa mente tende a justificar as respostas a que chegamos usando o raciocínio circular, o qual é uma maneira de pensar que justifica uma conclusão tornando a declará-la. Por exemplo, se eu lhe dissesse: "Gosto do Bon Jovi porque é minha banda favorita", a parte circular do raciocínio é evidenciada quando declaro duas vezes a mesma coisa, usando as palavras *gosto* e *favorita*. Com elas, eu estaria usando o segundo pensamento para justificar o primeiro e o primeiro pensamento para justificar o segundo.

> Esse tipo de raciocínio pode se manifestar por vias inesperadas, por exemplo, reforçando nosso medo de aproveitar a oportunidade de aceitar um emprego novo e desafiador que nos foi oferecido e justificando nossa recusa. Em um exemplo como esse, a lógica circular ocorre mais ou menos assim: *Eu já tenho uma posição segura em uma boa empresa* → *Se eu aceitar o novo trabalho e as novas responsabilidades, talvez não consiga corresponder às expectativas que as acompanham* → *Se eu perder o novo emprego, perco a segurança* → *Já tenho uma posição segura em uma boa empresa.*

Aliás, para ser claro, não estou sugerindo que qualquer uma dessas características envolvidas na solução de um problema mental seja boa ou má. O que estou dizendo é que há diferentes tipos de desafios na vida que conseguimos resolver melhor por meio de diferentes modos de pensar – alguns por intermédio do cérebro, outros pelo coração. E embora o pensamento com base no coração possa ser menos familiar em nosso mundo de tecnologia e informação digital governado por um ritmo febril, a sabedoria com base no coração talvez seja, em um sentido muito real, a tecnologia mais sofisticada que podemos ter à nossa disposição.

Em vez de pensar por meio dos prós e contras de uma decisão ou de avaliar as probabilidades de que uma experiência do passado se repetirá no presente, nossa inteligência do coração sabe instantaneamente o que é verdade para nós nesse momento. Apesar de optarmos por aceitar ou ignorar a sabedoria do coração, ela está lá à nossa espera. Isso é verdade quando se trata de reconhecer como nos sentimos com relação a outras pessoas ou quando estamos fazendo escolhas importantes em nossa vida. Estudos científicos sobre a precisão de nossas primeiras impressões quando se trata de confiar ou não em outra pessoa são um exemplo perfeito da sabedoria do coração que, em algum momento de nossa vida, todos nós experimentamos.

O CORAÇÃO SABE DE IMEDIATO

Um estudo conduzido pelo Dr. Alex Todorov, psicólogo da Universidade de Princeton, mostrou que, quando encontramos uma pessoa pela primeira vez, nossa avaliação sobre ela é quase imediata. "Decidimos com muita rapidez se a pessoa tem muitas das características que julgamos importantes, como qualidades que nos agradam e competência, mesmo que ainda não tenhamos trocado uma só palavra com ela", diz Todorov. "Parece que nossa programação mental está articulada para obter essas conclusões de um modo rápido, não refletido."[28]

Quando pensamos sobre a rapidez com que formamos opiniões a respeito de pessoas que nunca havíamos encontrado antes, isso na realidade faz perfeito sentido. É o modo como a natureza nos conserva em segurança. Por exemplo, nossos ancestrais não podiam se dar ao luxo de conversar durante horas para conhecer os povos com os quais se encontravam ao vagar pelo mundo em busca de alimentos saudáveis e de um clima amistoso. Não costumavam se sentar tomando vagarosamente uma xícara de chá e fazendo perguntas sobre interesses mútuos, histórias familiares ou passatempos favoritos às pessoas enroladas em pele de urso que assomavam diante deles com lanças na mão. Tinham de saber com rapidez, quase instantaneamente, se essas pessoas eram confiáveis ou não. Se não fossem confiáveis, precisavam de tempo para reagir. Conhecer as respostas a essas perguntas no lapso de um ou dois milissegundos lhes dava o tempo de reação necessário.

Embora as circunstâncias de nossa vida tenham sem dúvida mudado em consequência da sociedade moderna, nossa experiência humana fundamental continua sendo praticamente a mesma de sempre. Quando encontramos alguém pela primeira vez, também precisamos saber o mais depressa possível: 1) se estamos seguros e 2) se podemos confiar nessa pessoa. Acontece assim nos negócios, com amigos e, em especial, quando se trata de amor, romance e intimidade. Embora os cientistas tenham tradicionalmente atribuído as primeiras impressões que temos uns dos outros a funções cerebrais, novas evidências sugerem que não é apenas o cérebro que está fazendo o julgamento. O coração desempenha um papel vital ao nos ajudar a tomar decisões em frações de segundo.

O Instituto HeartMath, frequentemente abreviado como IHM, é uma organização de pesquisas pioneira que se dedica a explorar e compreender o pleno potencial do coração humano, muitas vezes indo além do que se costuma fazer em laboratórios e salas de aula de universidades. Quero esclarecer que, embora não seja funcionário do IHM, trabalhei por mais de vinte anos em contato estreito com eles, compartilhando muitas de suas descobertas cientificamente fundamentadas com audiências do *mainstream*.[29] Ao longo de todo o restante deste livro, farei referências a pesquisas, descobertas e técnicas do IHM, com permissão do Instituto, para ilustrar as aplicações da incorporação à nossa vida do potencial do coração. Por exemplo, um resumo de estudos realizados pelo IHM com relação à intuição fornece uma bela descrição do papel que o coração desempenha em nossas decisões:

> No centro dessa capacidade [a intuição] está o coração humano, que abrange um nível de inteligência cuja sofisticação e amplitude continuamos a compreender e a explorar. Sabemos agora que essa inteligência pode ser cultivada em nosso proveito de muitas maneiras.[30]

Como mencionamos antes, é pelo fato de a inteligência do coração desviar-se dos filtros do cérebro (pensamentos relacionados a experiências passadas, autoestima, e assim por diante) que ela pode tomar suas decisões com relação à nossa segurança e ao nosso bem-estar quase instantaneamente. O estudo de Alex Todorov descobriu que basta um décimo de segundo para fazermos um julgamento quando encontramos um rosto novo.

Vários estudos adicionais constataram que, como nossas mães já nos diziam em um linguajar não científico, as primeiras impressões são em geral completamente certas. Como vivemos em uma sociedade que, tradicionalmente, ignora a intuição, vemo-nos com frequência negligenciando nossas primeiras impressões quando enfrentamos as escolhas mais importantes de nossa vida.

Amigos meus, por exemplo, confidenciaram-me que, na primeira vez que se encontraram com a pessoa com quem iriam se casar, tiveram vontade de fugir, e depressa! Mas, em vez de ouvir a sabedoria do coração, racionalizaram o que estavam sentindo e fizeram o oposto. Tomando por base todas as aparências superficiais, não parecia haver um bom motivo para não levar adiante seus relacionamentos.

Em um determinado caso, foi só depois de doze anos de casamento que uma amiga, uma mulher com quem dividi uma sala em uma empresa, admitiu para si mesma que a primeira impressão que tivera do marido fora correta. O homem com quem se casara não passou, nos doze anos de casamento, a tratá-la com mais respeito do que demonstrou quando se viram pela primeira vez. O ponto-chave aqui é que ela soube – seu coração soube – quase instantaneamente (em não mais que um décimo de segundo) que o relacionamento não seria tranquilo. Ignorando a sabedoria do seu coração, ela dedicou doze anos de sua vida para chegar à mesma conclusão. Durante esses doze anos, teve experiências que a capacitaram a pensar de maneira diferente sobre si mesma e a admitir que merecia receber mais respeito que o demonstrado pelo marido.

Quando ficamos sabendo de experiências como essa, reconhecemos claramente que, em vez de nos prendermos a decisões em preto e branco, que podem parecer boas no papel, temos a oportunidade de sermos informados por uma sabedoria mais profunda, que transcende os preconceitos da mente. Em última análise, tudo se resume à nossa intuição e ao que sentimos no nosso coração.

DESPERTANDO A SABEDORIA DO NOSSO CORAÇÃO

Adotar os benefícios da sabedoria do coração pode nos lançar de imediato além das fronteiras tradicionais quando se trata da maneira como vivemos, de nossa capacidade para resolver problemas e até mesmo de nossa capacidade para amar. Também são essas capacidades que nos dão a flexibilidade para aceitar grandes mudanças na vida – e para fazê-lo de maneira saudável. Quando levamos em consideração tudo o que sabemos agora sobre o coração – como o fato de ele fazer parte de uma rede neural estendida, que já estava desenvolvida quando nossos ancestrais apareceram na Terra 200 mil anos atrás; o fato de que temos, no coração, um pequeno cérebro feito de células que pensam, sentem e se lembram de maneira independente do cérebro; e o fato de que podemos ativar por nós mesmos os benefícios que vêm da relação entre cérebro e coração – as perguntas passam a ser: "O que mais faz o coração e que só agora estamos começando a entender? Que capacidades esperam hoje para serem descobertas, capacidades essas que esquecemos que possuímos ou que só agora estamos começando a compreender plenamente?".

Ponto-chave 19: O coração é a chave para despertar a intuição profunda, memórias sutis e capacidades extraordinárias, consideradas raras no passado, e para acolhermos esses atributos como parte normal da vida cotidiana.

capítulo quatro

A Nova História Humana

A Vida com um Propósito

> *"Quando negamos nossas histórias, elas nos definem. Quando acatamos nossas histórias, conseguimos escrever um admirável final novo."*
>
> – Brené Brown (1965), pesquisador norte-americano

Quando respondemos à pergunta "Quem somos nós?" do ponto de vista da ciência convencional, é possível que, além de estarmos no caminho errado, estejamos condenados a ficar presos a ele e a ser por ele levados cada vez mais longe da compreensão das verdades mais empoderadoras de nossa vida?" Estarmos presos ao caminho errado já nos aconteceu antes e a comunidade científica ainda está atordoada depois de se comprovar que uma teoria por ela aceita estava errada e de ela descobrir quanto se equivocara em suas expectativas.

NÃO ERA ISSO QUE ELES ESPERAVAM!

Quando, em 2001, se completou o Projeto Genoma Humano (PGH), os cientistas ficaram muito surpresos ao constatar que o padrão genético de um ser humano é cerca de 75% menor do que pensavam que fosse. Não era apenas um pequeno erro de cálculo. Havia uma discrepância tão grande entre esse padrão genético e a concepção original que a comunidade internacional de biólogos e geneticistas envolvidos no projeto teve de reconhecer a existência de um fato incômodo e embaraçoso relativo aos seus pressupostos fundamentais.

Antes do PGH, acreditava-se que haveria um único gene para criar cada uma das diferentes proteínas que constituem nosso corpo. Com base nessa ideia de correspondência um a um, os pesquisadores acreditaram que o projeto identificaria pelo menos 100 mil genes no padrão genético humano. Cientistas e patrocinadores do projeto tinham, de fato, tanta certeza disso que haviam planejado desenvolver produtos farmacêuticos para modificar e "consertar" os genes que fossem descobertos, e construir uma indústria inteiramente nova de medicina genética, assim que os resultados do projeto fossem conhecidos.[1] Ninguém previra os verdadeiros resultados do projeto. E quando eles chegaram, os cientistas em universidades, instituições de pesquisa e laboratórios médicos do mundo inteiro tiveram de se adaptar a uma nova e surpreendente realidade.

O PGH revelou que existem apenas cerca de 20 mil a 24 mil genes no genoma humano, 75 mil a menos do que fora esperado![2] A pergunta que se fazia era: "Onde estão os genes 'perdidos'? Será que existem mesmo?".

Uma nova pesquisa que se seguiu ao PGH revelou onde o pensamento original dos cientistas havia falhado. Em vez de um gene codificando uma proteína, sabemos agora que um único gene pode produzir os códigos de muitas proteínas, que às vezes somam milhares. Por exemplo, um gene de uma mosca-das-frutas pode chegar a codificar 38 mil diferentes proteínas.[3] O mesmo princípio parece verdadeiro para seres humanos, mas em um grau menor. "Parece ser algo em torno de cinco a seis proteínas, em média, para um único gene", diz Victor A. McKusick, coautor do artigo pioneiro que descreveu as descobertas do PGH em 2001.[4]

Mas como pôde um erro tão fundamental de análise passar despercebido por tanto tempo? Como o pressuposto básico para a fundação de uma nova e revolucionária área científica, a qual achávamos que levaria à criação de uma indústria inteiramente nova de medicamentos, podia estar tão incorreto?

A resposta a essa pergunta é a razão pela qual estou descrevendo esta história. *O erro foi resultado da aceitação científica de uma teoria não comprovada* – a suposição de que havia uma correspondência biunívoca entre genes e proteínas – que os cientistas haviam criado anos antes, em meados do século XX.

Craig Venter, presidente de uma empresa que estava à frente de uma das equipes de mapeamento genético do PGH, reconheceu de imediato o significado dos resultados do PGH quando afirmou: "Temos no ser humano apenas 300 genes exclusivos, que não existem no rato. Isso me diz que os genes não podem de modo algum explicar tudo que nos torna o que somos".[5]

O PGH ilustra um exemplo perfeito das consequências de se adotar uma suposição científica como fato na ausência de evidências para sustentá-la. Neste caso, um campo inteiro da ciência e da medicina, e as pessoas e indústrias que confiavam na ciência e na medicina, foram atirados no caos pelos erros de julgamento. A conclusão do PGH também forçou a reavaliação de uma premissa básica que fora incondicionalmente aceita pelos cientistas e ensinada como fato nas salas de aula das universidades. E embora os cientistas pareçam estar agora no caminho certo quanto à maneira como os genes se relacionam com as proteínas, o Projeto Genoma Humano não foi a única vez em que uma doutrina não comprovada levou cientistas a um beco sem saída em suas suposições. À primeira vista, poderíamos chamar de uma anomalia o que aconteceu com o projeto. Mas não é uma anomalia. O exemplo do PGH ilustra uma maneira de pensar que já vimos antes em um passado não muito distante.

MESMO EXPERIMENTO, NOVO EQUIPAMENTO E UM NOVO RESULTADO!

A crença científica segundo a qual tudo o que podemos ver e tocar está separado de tudo o mais é outro exemplo do tipo de pensamento que tem levado a becos sem saída científicos. A ideia de separação tem suas raízes no famoso experimento de Michelson-Morley, realizado pela primeira vez em 1887. Recebendo o nome dos dois cientistas que o conceberam, Albert Michelson e Edward Morley, esse experimento representou o tão esperado esforço da comunidade científica para esclarecer, de uma vez por todas, se há ou não um campo de energia universal que conecta todas as coisas.[6] Na época, se tinha a ideia de que se tal campo de fato existisse, ele se moveria em relação à Terra. E como o campo estaria em movimento, seria possível detectar esse movimento.

O experimento foi realizado em um laboratório improvisado instalado no porão de um prédio da Case Western Reserve University. Acreditou-se que os resultados do experimento, quando os dados foram interpretados por cientistas da época, comprovavam que não existe nenhum campo de energia universal, resultado que vinha acompanhado da implicação de que tudo está separado de tudo o mais – significando que tudo o que acontece em um lugar tem pouco ou nenhum efeito sobre o que acontece em outros locais.

Essas conclusões tornaram-se o fundamento da teoria científica e do aprendizado nas salas de aula por quase todo um século. Até que o experimento que Michelson e Morley realizaram no século XIX fosse repetido no século XX, muitas gerações cresceram e amadureceram acreditando que vivemos em um mundo onde estamos separados uns dos outros e do mundo à nossa volta, e que tudo o que fazemos em um lugar não exerce efeito algum além desse lugar. Essa crença se refletiu em toda a nossa civilização em aspectos que iam de opções pessoais que afetavam outras pessoas, e do crescimento de sistemas econômicos que beneficiavam algumas pessoas à custa de outras, até o quadro maior da relação da humanidade com a própria Terra. Para cientistas de todo o mundo, as suposições de Michelson e Morley foram aceitas como fatos... isto é, até o experimento ser revisitado 99 anos mais tarde.

Em 1986, um cientista chamado E. W. Silvertooth reproduziu o experimento de Michelson-Morley em um estudo patrocinado pela Força Aérea dos EUA. Sob o título despretensioso "Relatividade Especial", o periódico científico *Nature* publicou os resultados. Usando um equipamento de detecção muito mais sensível que o utilizado por Michelson e Morley em 1887, *Silvertooth detectou o campo e ele estava se movendo exatamente como Michelson e Morley haviam previsto 100 anos antes.*[7] No processo, ele desmistificou toda uma visão de mundo.

Durante quase um século, a melhor ciência do mundo moderno teve por base uma ideia que simplesmente não era verdadeira. Felizmente, somos agora mais bem informados e podemos aplicar esse conhecimento. No entanto, mesmo com o experimento mais recente comprovando a existência do campo e do papel vital que ele desempenha em nossa vida, o princípio da separação continua a ser adotado em alguns livros didáticos e ensinado nas salas de aula de algumas universidades. Por causa disso, membros de mais uma geração estão sendo mal orientados.

Estou identificando o experimento de Michelson-Morley e o Projeto Genoma Humano como exemplos clássicos de como uma teoria científica que é tida em alta conta em um determinado momento pode – e precisa – mudar quando uma nova descoberta invalida suposições anteriores. É precisamente esse tipo de descoberta que está implodindo a Teoria da Evolução Humana, e é de importância vital que nossas suposições passadas precisem ser publicamente rejeitadas quando se trata da crença segundo a qual o DNA, que faz de nós o que somos e quem somos, é formado por mero acaso.

> Ponto-chave 20: A disposição para aceitar uma hipótese científica como fato, na ausência de evidências para sustentá-la, pode nos levar, como nos levou no passado, a conclusões erradas quando se trata da maneira como pensamos sobre nós mesmos e a respeito de nossa relação com o mundo.

PROBABILIDADES IMPOSSÍVEIS

A história convencional da vida na Terra – a Teoria da Evolução – pede-nos para acreditarmos que, há muito tempo, justamente as condições certas apareceram justamente da maneira correta e justamente no momento exato para criar justamente o ambiente adequado para as forças corretas formarem átomos perfeitos e os moldarem nos elementos que deram origem à primeira molécula de vida. Como se o fato de nos pedirem para acreditar nessa improvável série de eventos já não fosse uma interpretação forçada, também nos pedem para aceitar que essa primeira molécula de vida sobreviveu, e floresceu, multiplicando-se e se diversificando um sem-número de vezes e continuou triunfando ao longo das eras por meio de uma estratégia adaptativa conhecida como "sobrevivência do mais forte [ou do mais apto]" para se transformar nos corpos que nos permitem levar a vida que levamos hoje.

As probabilidades de que essa série de eventos tenha realmente ocorrido são tão pequenas que eles parecem impossíveis.

O falecido químico Ilya Prigogine, duas vezes ganhador do Prêmio Nobel, concordava. "A probabilidade estatística de que as estruturas orgânicas e as reações harmonizadas com extrema precisão que são típicas dos organismos vivos fossem criadas pelo acaso", disse ele, "é zero."[8] Em conformidade com Prigogine, muitos outros cientistas, usando os mais avançados métodos científicos disponíveis, são agora capazes de nos dizer quão extraordinariamente improvável é a origem aleatória de nosso DNA.

Antes de sua morte em 1989, o matemático e físico suíço Marcel Golay calculou que a probabilidade de até mesmo a mais simples proteína viva se formar por acaso é de 1 em 10^{450}, enquanto Frank Salisbury, fisiologista de plantas e antigo chefe de departamento na Universidade Estadual de Utah, calculou que a probabilidade para a existência de uma molécula comum de DNA é de 1 em 10^{600}.[9]

Esses números são em tal medida inimaginavelmente extensos e representam uma probabilidade tão pequena de alguma coisa ocorrer que apresentarei uma imagem concisa para ilustrar o que os matemáticos estão nos dizendo. Para esclarecer, o número 10^{600} é uma notação abreviada para a unidade britânica *um centilhão* ou 1 seguido de 600 zeros. Se desdobramos o número expresso nessa notação para a versão por extenso e a digitamos, eis como ele fica:

1.000. 000. 000. 000. 000. 000. 000. 000. 000. 000. 000. 000.
000. 000. 000. 000. 000. 000. 000. 000. 000. 000. 000. 000.
000. 000. 000. 000. 000. 000. 000. 000. 000. 000. 000. 000.
000. 000. 000. 000. 000. 000. 000. 000. 000. 000. 000. 000.
000. 000. 000. 000. 000. 000. 000. 000. 000. 000. 000. 000.
000. 000. 000. 000. 000. 000. 000. 000. 000. 000. 000. 000.
000. 000. 000. 000. 000. 000. 000. 000. 000. 000. 000. 000.
000. 000. 000. 000. 000. 000. 000. 000. 000. 000. 000. 000.
000. 000. 000. 000. 000. 000. 000. 000. 000. 000. 000. 000.
000. 000. 000. 000. 000. 000. 000. 000. 000. 000. 000. 000.
000. 000. 000. 000. 000. 000. 000. 000. 000. 000. 000. 000.
000. 000. 000. 000. 000. 000. 000. 000. 000. 000. 000. 000.
000. 000. 000. 000. 000. 000. 000. 000. 000. 000. 000. 000.
000. 000. 000. 000. 000. 000. 000. 000. 000. 000. 000. 000.
000. 000. 000. 000. 000. 000. 000. 000. 000. 000. 000. 000.
000. 000. 000. 000. 000. 000. 000. 000. 000. 000. 000. 000.
000. 000. 000. 000. 000. 000

Esse número enorme é a versão por extenso da probabilidade de que a primeira molécula de DNA tenha se formado por acaso. Estou enfatizando esse ponto porque os cientistas geralmente aceitam que, quando a probabilidade de algo ocorrer é igual a 1 em 10^{110} ou mais, essa probabilidade é tão pequena que a ocorrência desse evento é considerada impossível. Se esses números representassem, por exemplo, a probabilidade de um norte-americano ganhar na loteria do Powerball, é provável que ele jogasse fora o bilhete, pois as chances seriam assombrosamente pequenas. Assim, os próprios cientistas estão nos dizendo que o simples fato de o DNA existir representa uma probabilidade que já é "impossível", de 1 em 10^{110}, e essa impossibilidade ainda pode ser multiplicada por um fator de 5, chegando a 1 em 10^{600}, o que a torna ainda mais improvável!

O astrônomo inglês *sir* Fred Hoyle e o matemático e astrobiólogo Chandra Wickramasinghe calcularam, em um livro que escreveram em coautoria, probabilidades ainda menores, inferiores a 1 em $10^{40.000}$, tomando por base o número de enzimas conhecidas necessárias para a vida e as probabilidades de elas aparecerem aleatoriamente.[10] Quando começamos a falar sobre probabilidades tão pequenas, os próprios números quase perdem o sentido.

Hoyle explicou com grande clareza para quem não é matemático que essa ultrajante estatística equivalia à probabilidade de um furacão que varresse um ferro-velho montar um Boeing 747 com os restos encontrados.[11] E é através dos mesmos olhos que reconhecem essa improbabilidade que os cientistas estão tentando dar um sentido à origem da vida. Mas se as evidências mostram que somos o resultado de algo mais que o puro acaso proposto pela Teoria da Evolução, o fato mesmo de existirmos também deve adquirir um novo significado.

Ponto-chave 21: Conceituados cientistas nos dizem que é matematicamente impossível que o código genético da vida tenha emergido apenas por meio do processo da evolução.

EVOLUÇÃO: UM PINO IMPOSSIVELMENTE QUADRADO AJUSTADO DE MANEIRA PERFEITA EM UM BURACO IMPOSSIVELMENTE REDONDO

Quando Darwin introduziu sua Teoria da Evolução em meados do século XIX, acreditou-se que, nas décadas seguintes, novas descobertas comprovariam ainda com mais vigor a validade dessa teoria, pois já nessa época ela era aceita como fato científico. No entanto, o que aconteceu depois desafia essa expectativa. As evidências não dão apoio à evolução humana. Em vez de permitirem que as evidências nos levassem a escrever uma nova história das origens humanas, o que ocorreu foi um esforço conjunto para encaixar à força as novas descobertas no arcabouço da história existente da evolução.

Recapitulando, vemos hoje a prova disso nos esforços dos cientistas do *mainstream* para estabelecer uma ligação entre os antigos fósseis primatas e os seres humanos modernos na árvore evolutiva dos primatas. Com alguns canais da mídia dominante, como o PBS [Public Broadcasting Service], não se preocupando em oferecer às suas audiências uma perspectiva equilibrada, como aconteceu em seu documentário tendencioso sobre a evolução, e com alguns acadêmicos, como o biólogo Richard Dawkins, que chegou a ponto de desrespeitar e ridicularizar quem quer que questionasse o saber convencional relativo às origens humanas, a insistência em afirmar que as evidências confirmam as teorias existentes se parece com a proverbial entrada forçada do pino quadrado em um buraco redondo. Embora certamente seja possível martelar um pino quadrado até fazê-lo penetrar em uma abertura redonda, ele nunca ficará bem encaixado, pois seu lugar, não é ali.

Descobertas sobre o DNA humano indicam que nossa espécie não se ajusta à pura e bem-arrumada história tradicional da evolução. Não obstante, as pessoas continuam a forçar os fatos dentro da teoria, o que está nos afastando de uma solução adequada do mistério de nossa existência.

NOSSO PONTO DE NÃO RETORNO

Uma amiga tinha um computador que, nove anos antes, quando ela o comprou, fora construído com tecnologia de ponta, que incluía muitos dos *softwares* mais recentes. No entanto, à medida que novas atualizações para o sistema operacional se tornavam disponíveis, tais como aperfeiçoamentos para a segurança da rede, maiores velocidades operacionais e *upgrades* de sistemas, ela negligenciou baixar esses recursos em seu computador. Estava atarefada e preocupada porque precisava entregar trabalhos no prazo e não achava que as mensagens "atualizações disponíveis", que apareciam de vez em quando no monitor, fossem uma prioridade em sua agenda.

Durante mais ou menos os primeiros dois anos, a negligência de minha amiga em manter o sistema atualizado só influenciou o computador de maneira sutil. Alguns *upgrades* eram pequenos e afetavam poucas de suas necessidades diárias de computação. Essas pequenas atualizações eram indicadas pelo número que se seguia ao da versão: v1.1, v1.2, v1.3, e assim por diante. Mas quando os desenvolvedores fizeram grandes mudanças no *software*, justificando uma versão inteiramente nova, uma v2.0, por exemplo, a história foi diferente, pois qualquer novo *software* começava a procurar, em seu computador, os recursos da versão anterior sobre os quais ele poderia se estabelecer.

Um dia minha amiga estava envolvida na edição de um novo livro e tentou abrir um arquivo que recebera de sua editora, que estava usando outro sistema operacional. Foi quando tudo mudou e recebi seu telefonema pedindo ajuda. "Meu computador está travado! Paralisou e não consigo nem desligar", disse ela.

Depois de dar algumas sugestões inúteis, tive uma ideia (sabia da aversão de minha amiga a atualizações de *software*) do que podia estar acontecendo. "Qual é a versão do sistema operacional que você está usando?", perguntei.

Sua resposta me esclareceu a razão do problema do computador. O *software* do computador de minha amiga estava literalmente desatualizado havia anos. O *software* necessário para ela ler as alterações feitas no livro dependia dos recursos de um *upgrade* recente para funcionar – recursos que não estavam presentes em parte alguma do sistema dela.

Para minha amiga, as opções eram simples. Ela podia passar a tarde inteira baixando e instalando cada versão anterior do *software*, uma por uma, para incorporar todas as atualizações que havia perdido, ou podia comprar um computador novo, havia muito necessário, que estivesse completamente atualizado, com todas as últimas versões de *software*. Sabendo o que minha amiga pensa a respeito de sustentabilidade e manutenção de seus aparelhos eletrônicos, não me espantei com a decisão. Optou por passar o dia atualizando seu velho e confiável computador.

UMA HISTÓRIA NOVA SOBRE UM ALICERCE ANTIGO

A história de minha amiga e seu *software* obsoleto é uma clara analogia para o que a comunidade científica está experimentando hoje, quando se trata de expandir as teorias sobre a evolução humana. Quando Darwin introduziu sua teoria em 1859, ela era um modo de pensar versão 1.0. À medida que novas tecnologias foram se tornando disponíveis, ajudando a ciência a fazer novas e incríveis descobertas sobre a biologia molecular e o genoma humano, a teoria deveria ter sido atualizada para v1.1, v1.2 e assim por diante.

Mas não foi.

O método científico está baseado no princípio de observação em atividades de pesquisa individuais que levam a incluir *upgrades* ("modernizações") em nossa base comum de conhecimento. A ciência está planejada para ser continuamente atualizada e revisada quando novas informações vêm à luz.

O que aconteceu, porém, é que a relutância – até mesmo a franca resistência – das comunidades acadêmica e científica em reconhecer novas descobertas relacionadas ao desenvolvimento humano nos últimos 150 anos se parece com a relutância de minha amiga em incorporar atualizações ocasionais ao seu sistema de computação. Agora, aparentemente de súbito, descobertas como a fusão do DNA no cromossomo humano 2 estão mudando a história toda. Tentar incorporar descobertas como essa à história existente da evolução é como tentar baixar uma versão inteiramente nova de *software* em um computador que não pode comportá-la. As descobertas v2.0 relativas ao DNA são tão diferentes do conceito original de evolução que não há lugar para elas. A teoria v1.0 simplesmente não se ajusta aos fatos.

Minha amiga tentou fazer exatamente o que a comunidade científica está tentando realizar hoje: empenhar-se em um esforço que lhe permita de algum modo "consertar" o sistema de *software* existente em seu computador para que ele acomodasse suplementos. Minha amiga descobriu, contudo, que há um ponto de não retorno quando se trata de computadores e do *software* que eles podem suportar. O *software* que é criado para um computador está diretamente ligado aos componentes do *hardware* do aparelho, suas porcas e parafusos: os *chips*, os processadores e as capacidades para as quais foram construídos. Quando um *software* avançado começa a pedir grandes volumes de memória ou velocidades de processamento que não são suportados pelo *hardware* existente, o novo *software* não pode ser usado. Apesar dos melhores esforços de minha amiga para responder às exigências do nível das atualizações que lhe eram oferecidas, ela foi forçada a investir em um novo computador cujo *hardware* pudesse acomodar as versões mais recentes do *software* de que precisava para realizar o seu trabalho.

É precisamente nesse ponto que estamos quando se trata da história das origens humanas. A tentativa de incorporar a história de exatas e rápidas mutações de DNA, como as que encontramos no FOXP2 e no cromossomo humano 2, à narrativa existente do longo, lento e gradual processo de evolução não está funcionando. E não pode funcionar, pois as descobertas que precederam essa tentativa têm sido ignoradas pela Teoria da Evolução. Alcançamos o ponto de não retorno.

Assim como o velho e confiável computador de minha amiga, que até então a tinha servido tão bem, atingiu um ponto em que ficou obsoleto, nós também atingimos um ponto em que a história humana que até agora contamos a nós mesmos está obsoleta. Já é hora de investirmos em uma nova teoria que incorpore as informações anômalas pelas quais os cientistas do passado não puderam responder.

Assim como geneticistas e biólogos tiveram de mudar seu pensamento para acomodar as evidências do Projeto Genoma Humano, e assim como os físicos tiveram de atualizar suas teorias para se adaptarem aos resultados mais recentes do experimento de Michelson-Morley, temos de abrir espaço para descobertas futuras que talvez abalem algumas das crenças mais estimadas pelos nossos principais pensadores atuais. Com grande beleza, e talvez de maneira não intencional, parece que a ciência já nos deu tudo de que precisamos para fazer exatamente isso. Os elementos essenciais para a história humana v2.0 já existem. Tudo gira em torno de como vamos incorporar o que as evidências já revelaram.

UM *UPGRADE* NA HISTÓRIA HUMANA

De um modo semelhante ao resultado do Projeto Genoma Humano, a própria ciência que, conforme se esperava, acabaria por dar apoio à Teoria da Evolução de Darwin, resolvendo o mistério de nossa origem, fez agora exatamente o contrário. Novas descobertas estão apresentando implicações preocupantes, desestabilizadoras, que desafiam abertamente uma tradição científica de longa data. Por ironia, as evidências estão nos levando em uma direção que segue paralela a algumas das tradições mais antigas e estimadas a respeito de nossos começos. Para ajudar, estou incluindo um resumo que condensa as evidências descritas nos capítulos anteriores como os elementos essenciais para a nova história humana.

Fato 1: As relações mostradas na árvore evolutiva humana convencional são apenas conexões especulativas. Embora se acredite que elas existam e sejam ensinadas como factuais em escolas públicas, uma busca de 150 anos não conseguiu apresentar evidências físicas que confirmem as relações descritas na árvore genealógica evolutiva.

Fato 2: Se os registros fósseis estão corretos, os seres humanos anatomicamente modernos apareceram na Terra de repente, há cerca de 200 mil anos, com características já avançadas, que os distinguiam de todas as outras formas de vida que tinham se desenvolvido até aquele momento ou que se desenvolveram a partir dele. Essas características permaneceram imutáveis em nós e incluem:

- Um cérebro 50% maior que o de nosso parente primata mais próximo, o chimpanzé.
- Postura ereta e avançada destreza manual.
- Capacidade para uma linguagem avançada.
- Uma extensa rede neuronal que possibilita extraordinárias habilidades, como uma intuição profunda e o acesso, quando requisitado, à sabedoria baseada no coração.

Fato 3: A falta de um DNA comum entre os SHAMs (Seres Humanos Anatomicmente Modernos) e os neandertais nos diz que nós, os SHAMs, não descendemos dos antigos neandertais. Estudos suplementares revelam que nossos antepassados compartilharam a Terra com os neandertais, que constituiriam, como se pensava anteriormente, parte de nossos antepassados. Naturalmente, se compartilhamos a Terra *com* eles, não poderíamos ser *descendentes* deles.

Fato 4: A análise do DNA revela que:
- O DNA que nos distingue de outros primatas resultou de um misterioso processo de "fusão" que produziu o segundo maior cromossomo do corpo humano: o cromossomo humano 2.
- O modo como o cromossomo humano 2 foi fundido sugere que alguma coisa *além* da evolução tornou possível a nossa humanidade. Essa "alguma coisa" seria o "desligamento" [*turning off*] ou remoção de funções sobrepostas e o fato de isso ter acontecido com rapidez, e não lentamente, durante um longo período de tempo.

Equipados apenas com esses quatro fatos, temos razões mais do que suficientes para repensar a história tradicional de quem somos. Sem dúvida alguma, não somos o produto de um processo evolutivo, pelo menos não resultamos do tipo de evolução que Charles Darwin tinha em mente quando propôs sua teoria original no século XIX. Refletindo sobre a probabilidade científica de que o DNA que nos proporciona nossa humanidade tenha surgido por acaso, com as probabilidades para a ocorrência efetiva dessa possibilidade tendo sido comparadas àquelas de um furacão criar uma aeronave ao varrer um ferro-velho, somos levados a concluir que nós, seres humanos, não somos o resultado de eventos aleatórios postos em movimento por puro acaso.

A pergunta agora é simplesmente esta: "Estamos dispostos a aceitar o que a melhor ciência de nossa época está nos mostrando?". Se nossa resposta for "Sim", também devemos aceitar uma nova história humana, capaz de refletir melhor as evidências que estamos reunindo. E embora a ciência moderna esteja em luta com o que as novas evidências significam, procurando descobrir como ela se ajusta à história de nossa origem, os povos indígenas da Terra e os praticantes de algumas das tradições espirituais mais amplamente aceitas em todo o mundo não estão em luta nem procuram descobrir coisa alguma. Em seu modo de pensar, as modernas evidências simplesmente voltam a confirmar e a aprofundar a aceitação dos antigos relatos que estão no cerne de suas crenças.

Com mais da metade do mundo professando a adoção de uma das três grandes religiões que derivam de uma história comum (judaísmo, cristianismo e islamismo), não causa surpresa o fato de que as novas evidências científicas sejam tão bem recebidas por uma parcela tão grande de habitantes do planeta.

ANTIGOS RELATOS SOBRE UMA ORIGEM INTENCIONAL

Quase universalmente, as escrituras das mais antigas e estimadas tradições espirituais do mundo concordam com o fato de que nós, seres humanos, estamos ligados a algo além de nós mesmos e de nossas vizinhanças imediatas. E por mais diferentes que essas tradições sejam umas das outras, seus relatos são surpreendentemente semelhantes quando se trata da história das origens humanas. Os temas comuns incluem:

- Uma inteligência avançada e um ato intencional são responsáveis por nossa origem.
- O uso das palavras *eles* ou *anjos* (nas línguas antigas faladas pelos autores), quando descrevem a criação dos seres humanos, sugere que uma inteligência grupal estava envolvida.
- Descrições explicam que somos o produto do pó/barro/terra de nosso planeta fundindo-se com uma essência que não é deste mundo.
- Nas três tradições abraâmicas, do judaísmo, do cristianismo e do islamismo, o pó ou o barro da terra é que são usados para criar o primeiro corpo de um ser humano.
- No passo seguinte depois da formação do primeiro corpo humano, a vida é "soprada" nas narinas da pessoa e o sangue de um ser de inteligência superior é misturado ao corpo dessa primeira pessoa.

As tradições antigas tomam um cuidado extra ao descrever, com muitos detalhes, a natureza íntima de nossa criação, e a maneira como nós, à semelhança de nossos primeiros ancestrais, somos infundidos com o que foi descrito como a centelha especial de uma essência misteriosa, unindo-nos eternamente uns aos outros e com alguma coisa que não podemos ver, e que existe além de nosso mundo físico.

Embora esses detalhes tenham sido profusamente editados a partir de versões contemporâneas da Bíblia cristã, a antiga literatura hebraica, como o Agadá e certos pergaminhos "perdidos", mostra que os textos originais pretendiam realmente ter esse nível de detalhes. É essa centelha mística, que a ciência até agora não conseguiu encontrar meios de medir, que nos distingue de todas as outras formas de vida sobre a Terra.

A seguir, destacamos alguns exemplos característicos de narrativas antigas que ilustram os elementos comuns da história a que estou me referindo.

A história sumeriana da criação. A região que é agora o Iraque foi o berço da antiga Suméria, tradicionalmente considerada a mais antiga civilização da Terra (novas descobertas em sítios arqueológicos de outras civilizações primitivas, como no Göbekli Tepe da Turquia, mostram que esses locais podem vir a ser comprovados como tão antigos quanto a Suméria, ou ainda mais antigos). A história da criação sumeriana foi registrada em uma tabuleta de pedra encontrada no sudeste do Iraque, onde ficava a antiga cidade de Nippur.

De acordo com a história da criação, conhecida pelos arqueólogos como Gênesis de Eridu, Nippur é o local onde o primeiro ser humano foi criado. A história descreve um tempo em que muitos deuses governavam a Terra. Por razões que são detalhadas no texto, um dos deuses foi sacrificado e seu sangue foi misturado com barro para criar o primeiro ser humano. Um trecho conta a história:

> No barro, deus e homem
> Serão ligados,
> Em uma unidade serão reunidos;
> Para que até o fim dos dias
> A Carne e a Alma
> Que em um deus amadureceram –
> E em um vínculo de sangue essa alma fique atada.[12]

Em outras palavras, essa história sugere que somos produto de um ato intencional, que foi supervisionado por seres avançados, do tipo humano, e que nos imbuíram com certas qualidades que os deuses colocaram na nova criatura humana.

O primeiro ser humano nas tradições judaica, cristã e islâmica. Entre os temas recorrentes nas antigas histórias sobre a criação há descrições da origem humana nas mãos de seres sobrenaturais mais avançados. Por exemplo, as tradições orais da Midrash hebraica e da antiga Cabala descrevem como o criador pediu a seus anjos:

Vão, tragam-me pó dos quatro cantos da terra
e criarei o homem com isso.[13]

Em termos semelhantes, o sagrado Alcorão menciona como Deus criou a humanidade a partir de elementos naturais:

Nós o criamos do pó.[14]

Em outro ponto do Alcorão, no entanto, o nascimento do homem é atribuído a Deus agindo por meio de um fluido.

Foi Ele [Deus] que criou o homem a partir da água.[15]

Embora possa parecer que essas duas últimas descrições estejam em conflito, um exame mais atento dos versos resolve o mistério. Na primeira descrição, a história de Adão originando-se do pó faz parte de uma sequência mais extensa que descreve os eventos que levaram aos primeiros seres vivos. Os versos revelam que, depois de Adão se originar do pó, houve um processo progressivo de criação de formas mais e mais próximas à vida à medida que o primeiro ser humano começava a se forjar. A descrição afirma que, depois do pó, o ser humano formou-se a partir de...

... um pequeno germe de vida, e depois a partir
de um grânulo, de um grumo, depois a partir de um
pedaço de carne, ficando completo em construção,
mas incompleto, e disso Nós podemos esclarecê-lo.[16]

Desse modo, o Alcorão se soma às descrições tradicionais da criação de Adão acrescentando detalhes de como o "pó" se torna carne.

De maneira semelhante, no mundo ocidental, quando perguntamos a alguém de que substância o primeiro ser humano sobre a Terra foi criado, a resposta é geralmente é esta: fomos feitos da mesma "matéria" de que o mundo foi feito: barro [argila], lodo ou pó. Para dar suporte a essas declarações, somos muitas vezes direcionados para a história bíblica da criação, descrita no livro do Gênesis. Compartilhada por quase 2 bilhões de pessoas das tradições judaica e cristã, a história de Adão proporciona a descrição mais essencial da origem humana. Enganosamente simples em sua forma, o Gênesis narra o milagre da criação humana por meio de pouquíssimas palavras.

O Senhor Deus formou o homem do pó da terra.[17]

A história maia da criação. Desde aproximadamente 250 d.C. até 900 d.C., a civilização maia floresceu em uma vasta área da América do Norte, que vai da região que é hoje o norte do México até o sul, abrangendo toda a Península de Iucatã e aqueles que, hoje, são os países de Belize e Guatemala, assim como porções de Honduras e El Salvador. A civilização maia é reconhecida como um dos seis "berços da civilização", que parecem ter se desenvolvido em diversos lugares da Terra, em épocas diferentes, de modo independente uns dos outros. Os cinco restantes são a Mesopotâmia e as civilizações do Rio Nilo, do Rio Indo, do Rio Amarelo e dos Andes centrais no Peru.[18]

Os antigos maias tinham um complexo sistema de matemática e de escrita hieroglífica, um conhecimento avançado de ciclos cósmicos e uma história da criação muito desenvolvida. Esta é conhecida hoje como *Popol Vuh* e descreve o tema da criação humana de maneira muito semelhante à história contada em algumas das escrituras semitas originais. O *Popol Vuh* nos diz que a primeira tentativa de criação humana apresentou falhas. Tentativas subsequentes levaram a um refinamento do processo de criação.

O que estou querendo destacar aqui é o fato de que os maias, com um conhecimento avançado do cosmos (que só foi confirmado em meados do século XX), atribuíam sua existência a um processo consciente evocado por uma inteligência que já existia, e não a um processo espontâneo e aleatório da natureza. A descrição do *Popol Vuh* começa dizendo:

*Juntos fizeram um corpo, mas não estava bom...
Temos de tentar outra vez.*[19]

Os exemplos anteriores são apenas uma amostra de elementos comuns a muitos relatos antigos e mitos de povos indígenas sobre as

origens humanas. Embora esses relatos variem em pontos específicos, os temas gerais apresentam uma notável consistência. Eles nos dizem que:
1. Somos o produto de um ato intencional.
2. Estamos relacionados à existência maior de uma família cósmica.
3. Estamos impregnados com as características de nosso(s) criador(es).

São esses, precisamente, os temas que a Teoria da Evolução, em sua forma atual, não consegue explicar.

> Ponto-chave 22: Em um âmbito quase universal, tradições antigas e mitos de povos indígenas atribuem nossas origens ao resultado de um ato consciente e intencional.

EVOLUÇÃO? CRIACIONISMO? OU...?

A reflexão sobre o passado tem sido binária quando se trata da questão de nossas origens. Se a evolução não é nossa história, a alternativa tem sido a de aceitar automaticamente a história contada pelos criacionistas de um começo divino semelhante ao relato bíblico. Com esse tipo de pensamento, toda a "bagagem" de doutrina religiosa do lado criacionista da questão, assim como toda a "bagagem" dos fanáticos da ciência que agaram-se à teoria evolutiva fundamentalista, tornam quase impossível explorar uma terceira possibilidade. Não obstante, os estudos sobre o DNA nos dizem que existe uma terceira possibilidade.

O fato científico da mutação que tornou possível nosso gene FOXP2 e uma fala complexa, e a fusão do DNA que criou o cromossomo humano 2 e possibilitou a existência das avançadas funções cerebrais associadas a ele, assim como as evidências que sugerem que essas mutações não podem ser atribuídas apenas à evolução, tudo isso nos convida a pensar em alguma coisa além do criacionismo e da evolução quando se trata da origem de nossa espécie. Para os propósitos desta discussão, e para responder positivamente ao fato de que realmente ocorreram mutações, embora reconhecendo que algo mais que a evolução contribuiu para as mutações, vamos chamar nossa terceira possibilidade de *mutação dirigida*.

O nome diz tudo. Alguma força que não é atualmente levada em consideração na história científica é responsável pela precisão, pelo *timing* e pelo refinamento das mutações que nos fazem ser quem somos.

O mistério por trás das nossas origens

Essa força desconhecida dirigiu as mutações que agora a ciência comprovou existirem. E embora a expressão *mutação dirigida* destaque de maneira precisa o que descreve, ela também abre a porta para a pergunta óbvia que indaga quem, ou o que, é responsável por esse direcionamento.

Naturalmente, a simples consideração da possibilidade da mutação dirigida nos leva a um domínio historicamente reservado a explicações religiosas sobre nossa existência ou, em tempos mais recentes, a explicações envolvendo extraterrestres, as quais estão além do alcance da ciência – pelo menos como hoje a conhecemos. Como a ciência baseia-se em uma compreensão da natureza e das muitas expressões do mundo natural, uma explicação sobrenatural das origens humanas precisa, por definição, estar além da natureza e da compreensão científica.

Minha percepção, como cientista, é a de que a possibilidade da mutação dirigida encontra-se tanto além da Teoria de Darwin como além do criacionismo. Em vez de requererem uma explicação sobrenatural, creio que as evidências estão nos levando diretamente para uma compreensão nova e expandida do mundo natural e da própria natureza. Essa nova compreensão parece ter o potencial de nos catapultar para anos-luz além das visões limitadas sobre como passamos a existir e que adotávamos no passado. Em outras palavras, por meio da disposição de aceitarmos as verdades mais profundas de nossas origens nós podemos, finalmente, desvendar os mistérios mais profundos do cosmos e conhecer o lugar que ocupamos nele.

Esse caminho de investigação leva ao que alguns cientistas chamaram de caixa de Pandora de possibilidades – depois que a caixa foi aberta, seu conteúdo não pode ser reintroduzido nela novamente. A partir do mistério do que nos torna humanos, passando pelo pequeno número de genes descobertos pelo Projeto Genoma Humano, até o mistério das mutações que resultaram no gene FOXP2 e no cromossomo humano 2, a nova história humana está nos levando a procurar uma explicação sobre como nossos ancestrais se tornaram anatomicamente modernos – constituídos exatamente como nós –, o que vai além do puro acaso de genes afortunados e de mutações randômicas.

Nossa disposição para adotar a terceira opção, a mutação dirigida, nos coloca em cheio no domínio de campos ainda não medidos, de forças invisíveis e da inteligência invisível que a ciência sempre relutou em admitir no passado. E a mudança de maré começa aqui, quando se trata de encontrar a resposta científica para a pergunta: "Quem somos nós?". Quando admitimos novas interpretações das evidências existentes, as novas conclusões que emergem só podem servir para nos empoderar com novas possibilidades quando se trata da maneira como pensamos sobre nós mesmos e nosso potencial. Elas também nos trazem novas perspectivas a respeito de como vivemos nossa vida e resolvemos nossos problemas. Mas talvez o mais importante de tudo seja o fato de que elas têm o potencial de mudar nosso sentimento de valor próprio e nossa apreciação do valor de toda vida, em particular da vida humana.

Assim como atualmente dedicamos horas de nosso tempo para revirar arquivos empoeirados e sites genealógicos para que eles nos digam algo sobre o passado de nossa família e nos permitam, assim, compreender melhor a nós mesmos como indivíduos, acredito que também ansiamos por nos conectar com a verdade mais profunda sobre de onde viemos como seres humanos. Experimentamos um sentimento muito intenso de pertencimento e, com frequência, um sentimento de orgulho quando exploramos nossas linhagens e aprendemos as coisas que nossos ancestrais realizaram e tiveram de superar para tornar nossa vida possível atualmente. E esse mesmo sentimento de orgulho e de pertencimento surge quando descobrimos que nossa vida é fruto de um ato consciente de mutação dirigida.

Tenho conversado com biólogos, antropólogos e outros estudiosos e professores da comunidade científica destacando precisamente as evidências que compartilhei com o leitor nos capítulos anteriores e suas implicações. A reação deles se tornou previsível. A princípio, quando ouvem minha sugestão de que a evolução não é a história científica de nossas origens, acham que não estou falando sério. Depois, quando percebem que não estou de modo algum brincando com o que estou sugerindo, mudam o tom da conversa e a expressão de seus rostos. Alguns ficam agressivos e indignados. Levam o que eu digo para o lado pessoal e perguntam por que, sendo amigo deles, eu trabalharia para solapar suas décadas de ensino e suas reputações.

Outros, com frequência na mesma conversa, ficam calados e distantes. Às vezes me dizem, em particular, que sabiam que uma conversa dessas aconteceria, só não sabiam quando. Tinha de ocorrer, me dizem, porque descobertas que foram, em certo momento, classificadas como anomalias continuaram a se acumular tão rapidamente que isso deixou claro que a ciência tomou o caminho errado quando quis resolver o mistério de nossa origem. E na base da história da vida humana que vem emergindo recentemente, há outra história que está se desdobrando, na escala imensa do próprio universo, que descreve um tipo de vida diferente.

O PENSAMENTO PARA O QUAL UM UNIVERSO VIVO ESTÁ MORTO

Por mais de 300 anos, a história científica da origem do nosso universo tem nos levado a acreditar que vivemos em um universo "morto". A partir dessa perspectiva, o cosmos é feito de matéria inerte, como a poeira de estrelas que explodiram ou os restos de asteroides que colidiram ou de planetas que se desintegraram. Em um universo morto, não há lugar para a vida e nem razão para viver. Mas novas descobertas em pesquisas de ponta estão nos dando razões muito boas para repensar a história do universo morto, o que significa que a vida, afinal, pode ter um propósito.

Na linha de frente das definições de como o novo paradigma científico de um universo vivo pode afetar nossa vida diária está a pesquisa sociológica de Duane Elgin. A filosofia de Elgin, baseada em evidências estabelecidas na comunidade científica, aceita que o universo é uma entidade viva que está crescendo e evoluindo, e não um sistema sem vida. Ele nos mostra que a maneira como pensamos sobre o universo e o lugar que ocupamos nele está no próprio fundamento da maneira como vivemos nossa vida e resolvemos nossos problemas, em especial como tratamos uns aos outros.

Se fosse verdade que vivemos em um universo morto, teria realmente sentido fazer o que já fizemos no passado, que é explorar, no mais alto grau, cada recurso disponível e aproveitar as recompensas que esses recursos possam nos proporcionar. Nas palavras de Elgin, isso corresponde à nossa crença segundo a qual estamos em um universo sem vida, "tirando vantagem do que está morto em benefício do que vive. Consumismo e exploração são resultados naturais da perspectiva de um universo morto".[20] É como a humanidade tem vivido até agora, com raras exceções.

Não é coincidência o fato de que a descrição feita por Elgin do consumismo e da exploração dos recursos, em parte predatória, reflete o mundo em que nos encontramos hoje. Assim como a Teoria da Evolução nos levou a acreditar que a vida humana é resultado de eventos casuais, também fomos levados a pensar no universo como um recurso que é nosso para dominar e explorar.

O problema dessa mentalidade é que, em última análise, ela tem nos levado ao esgotamento de recursos naturais, a formas insustentáveis de produção de alimentos e a conflitos sobre recursos escassos que estão hoje na raiz de muito sofrimento.

Mas Elgin acredita que somos parte de um sistema vivo e que conhecer a verdade mudará a maneira como nos relacionamos uns com os outros e nos guiará rumo a um estilo de vida cooperativo e mais sustentável. Os paralelismos que existem por todo o universo, em cada sistema vivo conhecido, tornam essa visão digna de crédito. De micróbios a redes neurais, de ecossistemas ao comportamento de populações inteiras, todos os sistemas vivos, apesar de seu tamanho, mostram características que evidenciam o compartilhamento de energia e de informação. Em apoio à sua teoria, Elgin descreve como o universo é:

- Completamente unificado, sendo que quaisquer partes que queiramos nele destacar são capazes de se comunicar instantaneamente entre si de maneira não local, que transcende os limites da velocidade da luz.
- Sustentado pelo fluir de uma quantidade de energia inimaginavelmente grande.
- Livre em seus níveis mais profundos, seus níveis quânticos.[21]

Embora admita prontamente que essas características, em si mesmas e por si mesmas, não significam que sejamos parte de um universo vivo, Elgin observa que cada fato se soma a um crescente corpo de informações que sustenta sua teoria.[22] Por extrapolação, como seres vivos, fazemos parte dessa troca de energia e de informação. Nossa existência tem um propósito maior do que pagarmos nossas contas em dia.

Ponto-chave 23: Um conjunto cada vez maior de evidências sugere que existimos como parte de um universo vivo e vibrante, que não é composto apenas de poeira inerte, gás e espaço vazio.

EM UM UNIVERSO VIVO, A VIDA TEM UM PROPÓSITO

Faz sentido que sistemas vivos apareçam com frequência e de muitas maneiras diferentes em um universo vivo. Faz sentido porque a própria vida é a força que está acionando o sistema. Descobrir que existimos como seres vivos no contexto de um sistema vivo ainda maior sugere que nossa vida diz respeito a algo mais que simplesmente nascer, desfrutar de alguns anos na Terra e morrer. Sugere que em algum lugar, subjacente a tudo o que sabemos e vemos, nossa vida tem um propósito.

E é para esse lugar que a nossa história nos leva, para além do domínio da ciência comprovada.

> Ponto-chave 24: Se somos resultado de algo mais que o puro acaso, então faz sentido reconhecer que nossa vida diz respeito a algo mais do que apenas sobreviver, pois indica, isso sim, que nossa vida tem um propósito.

Como sociedade, encontramo-nos agora na intersecção de duas maneiras de pensar sobre nós mesmos e o universo em que vivemos. O universo vivo de Elgin nos oferece o grande quadro da vida tendo um propósito de cima para baixo – desde a escala macro do próprio universo como entidade viva, dentro do qual, na escala micro, as células vivas que constituem nosso corpo se expressam. As descobertas que compartilho neste livro oferecem evidências de baixo para cima – a partir do mundo micro do DNA em mutação, produzindo expressões de vida mais complexas no contexto macro do universo vivo de Elgin.

Quando consideramos o universo como uma coisa viva, isso muda tudo. As palavras de Elgin oferecem uma bela visão dessa perspectiva.

> Em um universo vivo, nossa existência física é permeada e sustentada por uma força vital (*aliveness*) que é inseparável do universo maior. Ver a nós mesmos como parte do tecido ininterrupto, contínuo, da criação desperta nosso sentimento de conexão com a totalidade da vida e nossa compaixão por ela. Reconhecemos nosso corpo como um veículo precioso, biodegradável, para adquirirmos experiências cada vez mais profundas dessa força vital.[23]

Podemos encontrar aqui nossa resposta à questão do propósito da vida. A existência de um universo vivo nos diz que somos parte do mundo à nossa volta, que não estamos separados dele, e que a vitalidade que nos anima é parte de uma vitalidade maior. E como o próprio objetivo da vida no universo é crescer, mudar e se perpetuar, são precisamente essas as qualidades que deveríamos nos esforçar para adotar durante todo o decorrer de nosso tempo neste mundo como seres humanos.

Por meio de cada experiência com que nos defrontamos na vida – por meio das satisfações e das frustrações de cada emprego em que trabalhamos, por meio do êxtase e da mágoa de cada relacionamento íntimo, por meio da alegria indescritível de trazer uma criança a este mundo ou da dor insuportável de perder um filho, por meio da escolha em acolher outra vida humana e da capacidade para salvar uma vida, por meio de cada guerra que criamos e de cada vez que damos fim a uma guerra – em todas essas experiências e em tantas outras, aprendemos a nos conhecer melhor como indivíduos e como espécie.

Em um nível inaudito, possivelmente subconsciente, podemos estar criando precisamente essas experiências para nos lançarmos ao limite mesmo do que acreditamos ser verdade sobre nós e do que é possível na vida. E cada vez que nos colocamos em nosso limite e progredimos, descobrimos que há mais para saber. Conseguimos experimentar nossa vitalidade, e desfrutá-la, se assim o decidirmos.

Essa é a própria definição de um universo vivo e do papel que desempenhamos nele. Nossa vida, nossa existência é a nossa maneira de infundir a essência de nossa experiência singular em uma entidade já viva e extremamente diversificada. Talvez Ray Bradbury o diga melhor:

> Somos o milagre de força e matéria se transformando em imaginação e vontade. Incrível. A força vital fazendo experiências com formas. Você por um. Eu por outro. O universo gritou que está vivo. Somos um dos gritos.[24]

Dentro dos limites que a ciência estabeleceu hoje para si mesma, não há mais uma maneira direta de conhecer com certeza qual é o sentido da vida. Podemos, no entanto, estar recebendo de forma indireta uma resposta à questão que indaga sobre o sentido da vida; ela pode estar escondida em plena luz. Podemos descobrir que a própria existência de nossas capacidades avançadas – intuição, simpatia, empatia e compaixão – contém a chave para resolver esse mistério.

A obra científica de Albert Einstein levou-o exatamente a essa conclusão. Como acontece com tantos cientistas que se esforçam para desvendar os mistérios mais profundos de nossa existência, quanto mais fundo suas descobertas os levam, mais eles reconhecem que há, na existência humana, algo mais do que aquilo que um universo estéril e sem sentido produziria por acidente. Quando perguntaram a Einstein sobre o significado de nossa vida, sua resposta foi elegante. Incluí um trecho relativamente longo dos pensamentos de Einstein para dar contexto à resposta que coloquei em itálico.

> *Um ser humano é uma parte do todo que chamamos de "universo", uma parte limitada no tempo e no espaço. Ele experimenta a si mesmo, a seus pensamentos e sentimentos como alguma coisa separada do restante – uma espécie de ilusão de óptica de sua consciência. Essa ilusão é uma espécie de prisão para nós, restringindo-nos aos nossos desejos pessoais e ao afeto por algumas pessoas mais próximas.* Nossa tarefa precisa ser a de nos libertarmos dessa prisão ampliando nosso círculo de compaixão de modo a incluir todas as criaturas vivas e a totalidade da natureza em sua beleza. *Ninguém é capaz de alcançar completamente isso, mas o esforço por atingir esse objetivo é em si mesmo parte da libertação e uma base para a segurança interior* [a ênfase é do autor].[25]

A beleza da declaração de Einstein está no fato de que ela transcende os números, a estatística e a lógica. É uma resposta puramente intuitiva a uma questão científica séria. É também um exemplo perfeito de como avanços na ciência moderna nos colocaram no limite do que a ciência pode dizer com certeza. Há um lugar – uma fronteira tácita – onde os detalhes técnicos da explicação científica fracassam ao tentar descrever a vida. Isso acontece porque somos mais do que células, carne e ossos. Há uma qualidade na vida humana que simplesmente não pode ser definida em termos puramente científicos, como a ciência pretende fazê-lo atualmente. E é essa qualidade que tem o potencial de nos levar a compreender as verdades mais profundas de nossa existência.

A aceitação, pela comunidade científica, do fato de que a evolução não pode mais definir nossa história, dizem alguns, seria como se uma bola de demolição aparecesse um dia e derrubasse 150 anos de investigação e trabalho árduo, além de vidas dedicadas ao ensino que esse trabalho criou. Sem dúvida posso entender por que algumas pessoas pensariam assim. Nenhuma dessas pessoas quer ver as bases de seu trabalho serem demolidas.

Mas também posso reconhecer algo muito diferente acontecendo. Por mais importante que seja a ciência no mundo de hoje, quando empurramos as fronteiras do conhecimento científico até os extremos de sua capacidade para definir o mundo, descobrimos o limite de sua capacidade para nos ser útil. E é nesse âmbito que a ciência, como a conhecemos atualmente, desmorona. Há qualidades da vida humana que simplesmente não podem ser medidas e definidas com precisão.

A CIÊNCIA NÃO PODE MEDIR A CAPACIDADE DE AMAR

Sob alguns aspectos, podemos ter um apreço exagerado pela ciência. Podemos dar demasiado crédito ao que acreditamos que a ciência pode realizar. Talvez tenhamos alçado a ciência e o método científico a um pedestal tão elevado que simplesmente presumimos que a ciência já tem as respostas ou que tem o potencial para resolver os mistérios mais profundos da vida, como o propósito da vida individual. E, se for esse o caso, talvez isso aconteça porque estamos esperando demais da ciência quando se trata de responder à pergunta: "Quem somos nós?".

O filósofo alemão Karl Jaspers lembra-nos disso quando diz: "Os limites da ciência sempre foram fonte de amarga decepção quando as pessoas esperavam algo da ciência que ela não era capaz de fornecer".[26]

A "amarga decepção" a que Jaspers se refere pode ser exatamente a fonte da frustração que vemos na comunidade científica quando se trata de reconciliar novas descobertas com a teoria existente sobre as origens humanas. Podemos estar pedindo que a ciência faça algo que ela não pode fazer e que nunca esteve destinada a fazer. Digo isso por causa da natureza da própria ciência. A ciência pode apenas nos dizer *como* as moléculas de nosso corpo se comportam agora e como se comportaram no passado. Mas a ciência não pode nos dizer *por que*, lá no início, essas moléculas apareceram.

Uma das razões pelas quais a ciência é incapaz de nos proporcionar essa resposta está no fato de que a informação científica tem por base eventos que são observados na natureza ou reproduzidos em laboratório para comprovar uma teoria. O fato é que ninguém que esteja vivendo atualmente testemunhou o momento em que a primeira vida humana apareceu na Terra. E no laboratório, o processo que tornaria possível um evento tão incrível nunca foi reproduzido.

Embora existam relatos escritos sobre a criação do ser humano associados a tradições religiosas, feitos muito tempo depois do fato, não há hoje nenhum registro de primeira mão do momento efetivo da criação do ser humano – de lá só nos chegou a própria criação de nós mesmos. Se quisermos resolver "o porquê" de nossa origem em um universo vivo, teremos de olhar *além* do processo de como chegamos ao lugar em que estamos hoje e considerar o que ganhamos com nossa jornada.

Fazer isso talvez não seja tão difícil quanto parece. As pistas que nos levam a saber se há um sentido para a vida podem estar facilmente acessíveis dentro de cada um de nós, onde elas sempre estiveram. Vivem dentro de cada um de nós nas extraordinárias aptidões que nossa constituição genética nos proporciona e na maneira como somos capacitados por uma rede neural expandida de comunicação coração-cérebro.

> Ponto-chave 25: Nossas capacidades para a intuição profunda, a simpatia, a empatia, a compaixão e a autocura, que nos permitem viver um tempo suficientemente longo para compartilhar tais capacidades, atuam como a agulha de uma bússola que nos indica claramente o propósito de nossa vida.

Nenhuma outra forma de vida sobre a Terra tem a capacidade de amar de modo desinteressado, de adotar a mudança ao escolher um caminho saudável, de se autocurar, de autorregular sua longevidade ou de ativar a resposta imunológica quando precisar. E nenhuma outra forma de vida tem a capacidade de experimentar a intuição profunda, a simpatia, a empatia e, em última análise, a compaixão, todas elas expressões de amor – e de fazê-lo simplesmente quando isso seja solicitado. Essas experiências especificamente humanas nos dizem que nossa vida tem um propósito e esse propósito consiste simplesmente em aproveitar essas aptidões para, em sua presença, conhecermos a nós mesmos.

PARTE II

o despertar da nova história humana

capítulo cinco

Nossa "Fiação" Está Pronta para a Conexão

O Despertar dos nossos Poderes de Intuição, Empatia e Compaixão

"O único tempo que nós desperdiçamos é o tempo que passamos pensando que estamos sozinhos."

– Mitch Albom (1958), escritor e jornalista norte-americano

Você já experimentou um desses momentos em que, de repente, você e o universo inteiro parecem uma coisa só? Em um momento, você se ocupa com rotinas mundanas da vida cotidiana e, no momento seguinte, inesperadamente, você se sente em completa e total harmonia com toda a vida, com todas as pessoas e com o mundo inteiro. Talvez você estivesse sentado em seu carro ou caminhão diante de um semáforo, esperando que a cor mudasse do vermelho para o verde. Ou talvez estivesse apenas olhando pela janela do carro enquanto esperava para pegar seus filhos na escola.

Não importa a situação, é geralmente quando você não está concentrado em nada em particular que "a coisa" [*it*] acontece. É quando você está *entre* pensamentos, e não focado em algo específico, que uma sensação sai de um lugar bem fundo dentro de você e jorra através da superfície. Talvez seu corpo se encha de calor. Talvez os pelos de seus braços fiquem arrepiados ou você sinta uma comichão na nuca. Então, de repente, é como se o véu entre os mundos se escancarasse e você ganhasse uma poltrona na primeira fila para assistir ao significado de sua vida, recebendo respostas a todas as suas perguntas e vendo com clareza o mapa que lhe indica a rota até seu destino.

Então, não menos subitamente do que quando começou, a coisa termina. O sinal fica verde. O motorista atrás de você aciona a buzina, apressando-o a atravessar o cruzamento. E *puff!* Exatamente assim, a claridade do que você via segundos atrás se evapora. Já era! E você é obrigado a se concentrar no mundo do cara buzinando atrás do seu carro e do que vai preparar para o jantar. E fica também se perguntando para onde foi a clareza de sua profunda e aguçada percepção sobre o sentido da vida.

CONECTADOS COM TUDO EM TODO LUGAR

Embora o cenário acima possa parecer um pouco exagerado, provavelmente o exagero não chega a ser muito grande. Todos nós já tivemos momentos de clareza cristalina; é quando sentimos que estávamos "na zona". Sentimos que estamos precisamente onde devemos estar, no momento exato em que devemos estar, em perfeita harmonia e sintonia com o mundo. Pode parecer que o tempo não existe quando estamos na zona porque não estamos pensando em nada. E essa é a chave. No momento em que começamos a analisar nossa experiência, a zona entra em colapso. Ela o faz porque, quando pensamos, somos atirados do lugar natural "de destino" [*go-to*] de nossa percepção, quando não estamos pensando em nada – o coração –, para o lugar onde precisamos nos esforçar a fim de manter nosso foco – a mente.

A zona, que nos proporciona um sentimento de conexão, confiança, conhecimento pleno e paz, é um estado natural do ser que conhecemos como *intuição*, que começa em nosso coração. A intuição baseada no coração contorna a razão e a lógica convencionais do cérebro pensante. Acessa alguma coisa que é mais profunda e mais antiga que o raciocínio abstrato, embora, para a maioria das pessoas, a intuição desperte um sentimento familiar. Quando pensamos nessa familiaridade, ela não deveria nos causar surpresa. A intuição é a linguagem interna que nosso corpo tem usado para se comunicar conosco desde o nosso nascimento. Nós a sentimos em nossas células muito antes de aprendermos a falar com nossa voz. Por isso, faz todo o sentido que essa forma extremamente primordial de comunicação – o sentimento intuitivo – seja a linguagem utilizada por nosso corpo para comunicar mensagens vitais relativas à confiança, segurança e sobrevivência.

Os exemplos citados, dos momentos em que experimentamos harmonia e conectividade não intencionais enquanto não estamos fazendo nada em particular, ilustram um tipo específico de intuição: a *intuição espontânea*. É o tipo de intuição que vem a nós quando quer. É também o tipo que parece nos deixar quando quer – geralmente antes de estarmos preparados. Surge a pergunta: "Podemos desencadear essa poderosa forma de intuição intencionalmente, no momento que mais precisarmos dela? Como podemos ativar a intuição profunda quando achamos que é necessário fazê-lo?".

O IMPULSO PARA SE CONECTAR

Às vezes, nossos lampejos de intuição espontânea se revelam de maneira simples, como quando pegamos o telefone para ligar para um amigo ou alguém que amamos e descobrimos que a pessoa também estava tentando nos ligar. Houve uma época em minha vida em que experimentei esse tipo de intuição com minha mãe. Seguíamos o permanente ritual de dar um telefonema todo domingo. De onde quer que eu estivesse no mundo, não mediria esforços para ligar para minha mãe, atualizar-me sobre o que havia acontecido com ela durante a semana e compartilhar o que havia acontecido comigo.

Depois que se divorciou de meu pai, em meados da década de 1960, minha mãe optou por viver sozinha. Como as visitas que fazíamos um ao outro eram poucas e muito espaçadas, eram os telefonemas semanais que nos mantinham em contato. Um mistério que acontecia com frequência durante esses telefonemas dominicais ilustra o tipo de intuição que estou descrevendo neste capítulo. Quando eu pegava o receptor com a intenção de discar o número de minha mãe, já ouvia sua voz na linha sem que o telefone tivesse sequer tocado.

"Oi", dizia ela. "É a mamãe."

"Eu sei", era a minha resposta. "Eu ia agora mesmo discar o seu número, mas você já está aqui."

Ela se mostrava menos surpresa que eu com esse evento, e mais brincalhona.

"É isso", dizia. "Estamos conectados mesmo... telepatia! Nossa percepção extrassensorial está funcionando hoje!"

Ríamos, e essa era sempre uma boa maneira de começar a pôr em dia nossa conversa sobre a semana.

Estou compartilhando aqui a história sobre a minha mãe para ilustrar um ponto-chave. A conexão entre duas pessoas que torna possível essa chamada telefônica simultânea não é produto de um pensamento consciente. Não é como fazer um agendamento por escrito para ligar em um certo dia e em determinada hora. De fato, é quase impossível criar conscientemente uma conexão tão profunda. É o processo de pensar quando e onde devo fazer a chamada que cria a interferência, impedindo que a conexão intuitiva aconteça.

Quando pego o telefone para ligar para minha mãe, no momento em que faço isso, o que ocorre é que estou reagindo a uma sugestão subconsciente. É mais uma sensação de que está na hora de ligar do que o pensamento *agora está na hora de fazer minha chamada*. Estou cuidando de minha rotina diária normal e, de repente, tenho um impulso – um ímpeto, ou ansiedade, intuitivo – de pegar o telefone e fazer a chamada no instante preciso em que o faço. E é *porque* estou respondendo a uma sugestão intuitiva que não é raro minha mãe já estar na linha. A intuição que me faz pegar o telefone reage à sua expectativa de que estamos prestes a nos conectar. Se eu pensasse em fazer a chamada e realmente a fizesse um mero segundo mais cedo ou mais tarde, perderia o momento e jamais faria a conexão intuitiva com minha mãe.

Quando se trata de experiências intuitivas em nossa vida, quase de imediato descobrimos dois temas universais:

- Em geral, o impulso para fazer a conexão não é um pensamento consciente.
- O impulso mútuo para a conexão surge espontaneamente quando não o estamos procurando nem esperando por ele.

É INTUIÇÃO OU INSTINTO?

Depois que experimentamos uma profunda conexão intuitiva em nossa vida, como a sabedoria que surge diante de um sinal fechado ou no contato telefônico que eu compartilhava com minha mãe, e quando a experiência termina, afloram perguntas: "Será que vai acontecer novamente? E se acontecer, quando será? Vamos simplesmente esperar que o universo nos dê um tapinha no ombro, torcendo para que a próxima experiência intuitiva esteja disponível quando precisarmos dela, ou será que a coisa não é bem assim? Estamos, de algum modo, empoderados para ativar nossas conexões intuitivas quando quisermos?".

São boas perguntas. E por mais diferentes que possam parecer umas das outras, a resposta para cada uma delas pode ser encontrada no mesmo lugar. Tudo gira em torno da maneira como cada um de nós experimenta a intuição. A própria palavra *intuição* significa coisas diferentes para diferentes pessoas.

Vamos então começar pelo princípio. O que é intuição e como ela aparece em nossa vida?

Intuição é um conhecimento direto que resulta da maneira como recebemos percepções sensoriais, conscientes e subconscientes. Como mencionamos anteriormente, o fundamental aqui é que nossa intuição não está baseada em raciocínio. Na realidade, há uma avaliação subconsciente do momento presente com base em fatores que podem incluir nosso jogo de cintura do dia a dia, nossa experiência pessoal e nossos sentidos físicos, assim como o instinto, quando nos dá uma percepção que não é expressa de modo lógico. Por meio de nossa intuição, podemos tirar proveito desses fatores e processá-los com rapidez sem dispor de tempo para realmente pensar neles. Essa consciência é às vezes descrita como a bússola da alma, porque nos ajuda a saber o que é certo e verdadeiro para nós em um dado momento. O escritor norte-americano Dean Koontz descreve bem esse sentimento ao declarar: "Intuição é ver com a alma".[1]

No entanto, há uma diferença entre a experiência da intuição e o fenômeno do instinto, a ela relacionado. O *instinto* é a maneira pela qual a natureza nos informa com rapidez a respeito do que é melhor para nós e como reagir no momento presente por meio de respostas que são "pré-ajustadas" ou conectadas "por fiação" [*hardwired*] à nossa mente subconsciente. Nossos instintos baseiam-se em experiências do passado. E embora o passado que está nos informando possa ser, às vezes, nosso passado pessoal, ele também pode incluir o passado coletivo das reações de nossos ancestrais a situações semelhantes. Uma coisa que foi experimentada muitas vezes por diversas pessoas fica profundamente enraizada na psique coletiva.

Um exemplo disso seria um medo infantil inato de ser deixado sozinho no corredor de um supermercado, mesmo que apenas por alguns segundos, enquanto nossa mãe ou nosso pai se afastam alguns passos para pegar um enlatado. No breve instante em que as crianças olham em volta e percebem que o pai ou a mãe não estão ali, sua reação na maioria das vezes é previsível. É comum que fiquem aflitas e chorem, ou mesmo que gritem, apavoradas, ao perceber que de repente ficaram sozinhas.

O que torna esse exemplo tão eloquente é que as crianças podem, de fato, estar sentindo perigos muito reais, mesmo que nunca tenham tido uma má experiência no passado para justificar seus medos. Quando algo desse tipo acontece, há uma boa chance de que o medo da criança esteja baseado no instinto.

Nossas reações instintivas têm por base a experiência coletiva de muitas pessoas, no decorrer de várias gerações, as quais aprenderam, como no exemplo precedente, que é mais seguro estar com outros em um ambiente familiar do que estar sozinho em um lugar estranho. O medo da criança é um instinto primordial compartilhado para a segurança e a sobrevivência, que nos estimula em um nível subconsciente.

Nossos instintos geralmente não levam em consideração os fatores de conhecimento pessoal e de experiência que poderiam influenciar uma reação subconsciente. Nossos instintos conseguem nos dizer, por exemplo, que precisamos dar golpes e nos defender contra amigos ou colegas de trabalho que, com base no que sentimos, teriam nos atacado com suas críticas. Se a ponta da lança de pedra de um desconhecido que entrou em nossa caverna 10 mil anos atrás nos faz sentir ameaçados ou se experimentamos, de fato, a "ponta da lança" da crítica contundente de alguém que conhecemos hoje, o instinto é o mesmo – quando nos sentimos atacados, reagimos com vigor e rapidez para nos defendermos. Na mesma situação, porém, a intuição pode nos dizer que uma reação mais branda, mais comedida, é mais apropriada.

Como nossa intuição está levando em conta fatores adicionais além dos nossos instintos, cuja "fiação" se articula ao nosso subconsciente, podemos responder de um modo mais ponderado e menos ofensivo. Um exemplo disso estaria na história pessoal que temos com uma pessoa que esteja nos criticando, nosso conhecimento de que ela realmente se preocupa conosco, por exemplo, e que aquilo que percebemos como ataque pessoal pretendeu, na verdade, ser uma crítica construtiva. Em um cenário como esse, o instinto para nos defendermos ainda está presente, mas temos a sabedoria intuitiva de moderar nossa reação. Podemos deixar o amigo ou o colega de trabalho saber que nos sentimos atacados por sua crítica sem contra-atacar de um modo ofensivo. Ajustar dessa maneira nossa reação ao momento tem o potencial de impedir que provoquemos um dano irreparável ao nosso relacionamento.

> Ponto-chave 26: A *intuição* é uma avaliação em tempo real que recorre à experiência pessoal e passada, a sugestões e pistas sensoriais e ao jogo de cintura do dia a dia, e o *instinto* é uma reação que emerge do nosso subconsciente, por meio da "fiação" que os articula, como um mecanismo de sobrevivência.

CONHECENDO A DIFERENÇA

Embora possamos não nos lembrar das reações que tínhamos na infância quando éramos deixados sozinhos, costumamos nos encontrar, quando adultos, em situações nas quais nossos instintos nos dizem que algo não está certo e que talvez estejamos em perigo. A sensação incômoda que nos invade quando estamos andando por uma rua escura, em um local desconhecido, à uma da manhã, é um exemplo perfeito disso. Mesmo que nunca, em nenhum lugar do mundo, tenhamos passado por uma experiência ruim ao caminhar por uma rua escura tarde da noite, outras pessoas passaram. Somando-se às preocupações cotidianas que podemos relacionar a uma determinada rua ou região da cidade, nosso medo instintivo é, em grande medida, uma reação subconsciente baseada nas experiências acumuladas de muitas pessoas que caminharam nas mesmas condições, em ruas escuras, tarde da noite, durante centenas de gerações.

Do mesmo modo como pode ser assustador para uma criança estar sozinha em um lugar estranho, ruas escuras com frequência significam situações perturbadoras para quem, no passado, caminhava sozinho por elas, e hoje temos as mesmas preocupações. É sob o manto da noite, quando há menos pessoas nas ruas, que é mais fácil ser surpreendido por alguém com más intenções. Quando nos vemos caminhando sozinhos, tarde da noite, por uma rua escura, nossos instintos despertam para nos lembrar de nossa experiência coletiva e nos preparar para a possibilidade de termos uma experiência semelhante nesse momento.

Estou fazendo aqui a distinção entre intuição e instinto por causa da maneira como a intuição acontece. Em vez de reagir exclusivamente a partir de um acervo de experiências passadas, quando nossa intuição entra em cena, ela nos informa a respeito do que é verdade agora, no presente momento. Pode fazer isso com muita rapidez porque, em tempo real, não precisa ser permeada através dos filtros de todas as experiências de ruas escuras em nosso passado coletivo ou dos últimos relatos de jornal sobre crimes locais. Nossa intuição começa em nosso coração – mais especificamente, com o pequeno cérebro em nosso coração, uma coleção de células especializadas que pensam, sentem e se recordam independentemente de nosso cérebro ou de nossos instintos viscerais.

Nossas reações intuitivas e nossos instintos podem às vezes se contradizerem mutuamente, e é fácil ficarmos confusos quando estão, ao mesmo tempo, nos indicando direções diferentes. Enquanto o instinto pode estar nos dizendo que a escuridão na rua não é segura, o coração talvez esteja nos dizendo que, em uma determinada rua, e em um determinado momento, estamos seguros. Então, o que devemos fazer em uma situação dessas? Como vamos saber que voz está vindo de nossas vísceras e que voz vem de nosso coração – e qual delas devemos seguir?

Embora todos nós experimentemos instinto e intuição em uma base quase diária, descobrimos nossos maiores níveis de autodomínio quando podemos discernir um do outro e reconciliá-los em nossa vida. Para isso, precisamos ter uma compreensão clara de onde, precisamente, vem a intuição.

O OLHO ÚNICO DO CORAÇÃO

Parte da minha herança é cherokee, do sudeste dos Estados Unidos. No idioma cherokee, há uma expressão para a intuição que já existe dentro de cada um de nós além da lógica e da razão: *chante ishta*, que é pronunciada "chauntei íchita". Assim como a palavra sânscrita *prana* não tem equivalente na língua inglesa, nem em português, e precisa ser traduzida livremente como "força vital", *chante ishta* não tem tradução direta. Uma aproximação de seu significado é "olho singular do coração" ou "olho único do coração".

Chante ishta é a informação que vem da sabedoria natural do coração. Outra maneira de dizer isso é destacar que a intuição é um entendimento que se tornou possível graças às células especializadas que formam o cérebro secundário no coração. As células do nosso coração estão "plugadas" [*wired*] na faculdade de sentir o momento presente e de nos informar sobre nosso ambiente imediato. E, apesar de nosso cérebro poder ouvir e responder ao que as células do nosso coração detectam, ele não necessariamente precisa de fazê-lo.

Temos a capacidade de ouvir a sabedoria do coração independentemente do cérebro e de nossas reações instintivas e aprendidas. A chave está na procura de não filtrar as informações que estamos recebendo do coração por meio de uma biblioteca subconsciente de instintos. O valor de tal sabedoria está no fato de que ela nos oferece uma perspectiva clara sobre as ações das pessoas, os acontecimentos da vida e as situações que estão além das polaridades de julgamento, além dos preconceitos e além do medo.

O SÁBIO USO DO PODER

O coração não tem conhecimento das normas de comportamento social ou das legalidades estabelecidas por legisladores locais e federais. Não conhece o certo ou o errado da cultura, da sociedade e da política, nem conhece o politicamente correto. O olho único do coração conhece apenas o que é verdade para você em um dado momento do tempo. Ele lhe oferece um ponto de referência quando não há ninguém a quem perguntar ou a quem recorrer e quando você está enfrentando uma escolha difícil em sua vida. Ao agir assim, a sabedoria do coração lhe oferece um relato sem filtros, sem censura e não tendencioso de sua situação imediata.

Dito isso, qualquer coisa que nos capacite para a vida é acompanhada de uma responsabilidade. Quando se trata do poder da sabedoria do coração, somos responsáveis por usar nosso poder com sabedoria, bom senso, de uma maneira que é honrosa para conosco e bondosa para com os outros. O que estou dizendo aqui é que a intuição do coração pode ser um guia útil na vida, mas não serve de base para um manual de vida com regras rígidas pelas quais sejamos escravizados.

Cabe a você aplicar com sabedoria o que o coração lhe diz, equilibrando sua intuição de maneira saudável e responsável, e que faça sentido nas circunstâncias do momento.

A CIÊNCIA DA INTUIÇÃO

Muitas descobertas recentes relativas à intuição e ao que ela significa em nossa vida foram feitas por cientistas no Instituto HeartMath. De maneira semelhante às conclusões a que chegaram cientistas no início do século XX, o que os modernos estudos realizados no IHM sugerem é que há, no funcionamento do coração, um propósito muito mais profundo e muito mais sutil do que fora anteriormente reconhecido.

Se pudéssemos compreender as condições do corpo que dão suporte à intuição, conseguiríamos recriá-las quando quiséssemos, em vez de ficar esperando que elas se manifestassem ocasional e aleatoriamente, como acontecia com os telefonemas de minha mãe. Felizmente, depois de duas décadas de investigação, pesquisadores do IHM desenvolveram as técnicas para nos ajudar a fazer exatamente isso. Um estudo que realizaram em 2007 forneceu algumas das primeiras evidências científicas relativas ao que acontece em nosso coração e cérebro durante momentos intuitivos e sugere como podemos recriar intencionalmente essas condições.

O objetivo do estudo do IHM era investigar uma das mais fortes conexões emocionais que sabemos existir: o laço intuitivo entre mãe e filho. Com base em descobertas anteriores, as quais nos mostravam que "sinais gerados pelo coração têm a capacidade de afetar outros ao nosso redor",[2] foram utilizados, nesse estudo em particular, monitores para medir tanto as ondas cerebrais da mãe (como em um EEG [eletroencefalograma] convencional) como o batimento do coração do bebê (o que é feito em um ECG [ecocardiograma] convencional, às vezes conhecido como EKG) enquanto a mãe segurava o filho no colo. O que os cientistas previam era que a interação entre os campos elétricos do coração do bebê e do cérebro materno alertasse a mãe a respeito das necessidades do bebê.[3]

De início, nenhuma influência das batidas do coração do bebê foi detectada no cérebro da mãe. No entanto, quando se pediu à mãe para focalizar sua atenção especificamente no bebê, o padrão ondulatório se alterou em seu cérebro de um modo profundo e inesperado. *Quando a mãe concentrou sua atenção no bebê, a batida do coração dele se espelhou nas ondas cerebrais da mãe.* O estudo concluiu que o ato intencional de deslocar sua percepção para o bebê tornou a mãe mais sensível e sintonizada com os sinais eletromagnéticos do coração de seu bebê.[4]

Embora esse estudo seja significativo para muitas áreas de nossa vida, a razão que me levou a compartilhá-lo aqui é mais bem resumida pelas palavras dos próprios cientistas: "Essas descobertas têm implicações intrigantes, sugerindo que uma mãe em um estado de coerência psicofisiológica tornou-se mais sensível às informações eletromagnéticas sutis codificadas nos sinais eletromagnéticos de seu bebê".[5] A *coerência* pode ser definida como uma harmonia energética que é estabelecida como um sinal elétrico entre dois órgãos do corpo – neste caso, entre o coração e o cérebro da mãe.

Estudos posteriores realizados pelo próprio IHM e outras instituições de pesquisa sugerem agora que o tipo de conexão intuitiva demonstrado pela mãe e seu bebê pode ser expandido de modo a incluir nossa capacidade para sintonizar nossas ondas cerebrais até os sutis campos de energia de outras pessoas, o que pode ocorrer por motivos que vão da prece voltada para o apoio emocional e a cura até conexões informacionais, independentemente da distância que nos separa delas.

Talvez não surpreenda o fato de que os resultados desse estudo tenham paralelismo com o que costumava acontecer entre mim e minha mãe durante nossos telefonemas nas tardes de domingo. Eles também ajudam a explicar como uma mãe que tem um filho ou uma filha servindo em uma zona militar de combate a meio mundo de distância pode estar sintonizada com o que está acontecendo na vida deles, como Kaye Young estava sintonizada com os eventos que ocorriam na vida de seu filho, Ronald.

INTUIÇÃO DO MUNDO REAL

Em 2003, Ronald Young Jr. era primeiro-sargento no exército norte-americano, servindo com a Quarta Brigada, Primeira Divisão de Cavalaria, com base nos arredores de Fort Hood, no Texas. Foi em uma noite de domingo que sua mãe teve um pressentimento – uma sensação intuitiva – de que seu filho estava em apuros. Naquela ocasião, ele pilotava um helicóptero Apache em uma missão militar a sudoeste de Bagdá, no Iraque. Nas palavras de Kaye: "Tive simplesmente o pressentimento de uma mãe... Foi como se Ron estivesse ali comigo. Foi como se ele pusesse os braços à minha volta".[6]

Não muito tempo depois dessa premonição de Kaye, seus temores foram confirmados. Oficiais militares fizeram uma visita à família e informaram Kaye e outros parentes que o helicóptero de Ron havia caído na noite anterior na cidade de Karbala. A informação era fragmentária e o paradeiro de Ron, desconhecido. Ele foi classificado pelo exército como desaparecido em ação.

Quando ouviu a confirmação oficial de que Ron estava desaparecido, Kaye recorda ter imediatamente gritado: "Eu sabia! Eu sabia! Eu sabia!". E de fato sabia. Embora não conhecesse os detalhes do que teria acontecido, ela sabia – porque sua intuição já havia lhe informado – que o filho estava em apuros. Foi só por meio de uma reportagem de TV, exibida em Abu Dhabi, capital dos Emirados Árabes Unidos, que a família soube do destino de Ron. Ele e outro piloto foram mostrados vivos e em cativeiro. No vídeo, falavam com alguém que a câmera não captava. E embora fossem prisioneiros de guerra, os dois pareciam se encontrar em uma condição razoavelmente boa.[7]

Felizmente, essa história teve um final feliz. Ronald Young foi libertado do cativeiro em um ousado resgate executado por fuzileiros navais norte-americanos em abril de 2003. Com Young foi resgatado o outro piloto do helicóptero, David S. Williams, e cinco prisioneiros de guerra da 507ª Companhia de Manutenção.[8] A conexão intuitiva que Kaye Young teve com seu filho deu-lhe uma percepção da experiência de Ronald antes que qualquer outra coisa fosse conhecida oficialmente. É um vigoroso exemplo de como uma informação importante sobre nossos entes queridos pode surgir de modo espontâneo em nossa vida cotidiana.

> Ponto-chave 27: O laço emocional que existe entre mãe e filhos está agora cientificamente documentado por meio de estudos que oferecem percepções aguçadas sobre a conexão intuitiva que todos nós podemos desenvolver em nossos relacionamentos.

INTUIÇÃO POR ENCOMENDA

Nos exemplos anteriores, a conexão intuitiva entre pessoas ocorria espontaneamente. Elas não faziam nada de especial em suas vidas para iniciar a experiência de maneira consciente. Ela apenas parecia acontecer. É comum experimentar esse tipo de intuição com pessoas com quem temos fortes laços emocionais, pois o que acontece na vida delas também é importante para nossa vida. O nome técnico dessa experiência intuitiva é *coerência psicofísica*, com frequência abreviada apenas para *coerência*.

Contudo, embora possa ser uma bela experiência ter uma conexão profunda com outra pessoa, quando essa experiência é espontânea é difícil confiar nela para nos guiar nos momentos em que mais precisamos, pois nunca sabemos quando a experiência vai acontecer de novo, ou se vai se repetir.

Se meramente nos sentarmos em algum lugar à espera de que caiam os véus e o universo nos revele a decisão médica correta a tomar, a oferta correta de trabalho a aceitar, o melhor momento para terminar um relacionamento ou se devemos ou não dar um telefonema para um amigo com quem estamos preocupados, podemos ficar esperando por um período de tempo realmente longo. A razão é que a intuição espontânea é exatamente isso – espontânea! Acontece quando quer acontecer, e não sempre que precisamos dela.

É aí que entra a intuição por encomenda.

Assim como é possível ligar os televisores em nossas casas, no dia e na hora que escolhermos, e sintonizá-los em um filme de sucesso, também podemos criar coerência entre nosso cérebro e coração e disparar os mais profundos estados de intuição quando escolhermos. É a nossa capacidade para disparar de modo consciente e intencional nossa intuição profunda, que desperta a sabedoria do coração, a qual pode ter parecido esporádica e esquiva no passado. Quando pensamos na conexão entre Kaye e seu filho no Iraque, começamos a vislumbrar o inexplorado potencial de tal capacidade em nossa vida.

Esse potencial está disponível para nós em nossa vida cotidiana. E, em geral, é nas aflições de nosso dia a dia que mais precisamos da intuição. Decidir se devíamos ou não levar adiante uma excursão ao Egito de um grupo de turistas no fim da década de 1990 é um exemplo perfeito do tipo de questão que não tem resposta clara. É também um exemplo perfeito de uma ocasião em que a orientação intuitiva do coração foi clara, direta e precisa.

UMA DECISÃO DE VIDA OU MORTE TOMADA NO CORAÇÃO

Em novembro de 1997, fui escalado para levar um grupo de turistas ao Egito. Era mais uma das peregrinações, programadas anualmente, que eu liderava desde 1992. Dizer que viajar ao Egito é uma jornada fabulosa fica aquém da verdade – é mais que fabulosa! Realmente, parar na frente da Esfinge, uma figura misteriosa que eu tinha observado em fotos quando criança, ou na base da Grande Pirâmide, erguendo os olhos para um monumento de mais de 122 metros de altura, feito de pedras antigamente cobertas de uma camada adornada, mas agora nuas e visíveis, é uma experiência única na vida. Eu fora contratado para levar um grupo multinacional ao deserto egípcio a fim de ter exatamente esse tipo de experiência.

Então, a mídia nacional começou a mostrar, nas notícias noturnas da TV, imagens horríveis dos eventos ocorridos em 17 de novembro. Embora os detalhes ainda estivessem emergindo, a essência da história estava clara. Terroristas armados haviam matado 58 turistas estrangeiros e quatro egípcios em um ataque particularmente selvagem no templo da Rainha Hatshepsut, um popular sítio arqueológico perto da cidade de Luxor.[9] Meu grupo estava programado para iniciar a excursão, que incluía uma parada no local dessas mortes, na semana seguinte.

O evento que agora se tornou conhecido como Massacre de Luxor foi devastador para o Egito em vários níveis. A indústria do turismo foi arrasada. Centenas de empresas de viagem cancelaram de imediato suas excursões e se retiraram do país. Linhas aéreas pararam de voar para o Cairo. Os hotéis ficaram vazios. E o orgulho do povo egípcio ficou profundamente ferido. "Isso não nos representa", diziam meus amigos egípcios ao telefone, rogando: "Por favor, não pense em nós dessa maneira".

Comecei imediatamente a receber telefonemas sobre a excursão planejada. As pessoas inscritas para a viagem imploravam para que eu não cancelasse. As autoridades egípcias estavam preocupadas com a possibilidade de outro ataque. E a empresa de viagens estava esperando que eu tomasse uma decisão e que o fizesse com rapidez. Familiares e amigos insistiam para que eu não fosse. As opções eram claras: eu poderia adiar a viagem para outra data, cancelá-la por completo ou levar adiante a excursão planejada. Sentia-me pressionado de todos os lados. Cada pessoa com quem eu falava tinha uma opinião, e todas as opiniões faziam sentido. E no momento em que eu julgava ter feito minha escolha, alguém me ligava e fornecia uma boa razão para que a minha escolha fosse outra. Sem dúvida, era um daqueles momentos em que a decisão não era nada simples. Não havia certo ou errado na situação, e nenhum modo de saber o que aconteceria no decorrer dos próximos dias e semanas. Eu estava sozinho com meus instintos, minha intuição e a promessa de atender a meu grupo e a mim mesmo com a melhor escolha possível.

A LINGUAGEM DO CORAÇÃO

Soterrado no caos de informações e opiniões, desliguei o telefone para bloquear o acesso de outras pessoas. Saí de minha casa, em pleno deserto do norte do Novo México, para uma longa caminhada pela estrada de terra batida por onde já caminhara muitas vezes quando precisava tomar uma decisão difícil. E apliquei em minha vida exatamente a técnica que vou compartilhar mais adiante, ainda neste capítulo, para criar coerência entre a mente e o coração, a fim de entrar em contato com minha intuição mais profunda com relação à viagem. Parei de andar por um tempo suficiente para fechar os olhos, voltar minha atenção para dentro e me concentrar no coração.

Seguindo a orientação dos monges, freiras e yogues tibetanos que conheci, e de alguns de meus amigos indígenas, eu sabia que seria útil tocar a área do coração com as pontas dos dedos para atrair minha percepção ao lugar do toque. E quando comecei a respirar mais devagar, experimentei um sentimento familiar de calma deslizando pelo meu corpo. Senti a mim mesmo e, quanto mais eu sentia, mais os terríveis acontecimentos do dia passaram a adquirir um novo significado. Quando experimentei os sentimentos de gratidão pela calma em meu corpo e pela oportunidade de fazer uma ótima escolha, formulei a pergunta que ninguém mais poderia responder. De um lugar da inteligência do coração, sem usar a mente pensante, perguntei em silêncio: "É um bom momento para o meu grupo vivenciar os mistérios do Egito?".

Durante os anos em que usei a inteligência baseada no coração, aprendi que o coração trabalha melhor quando recebe frases breves para serem respondidas, em vez de sentenças múltiplas. O coração não precisa de uma introdução à pergunta que estamos fazendo ou de uma explicação do histórico da decisão que temos de tomar. Nosso coração já sabe de todas essas coisas.

Para algumas pessoas, a sabedoria do coração vem como um sentimento. Para outras, pode ser uma sensação de saber sem precisar perguntar, enquanto para outras ainda, a resposta emerge como uma voz familiar com a qual elas têm convivido durante toda a vida. Para mim, é geralmente uma combinação de tudo isso. Com frequência, ouço primeiro uma voz sutil, reforçada por um sólido sentimento de tranquilidade, segurança e certeza, que é seguido por uma sensação de resolução e completude. E foi precisamente isso o que aconteceu naquele dia no meio do deserto.

Antes mesmo que eu terminasse de fazer a pergunta, a resposta estava lá, completa, direta e clara. Senti – *soube* – de imediato que não haveria problemas em nossa jornada. Ela seria intensa, profunda e regeneradora. Mais que tudo, eu sabia que, ao permitir que a intuição nos guiasse em cada passo de nossa jornada, estaríamos seguros. Eu soube naquele momento que logo me encontraria com meu grupo no Egito.

Quero que fique absolutamente claro o que estou dizendo. *Minha decisão de levar a viagem adiante baseava-se nas impressões sensoriais que eu recebera como resultado de um processo metódico e fundamentado na ciência.* Não foi tomada a partir de um sentimento de esperança de que tudo sairia de acordo com o planejado ou simplesmente confiando em que tudo daria certo. Embora esse tipo de confiança funcione muito bem em algumas situações, quando se trata da vida e da segurança de um grupo de pessoas em excursão, a decisão precisa estar baseada em algo mais. Para mim, esse algo mais era a sabedoria da intuição profunda.

Os passos que apliquei para ativar minha intuição profunda refletem um processo que outras pessoas usam às vezes de maneira menos estruturada, mas com resultados semelhantes. A importância de acessar a inteligência do coração é que, graças a ela, torna-se possível fazermos nossas perguntas sem nenhum apego ao resultado por meio do *chante ishta*, o olho único do coração.

Quando tive certeza da minha decisão, telefonei pessoalmente a cada pessoa inscrita na excursão. Todas elas, independentemente de sua idade ou nacionalidade, me disseram que tinham confiança em que eu levaria a viagem adiante, mas que só o faria se chegasse à conclusão de que ela seria segura – e foi o que aconteceu.

> Ponto-chave 28: O foco intencional no coração nos capacita a experimentar consistentemente estados profundos de intuição quando temos de fazer, por encomenda, uma escolha.

A RECOMPENSA POR CONFIAR EM MINHA INTUIÇÃO

Parti para o Egito conforme programado, uma semana depois, com 40 pessoas incríveis para dar início a uma empolgante aventura que seria cheia de surpresas. Chegamos a um país que estava chorando a perda de muitas vidas e se recuperando do impacto do ataque. O presidente do Egito na época, Hosni Mubarak, era amigo de nosso guia local e ficou muito grato por termos ido a seu país em um momento tão difícil. Recebemos uma carta oficial de Mubarak autorizando o Departamento de Antiguidades a nos abrir sítios arqueológicos de acesso restrito durante toda a nossa excursão. Alguns desses sítios, descobrimos mais tarde, não eram abertos ao público desde que tinham sido descobertos, no fim do século XIX, e não voltaram a ser abertos depois de nossa excursão! Não é preciso dizer que a viagem foi inspiradora e os laços entre membros do nosso grupo e o povo egípcio, que resultaram em novas amizades, duram até hoje.

A beleza da sabedoria baseada no coração e das escolhas feitas a partir dessa sabedoria está no fato de que ficamos aliviados do fardo de submeter nossas decisões a um processo de checagem para verificar, uma segunda vez, se estão mesmo corretas. Com base nas informações que eu sabia serem verdadeiras naquele momento, senti que minha decisão de levar adiante a excursão estava certa. Também acredito que se tivesse cancelado a viagem com base no que eu sabia naquele dia, essa decisão também teria sido boa. Tendo, no entanto, feito a opção de levar adiante a viagem com base na sabedoria do meu coração, senti que respeitava as pessoas que confiavam em mim para conduzi-las, assim como respeitava a mim mesmo ao fazer a melhor escolha possível.

Essa história é apenas um exemplo de como a ferramenta da intuição profunda me serviu repetidas vezes no mundo real. E embora esse exemplo se refira a uma grande decisão envolvendo 40 pessoas e uma viagem que nos fez percorrer meio mundo, uso exatamente a mesma técnica, às vezes diariamente, para organizar minha agenda, estreitar relacionamentos e respeitar os princípios que são importantes para mim quando sou testado pela vida.

O que sei com certeza é que é difícil errar quando respeitamos nosso coração. Sei também que se a inteligência do coração funciona para mim, funcionará para você.

A SABEDORIA DO SEU CORAÇÃO SÓ É VERDADEIRA PARA VOCÊ

A inteligência do seu coração está sempre com você. É constante. Você pode confiar nela. É importante reconhecer isso porque significa que a sabedoria do seu coração – as respostas para as questões mais profundas e mais misteriosas da vida, que ninguém mais pode responder – já existe dentro de você. Em vez de ser algo que precisa ser construído ou criado antes de poder ser usado, o elo entre seu coração e o lugar que guarda suas respostas já está estabelecido. E embora tenha estado com você desde seu nascimento, a ocasião em que lhe convém acessar esse elo como "linha direta" para as verdades mais profundas da vida é uma opção sua.

Você pode preferir contatar até a sabedoria do seu coração somente em circunstâncias especiais, quando não há lugar algum para ir e ninguém a quem recorrer em busca de orientação. Ou você pode preferir desenvolver com seu coração um relacionamento que se torne sua segunda natureza, fonte sinalizadora de orientação em todos os dias de sua vida. Independentemente do papel que você escolha para a inteligência do coração em sua vida, cabe a você decidir como compartilhar o que escuta daquilo que o coração lhe diz e como administrar a realidade de seu mundo cotidiano. É onde entra o discernimento.

Embora a orientação de seu coração seja verdadeira para você, ela pode não ser verdadeira para outra pessoa. Nossos amigos, filhos, irmãos, parceiros de vida e parentes têm, todos eles, sua própria sabedoria do coração para acessar. Quando tentamos, em um determinado momento, tomar por outras pessoas uma decisão que implica uma mudança de vida, provavelmente não nos será possível saber com certeza o que é verdadeiro para elas nesse momento. Por exemplo, provavelmente não nos será possível conhecer detalhes íntimos da história de suas vidas, desde a hora do nascimento até o momento presente e as circunstâncias atuais. E como não podemos saber essas coisas com certeza, também não é possível prever como o compartilhamento bem-intencionado de nossa sabedoria afetará a experiência de outras pessoas.

Estou mencionando isso agora porque é um ponto que merece atenção.

Quando nos virmos perguntando se devemos compartilhar o que nosso coração nos revelou, recomendo, como fio condutor, que façamos as seguintes perguntas:

1. "Qual é minha intenção em compartilhar o que descobri?"
2. "Quem se beneficiará se eu compartilhar essa informação?"
   Ou, mais especificamente: "Como _____ se beneficiará se eu

compartilhar essa informação?" (Preencha o espaço em branco com o nome da pessoa com quem você está pensando em compartilhar sua revelação.)
3. "Quem pode ser prejudicado por minha opção de compartilhar essa informação?"

A chave desas perguntas é que a pessoa que as utiliza seja absolutamente clara consigo mesma acerca da primeira pergunta. Termos consciência de nossas intenções é a base de nossa responsabilidade pessoal. Com sua intenção firmemente definida, torna-se fácil avaliar se as respostas às duas perguntas seguintes respeitam a intenção declarada. Quer elas o façam ou não, você descobrirá, por meio desse processo simples, a resposta para a pergunta sobre se é ou não adequado compartilhar seu conhecimento profundo.

Com essas ideias em mente, vamos discutir como aplicar os passos coerentes para ter acesso à inteligência e à orientação de seu coração.

FAÇA UMA PERGUNTA AO SEU CORAÇÃO

Agora que descrevi o papel do coração no acesso à intuição profunda, gostaria de aproveitar a oportunidade para compartilhar uma técnica comprovada que também nos permite ter acesso à sua sabedoria. Minha intenção é que esse exercício seja pessoal, então vou apresentar esta seção como se estivesse falando diretamente com você sentado comigo na minha sala de estar. Esse exercício é um daqueles em que a ciência e a espiritualidade se sobrepõem com grande beleza. Embora a ciência possa descrever a estreita relação entre o coração e o cérebro, as antigas práticas espirituais e técnicas de autodomínio, que ajudaram as pessoas a confiar, durante milhares de anos, nesse relacionamento, fizeram isso sem precisar de uma explicação científica.

Provavelmente não é coincidência o fato de que as rigorosas técnicas científicas desenvolvidas pelos pesquisadores no Instituto HeartMath (IHM) sejam estreitamente paralelas a algumas técnicas de antigas tradições preservadas em mosteiros ou por praticantes espirituais indígenas em suas atividades xamânicas. Todos nós aprendemos de diferentes maneiras e meu sentimento é o de que, quando uma coisa é verdadeira, ela aparece no mundo sob diferentes formas, que refletem as variações em nosso aprendizado.

Com essa ideia em mente, compartilho com o leitor uma técnica do IHM (com permissão) porque ela é segura, baseia-se em ciência com fundamento experimental sólido que legitima os passos e foi simplificada de maneira a torná-la acessível e fácil de usar em nossa vida cotidiana.

No entanto, como acontece com qualquer técnica que passa de professor a aluno, os passos para criar coerência coração-cérebro são experimentados com mais eficiência na companhia de um profissional competente para facilitar o processo. Dessa maneira, embora nos parágrafos a seguir eu descreva os princípios para criar essa coerência, também encorajo o leitor a experimentá-los por si mesmo usando as instruções *on-line* gratuitas encontradas no site do Instituto HeartMath (veja a seção *Recursos*).

A técnica para criar coerência coração-cérebro é apropriadamente chamada de Técnica de Coerência Rápida (Quick Coherence© Technique) e foi refinada pelo Instituto HeartMath nos três primeiros passos simples descritos a seguir. Independentemente, cada passo envia um sinal para o corpo informando-lhe que uma mudança específica foi colocada em movimento. Combinados, os passos criam uma experiência que nos leva de volta a uma harmonia natural que existiu em nosso corpo em um período anterior de nossa vida, antes que começássemos a desconectar a rede coração-cérebro por meio de nosso condicionamento. Os passos 4 e 5, nos quais ganhamos acesso à sabedoria de nosso coração, têm por alicerce a coerência criada nos passos de 1 a 3.

Cinco Passos para Fazer uma Pergunta ao seu Coração

Os passos para criar coerência rápida e, dessa maneira, acessar a inteligência de seu coração são os seguintes:

Passo 1: Crie Foco no Coração
- **Ação:** Permita que sua percepção se mova de sua mente para a área de seu coração.
- **Resultado:** Isso envia para o seu coração um sinal de que ocorreu uma mudança: você não está mais envolvido no mundo ao seu redor e está agora se tornando consciente do mundo dentro de você.

Passo 2: Respire Mais Devagar

- **Ação:** Comece a respirar um pouco mais devagar que o habitual. Leve cerca de 5 a 6 segundos para inalar e siga o mesmo ritmo quando expirar.

- **Resultado:** Esse passo simples envia um segundo sinal para o seu corpo, informando-lhe que você está seguro e em um local que oferece suporte ao seu processo. Há muito tempo se sabe que respirar lenta e profundamente estimula uma reação de relaxamento do sistema nervoso (também conhecida como *reação parassimpática*).

Passo 3: Experimente um Sentimento Rejuvenescedor

- **Ação:** Experimente, da maneira mais intensa que puder, um genuíno sentimento de cuidado, apreço, gratidão ou compaixão por alguma coisa ou alguém. Aqui, a chave para o sucesso é que seu sentimento seja o mais sincero e profundamente experimentado possível.

- **Resultado:** A qualidade desse sentimento proporciona uma sintonia fina e uma otimização da coerência entre o coração e o cérebro. Embora todos sejam capazes de evocar um sentimento para esse passo, ele é um daqueles processos que você pode ter necessidade de experimentar para descobrir o que funciona melhor no seu caso.

Completando com sucesso o **Passo 3**, a conexão que liga o coração e o cérebro – e a resultante coerência coração-cérebro – é estabelecida. A essa altura, o coração e o cérebro estão em comunicação por meio da rede neural que os conecta. Embora isso seja, tecnicamente falando, a conclusão da própria Técnica de Coerência Rápida©, é também um passo inicial em outros processos. Podemos usar a coerência que criamos para ter acesso a estados de percepção mais intensos, incluindo a intuição profunda descrita neste capítulo. É a partir de um estado de coerência coração-cérebro que podemos ter acesso à nossa intuição profunda e receber a orientação da inteligência de nosso coração. Os passos 4 e 5 descritos a seguir detalham um procedimento para realizarmos exatamente isso.

Passo 4: Faça uma Pergunta ao seu Coração

- Ação: Os três passos anteriores criam a harmonia entre o seu cérebro e o seu coração, a qual lhe permite ter acesso à inteligência do seu coração. Como você continua a respirar e a manter o foco no coração, está na hora de fazer sua pergunta. Em geral, a inteligência do coração funciona melhor quando as perguntas são breves e precisas. Não se esqueça de que seu coração não precisa de uma introdução ou da história de uma situação antes da pergunta. Faça a pergunta em silêncio, com uma frase única e concisa, e deixe que o coração reaja de uma maneira que funcione para você.

- **Resultado:** Sua intuição se abre e você começa um diálogo.

Com frequência, solicitam-me para que eu interprete os símbolos que aparecem nos sonhos das pessoas ou o significado de uma experiência que elas tiveram em suas vidas. Embora eu possa dar uma opinião, o que eu digo não vai além dela. É só a *minha* percepção do que a imagem ou experiência pode significar na vida *delas*. A verdade é que eu talvez não saiba o que o sonho ou a experiência de outra pessoa significa para ela. Mas também é verdade que ela pode saber!

A chave para que você seja bem-sucedido ao dialogar com seu coração é esta: *se você está empoderado o bastante para ter a experiência, então também está empoderado para descobrir por si mesmo o que a experiência significa.*

Embora eu não queira influenciar seu processo de indagação, um exemplo às vezes é útil. Um sonho misterioso é a oportunidade perfeita para aplicar a sabedoria do coração a uma situação do mundo real. A partir da coerência coração-cérebro estabelecida nos três passos anteriores, simplesmente faça o tipo de perguntas a seguir, preenchendo os espaços em branco com os nomes das pessoas, símbolos ou identidades sobre os quais você está indagando. São apenas formatos que servem de exemplo. Você pode escolher um que se ajuste a você ou pode criar seu próprio formato usando como padrão um dos que se seguem.

- "Do lugar de onde vem o mais profundo entendimento em meu coração, peço que me seja mostrado o significado de _____ em meu sonho."
- "Do olho único do meu coração, que conhece apenas a minha verdade, pergunto qual o significado do _____ que vi no meu sonho."

- "Por favor, me ajude a compreender o significado de _____ em minha vida."

Passo 5: Fique à Escuta de uma Resposta

- **Ação:** Fique atento à maneira como seu corpo se sente no momento em que você está fazendo sua pergunta no passo 4. Anote quaisquer sensações – como calor, formigamento ou zumbido nos ouvidos – e emoções que possam surgir. Para pessoas que já estão sintonizadas com o corpo e com a inteligência do coração, este passo é a parte mais fácil do processo. Para aquelas que talvez tenham tido menos experiências de ouvir seu corpo, este é um exercício de percepção.

- **Resultado:** O aprendizado e as experiências de cada um são únicos. Não há maneira correta ou incorreta de receber a sabedoria de seu coração. A chave aqui está em saber o que funciona melhor para você.

Como já mencionei, tendo a receber minha sabedoria do coração sob a forma de palavras, enquanto experimento ao mesmo tempo, sensações de calor em meu corpo. Outras pessoas nunca ouvem palavras, mas experimentam apenas formas não verbais de comunicação, como um calor que se irradia do seu coração ou de suas entranhas. Às vezes, as pessoas se sentem inundadas por uma onda de paz ao receberem a resposta a uma pergunta. Não se esqueça de que você e seu corpo são parceiros únicos no mundo. O importante aqui é ouvir seu próprio corpo para aprender como ele se comunica com você e dar-lhe a oportunidade de ser ouvido.

Agora você tem uma técnica passo a passo para ajudá-lo a se sentir empoderado diante dos maiores desafios da vida. Embora, provavelmente, você não possa mudar as situações que chegam à soleira de sua porta, você pode, sem dúvida, modificar a maneira como vivencia e reage a essas situações. Se já não fez isso, pode agora descobrir que a sabedoria do coração se torna uma grande amiga sua, uma das maiores fontes de energia em sua vida. A consistência e a precisão das soluções baseadas no coração empoderam você para enfrentar qualquer situação que envolva qualquer pessoa ou força, com uma confiança que é difícil encontrar se você se sente indefeso, esgotado, impotente e perdido.

Posso honestamente dizer que a sabedoria do meu coração nunca me levou a fazer uma escolha ruim. E embora eu não tenha usado essa técnica em cada uma das grandes decisões que tomei na vida, também posso afirmar, com honestidade, que as únicas escolhas que lamentei são as que fiz quando não respeitei a sabedoria do meu coração.

Eu o convido a ter em mente um ponto importante quando estiver completando esse exercício: não há uma maneira correta ou incorreta de receber a sabedoria de seu coração. Cada um de nós nasceu com um único código próprio, que nos permite ter acesso à sabedoria do nosso coração e aplicá-la em nossa vida. O segredo do código está em saber o que funciona melhor para nós.

> Ponto-chave 29: É possível ter acesso à sabedoria do nosso coração por meio de um processo que pode ser resumido em cinco passos simples: focalize, respire, sinta, pergunte e ouça.

É UMA SEGUNDA NATUREZA PERGUNTAR A SEU CORAÇÃO

Sua intuição pode ajudá-lo a se sentir mais capacitado diante dos maiores desafios da vida. Cada vez que temos acesso à sabedoria de nosso coração, estamos na verdade reforçando e fortalecendo as conexões neurais que tornam possível nossa conexão coração-cérebro. Costumo ouvir de pessoas que incorporam a inteligência do coração às suas vidas cotidianas que a aplicação da Técnica da Coerência Rápida© se torna mais fácil com o passar do tempo.

De fato, para algumas pessoas a experiência se torna instintiva, de modo que para elas a experiência se converte mais em uma reação automática do que em uma técnica estruturada. Elas se veem deslocando, instintivamente e muitas vezes no decorrer do dia, sua percepção para o coração, a fim de ganhar perspectiva sobre os desafios que a vida lhes impõe e para equilibrar as demandas que ela lhes faz. Essas pessoas também descobrem que quando sua percepção se encontra no coração, a capacidade para lidar com os problemas da vida de um modo compassivo também se torna instintiva.

Embora eu sempre fique fascinado com o processo envolvido na narrativa das histórias que as pessoas compartilham e nas quais expressam tais experiências, não fico surpreso com o que ouço, pois a intuição que flui naturalmente de nosso coração nos proporciona um trampolim para experimentarmos os níveis mais profundos de simpatia, de empatia e, em última análise, de compaixão em nossa vida. Quando penso nisso, esse fluxo de experiências faz perfeito sentido. No final das contas, como poderemos nos relacionar com as pessoas de um modo compassivo se não pudermos, primeiro, nos identificar com o sofrimento que elas experimentam – e fazê-lo de maneira saudável? A capacidade de nos identificarmos com a experiência da dor, da aflição ou do trauma de outra pessoa sem incorporarmos seu sofrimento como sendo nosso (em uma experiência às vezes chamada de *cuidado extremado* [*overcare*]) é a chave para apoiarmos, de maneira efetiva, alguém que está sofrendo, que está angustiado ou traumatizado. É onde entra a empatia.

A capacidade para nos relacionarmos com outra pessoa (ou com qualquer forma de vida) em um nível íntimo é conhecida como *empatia*. Nossa capacidade para a empatia é a chave para a nossa capacidade de compaixão.

EMPATIA: UM TRAMPOLIM PARA A COMPAIXÃO

Na popular série de TV *Jornada nas Estrelas: A Nova Geração* (*Star Trek: The Next Generation*, 1987-1994), um dos personagens principais é a conselheira Deanna Troi (interpretada por Marina Sirtis), uma *empata* – pessoa capaz de vivenciar os sentimentos e as emoções de outra criatura enquanto as experimenta em um nível pessoal. Como a missão declarada da espaçonave em sua jornada futurista pelo universo é explorar "novos mundos, para pesquisar novas vidas, novas civilizações, audaciosamente indo onde nenhum homem jamais esteve", faz pleno sentido ter uma empata bem treinada como membro da tripulação. A longa duração da missão da *Enterprise* torna provável que a tripulação encontre formas de vida que não se comuniquem usando palavras como os seres humanos o fazem. E durante toda a série, é precisamente isso o que acontece. No entanto, graças às habilidades empáticas da conselheira Troi, os intercâmbios não verbais deixam de ser um problema. Embora cada encontro com uma espécie alienígena seja único, encontros como esse tendem a seguir um tema comum que se parece um pouco com o enredo abaixo.

O Capitão Kirk, comandante da *Enterprise*, está se comunicando com o líder de uma nave alienígena que apareceu de repente com intenções desconhecidas. Embora o líder da nave negra diga ao comandante, com suas próprias palavras: "Viemos em paz", a conselheira Troi percebe, de modo não verbal, outra intenção. Como é uma empata, sente que alguma coisa perigosa se oculta sob a conversa entre os dois líderes. Assim, enquanto o Capitão Kirk está ouvindo o alienígena, a conselheira Troi sussurra para o comandante tudo o que está sentindo, coisas como: "Eles querem nos destruir". Neste exemplo, é fácil entender por que o papel da conselheira é tão valioso para a missão da *Enterprise*.

Embora a série de TV seja ficção científica, as aptidões empáticas da conselheira Troi não são. Elas são reais e cada um de nós as experimenta em maior ou menor grau na vida cotidiana, com frequência sem perceber sequer o que está experimentando.

O que é, então, a empatia? Como se relaciona com a simpatia? E como podemos experimentar as duas de maneira saudável?

Tanto a empatia como a simpatia são formas de intuição e as palavras que descrevem esses estados compartilham uma origem comum na língua grega. Vêm da raiz *pathos*, que significa "sentimento". Eis um exemplo de como o conhecimento de um pouco de grego nos proporciona uma nítida distinção o significado das palavras. O prefixo grego *sym* em *simpatia* significa "com". O prefixo *em* de *empatia* significa "dentro". Com a tradução desses simples prefixos, a diferença se torna clara.

Ter *simpatia* significa identificar-se *com* outros, estar solidário *com* outros em sua aflição, angústia ou sofrimento. Quando somos simpáticos, dizemos que sentimos a provação ou a perda de outra pessoa. Por exemplo, quando amigos ou parentes perdem um ente querido, enviamos cartões de condolências para informá-los de que sabemos da perda que tiveram e que sentimos muito o que ela deve significar para eles.

Quando temos simpatia por outras criaturas, somos observadores, ficamos atentos, ansiosos por estar com elas e apoiá-las em sua experiência. Dizemos às vezes que "podemos somente imaginar" o que uma perda assim pode significar. E quando dizemos isso, nossa declaração é inteiramente precisa. Como a perda com a qual estamos sendo solidários, com a qual estamos ligados por simpatia, não é diretamente nossa, só nos resta nos identificarmos com a dor das pessoas que estimamos recorrendo, para nos aproximarmos do que elas devem estar sentindo, a memórias de nossas próprias experiências. A simpatia é o primeiro passo para alcançar a empatia.

Quando sentimos *empatia* por outras pessoas, vamos além da simpatia. Começamos a fechar a lacuna entre reconhecer a distância o sofrimento de outras pessoas e sentir nós mesmos esse sofrimento. Conseguimos nos colocar com nossas percepções e emoções na situação delas para vivenciar o que elas estão experimentando. Ao fazê-lo, identificamo-nos de maneira mais estreita e mais profunda com o sofrimento dos outros.

Tanto a simpatia como a empatia são precursoras da *compaixão*. Temos de experimentar primeiro a empatia pelo sofrimento de outra pessoa antes de podermos nos tornar compassivos com a maneira como reagimos a elas. Mas temos de ser claros com relação a isso. Sentir empatia em uma determinada situação não significa necessariamente que nos tornaremos compassivos. É possível ter empatia pela experiência de outra pessoa sem que essa empatia leve à compaixão.

Ser uma pessoa compassiva é uma escolha. E quando fazemos tal escolha, nossa experiência avança e nos leva para um nível mais profundo.

Ponto-chave 30: Intuição, simpatia e empatia são os trampolins para a compaixão.

Na compaixão, ficamos envolvidos. *Fazemos realmente alguma coisa em uma tentativa de aliviar o sofrimento de uma ou mais pessoas.* No entanto, embora esperemos que nossas ações acabem contribuindo de alguma maneira para aliviar o sofrimento dos outros, o objetivo da compaixão diz mais respeito a nós, à maneira como somos transformados na presença de uma escolha compassiva, do que a um resultado externo a nós. É então que, quando nossa vida reflete a compaixão que escolhemos, a compaixão com a qual nos identificamos pode se expressar em tudo o que fazemos.

Durante séculos, os grandes mestres espirituais nos têm lembrado de que uma reação compassiva a nosso mundo começa conosco e se manifesta na maneira como nos relacionamos com esse mundo. A partir dessa perspectiva, podemos dizer que a compaixão é uma poderosa tecnologia interior, uma forma avançada de intuição, que nos dá o poder de criar soluções sustentáveis a partir de um nível muito pessoal.

Qualquer dúvida que eu inicialmente tivesse com relação ao poder da compaixão em nossa vida desapareceu depois que tive a oportunidade de passar algum tempo com tibetanos que estavam imersos em tradições de compaixão desde uma tenra idade.

ENCONTRO COM O ABADE

Em uma manhã gelada nas montanhas, na primavera de 1998, encontrei-me vivenciando uma realidade sobre a qual eu havia sonhado desde quando conseguia me lembrar. Estava conduzindo uma excursão, que combinava pesquisa e peregrinação, a um dos lugares mais esplêndidos, antigos, remotos e absolutamente belos que restam sobre a Terra, o áspero Platô Tibetano, um lugar onde os mosteiros budistas têm sobrevivido, há mais de 1.500 anos, às severas condições do tempo.

No décimo sexto dia da viagem, encontrei-me sentado com alguns membros do meu grupo no recinto abarrotado de uma capela minúscula, profundamente escondida dentro dos muros maciços do antigo mosteiro que estávamos visitando naquele dia. Cercados de altares budistas e *tangkas* desbotadas (tapeçarias intrincadamente tecidas com desenhos em relevo que preservam os grandes ensinamentos do passado), que mal podíamos ver na esmaecida luminosidade, estávamos sentados frente à frente com o líder religioso da mais alta hierarquia do mosteiro, o abade ancião. Graças às habilidades de nosso intérprete, nos foi concedida uma audiência privada com esse estudioso vitalício da meditação e da compaixão.

Durante mais ou menos uma hora, tempo desse encontro íntimo, tive a oportunidade de fazer perguntas sobre as tradições e as crenças tibetanas, e os mistérios mais profundos da vida. Minhas perguntas eram diretas, sem rodeios, e o abade sem dúvida gostou da oportunidade de sair da sua rotina se reunindo conosco. Na verdade, a tal ponto que chegou a resistir à impaciência com que seus assistentes tentavam ajudá-lo a nos deixar para atender a outro compromisso.

Estou compartilhando essa história porque foi o clima de confiança e amizade dessa reunião inicial que preparou o caminho para um segundo encontro, sete anos mais tarde, em uma diferente capela do mesmo mosteiro.

Em 2005, tive a oportunidade de visitar novamente os mosteiros do Platô Tibetano. Dessa vez, estava com outro grupo de pesquisadores e peregrinos, e nossa viagem durou um total de 18 dias. Quando retornamos ao mosteiro que eu anteriormente visitara, tomamos conhecimento de que o idoso abade que fora tão generoso com o tempo que nos concedera em 1998 não estava mais lá – ele havia morrido. Embora não nos tivessem informado os detalhes de quando ou como ele se fora, os monges não deixaram dúvida em nossa mente de que ele não estava mais neste mundo. Ficou claro, porém, que as amizades estabelecidas sete anos antes tinham deixado uma boa impressão entre os que haviam sido assistentes do velho abade e entre outros monges que ainda viviam no mosteiro. Então, embora nunca tivéssemos conhecido o novo líder, mais jovem (estava apenas no fim da faixa dos 80 anos), que substituíra o anterior, nossa boa vontade e a força dos relacionamentos que havíamos criado nos precederam. Quando o novo abade soube que nosso grupo havia retornado, fomos calorosamente recebidos e ganhamos outra oportunidade de continuar a conversa profunda que começara sete anos antes.

A FORÇA QUE CONECTA TODAS AS COISAS

Em outra glacial manhã tibetana, dessa vez em uma capela diferente do mesmo mosteiro, nos sentamos e ficamos à espera do novo abade. Minutos antes do encontro, fomos conduzidos ao longo de uma passagem tortuosa, com paredes de pedra, até aquele aposento diminuto, gélido e mal iluminado. Enquanto esperávamos a chegada do abade, lembro-me de ter pensado que poderíamos apenas imaginar as conversas, os ensinamentos e os processos de iniciação que tinham ocorrido no lugar onde nos encontrávamos naquela manhã. Ouvi, ao longe, o ruído leve de sandálias de couro batendo nos frios pisos de pedra. Sabia que era o abade chegando para nossa reunião. À medida que o som ficava mais forte, pude sentir a crescente expectativa que havia na sala com o reconhecimento de que nosso encontro, embora atrasado, iria de fato acontecer.

O abade empurrou para o lado a pesada tapeçaria que pendia da porta de entrada para manter o ar frio do lado de fora (ou para manter o ar mais quente no aposento). Com um enorme sorriso, ele tocou o polegar da mão direita no coração, com os outros dedos juntos apontando para o céu, em um mudra da prece "montado pela metade", enquanto deslizava pelo aposento segurando as vestes com a outra mão. Em seguida às formalidades das apresentações e à bênção dos *khatas* (cachecóis cerimoniais de seda branca que cada pessoa que o encontra tradicionalmente lhe apresenta para bênção), o abade sinalizou que estava disponível para perguntas. Foi ali, aninhado no silêncio do antigo mosteiro, que fiz uma pergunta relativa ao tópico do livro que estava escrevendo na época, *A Divina Matrix*.[*]

"Em sua tradição", comecei, "qual é a força que nos conecta com outras pessoas, com nosso mundo e todas as coisas? Qual é o veículo que leva nossas preces para além de nosso corpo e qual é a substância que mantém unido o universo?"

Com o sorriso que nunca deixava o seu rosto, o abade continuou me olhando nos olhos enquanto nosso intérprete repetia minha pergunta em tibetano. O que aconteceu em seguida foi uma surpresa para mim e os outros que estavam no aposento.

Imediatamente os dois homens – o abade e o intérprete – deram início a uma calorosa troca de palavras em voz alta, com gestos animados e ênfases entusiásticas, que começou a parecer uma daquelas discussões que procuravam convencer o adversário pelo grito, mas em tibetano! Embora meu conhecimento do idioma tibetano seja terrível, e eu não conseguisse compreender uma só palavra que um ou o outro estivesse dizendo, a natureza da conversa me pareceu evidente. Estavam lutando com o significado de minha pergunta e onde ela se encaixava nos ensinamentos do abade. Ele estava acostumado a responder a essas perguntas de estudantes

---

[*] *A Matriz Divina*. São Paulo: Cultrix, 2008.

que lhe eram familiares, que já haviam estudado com ele e que tiveram anos de treinamento a fim de prepará-los para tal conversa. Mas o abade não me conhecia. Não tinha ideia do meu *background*, das minhas tradições ou de minha experiência espiritual, e simplesmente não sabia por onde nem como começar sua resposta.

Responder a mim como ele poderia responder a alguém que foi monge a vida toda seria como pais que contassem a uma criança pequena de onde vêm os bebês sem que a criança tivesse primeiro a oportunidade de aprender sobre a biologia das relações íntimas entre os seres humanos. Embora uma pergunta a respeito do assunto pudesse ser respondida, para a criança a resposta não faria sentido sem um conhecimento anterior. De uma maneira semelhante, o abade sabia que podia responder à minha pergunta relativa à força que conecta todas as coisas. O que ele não sabia é se eu compreenderia sua resposta.

UMA FORÇA DA NATUREZA, UMA EXPERIÊNCIA HUMANA OU AMBAS?

De repente, a sala ficou em silêncio. Todos pararam de falar e o abade levantou os olhos para as *tangkas* que cobriam as paredes da capela. Depois de inalar profundamente o ar frio, rarefeito, respondeu à minha pergunta de um modo tão surpreendente quanto inesperado. Ele me olhou e falou apenas uma palavra tibetana. Instintivamente, virei-me para o intérprete. "O que foi que ele disse?", perguntei. "Foi só uma palavra!"

Eu não estava preparado para o que ouvi em seguida. "Compaixão", respondeu o intérprete. "O *geshe* diz que 'compaixão' é a resposta à sua pergunta. A compaixão é o que nos conecta a cada criatura e a todas as coisas."

A razão pela qual fiquei surpreso com a resposta deve-se ao fato de que a compaixão me fora ensinada como uma experiência e uma prática. *Sentimos* compaixão por nós mesmos e por outros que estejam enfrentando difíceis circunstâncias de vida. Também *experimentamos* a compaixão como uma prática em nossa vida cotidiana. Se eu compreendi de maneira correta a resposta do abade, ele estava nos dizendo que a compaixão era mais que um sentimento – era uma força da natureza.

Eu nunca tinha ouvido a compaixão ser mencionada como uma força física. No entanto, essa simples palavra foi sua resposta à minha pergunta:

"O que nos conecta com o nosso mundo?". E a aparente contradição foi a fonte da minha questão seguinte: "Como pode ser?", perguntei ao intérprete, procurando um esclarecimento sobre o que estava ouvindo. "Ele está nos dizendo que a compaixão é uma *força da natureza* que conecta todas as coisas ou está nos dizendo que é uma *emoção humana que experimentamos*?"

Mais uma vez, irrompeu um diálogo animado quando o intérprete transmitiu minha pergunta ao abade. Mais uma vez, o abade desviou o olhar, respirou fundo, olhou para o intérprete e respondeu à minha pergunta com uma só palavra. "Sim!", disse ele em tibetano. Foi essa a resposta. Foi também o fim de nossa conversa.

Depois de quase 10 minutos de um diálogo meio brincalhão envolvendo os elementos mais profundos do budismo tibetano, tudo o que consegui levar comigo foi a palavra tibetana para *compaixão*. Eu me lembro de ter deixado o mosteiro naquele dia sentindo-me incompleto, como se houvesse algo que tivesse sido literalmente perdido na tradução. A resposta do abade foi um tanto misteriosa e não parecia fazer sentido. Alguma coisa simplesmente não se encaixava.

Alguns dias mais tarde eu descobri por quê.

Em outro mosteiro, agora com um monge erudito em vez de um abade de alta hierarquia, vi-me de novo envolvido na mesma conversa. Dessa vez, no entanto, estávamos no ambiente descontraído da cela do monge. Era o aposento minúsculo, sem adornos, onde ele comia, dormia, rezava e estudava quando não estava no grande salão do coro do mosteiro.

Agora nosso intérprete já estava se familiarizando com a maneira como eu formulava minhas perguntas e com o que eu estava tentando compreender. Enquanto nos agrupávamos em torno do calor das lâmpadas de manteiga de iaque que ardiam no aposento esfumaçado, ergui os olhos para o teto baixo. Estava coberto da fuligem negra proveniente de incontáveis anos com lâmpadas semelhantes ardendo para proporcionar luz e calor, exatamente como ardiam naquela tarde tão fria.

Mais uma vez expressei, por meio do intérprete, a mesma pergunta para o monge: "A compaixão é uma força de criação ou é uma experiência no corpo?". Ele deslocou o olhar para a fuligem no teto, para onde eu estivera olhando alguns segundos antes. Com um suspiro profundo, pensou por um momento, repassando o que havia aprendido no mosteiro desde sua admissão aos 8 anos de idade. Parecia agora ter vinte e poucos anos. Baixou lentamente os olhos e me fitou quando respondeu.

A resposta foi curta. Foi poderosa. E fazia um tremendo sentido. "É ambas as coisas!", foram as palavras que o monge me devolveu. "A compaixão é *tanto* uma força da natureza *como* uma experiência humana."

Nesse momento, o encontro anterior com o abade, de repente, fez sentido, e compreendi o ensinamento profundo que ele havia compartilhado comigo e com os membros do meu grupo de excursão.

Ponto-chave 31: A compaixão é tanto uma força da natureza como uma experiência emocional que nos conecta com a natureza e com toda a vida.

A COMPAIXÃO DE EINSTEIN

Nesse dia, no aposento de um monge do outro lado do mundo, separado por horas de distância da cidade mais próxima e a quase 5 mil metros acima do nível do mar, ouvi as palavras de uma sabedoria simples, mas poderosa, que muitas tradições ocidentais, incluindo a ciência, têm desprezado até os dias de hoje. O monge tinha acabado de nos lembrar que uma experiência humana única, que nos distingue de todas as outras formas de vida – a compaixão –, é a mesma força da natureza que nos conecta intimamente com todas as coisas. Quando experimentamos a verdadeira compaixão em nossa vida, o sentimento de separação entre nós mesmos e os outros, entre nós e o restante da vida, entre nós e o mundo, assim como entre nós e nosso interior, desaparece.

Albert Einstein reconheceu o poder da compaixão em nossa vida, assim como o potencial que ela tem para aliviar o sofrimento. Em suas palavras: "Nossa tarefa deve ser nos libertarmos... ampliando nosso círculo de compaixão de modo a abranger todas as criaturas vivas e toda a natureza em sua beleza".[10] O décimo quarto Dalai Lama generalizou essa compreensão da cura pessoal para a sobrevivência global ao declarar: "Acredito realmente que a compaixão fornece a base para a sobrevivência humana".[11] O reconhecimento do papel da compaixão em nossa vida abre a porta para as profundezas de um supremo autodomínio e para as experiências extraordinárias que nos tornam humanos.

Como mestre excepcional, o abade sentiu-se responsável por responder às perguntas de seus alunos de um modo tão respeitoso quanto cheio de significado. Sem conhecer nada a meu respeito, meu *background*, ou minha história e minhas crenças, o abade não tinha meios de saber se, para mim, sua sabedoria seria respeitosa ou significativa. Ele simplesmente não sabia como suas palavras assentariam em minha experiência de vida. Foi essa a raiz da luta que testemunhei entre ele e o intérprete antes que ele pronunciasse a palavra *compaixão*.

Felizmente para mim, meu intérprete também era um bom amigo. Ele me conhecia. Sabia sobre minha família, minha vida, meu trabalho, minha formação acadêmica, minha educação e minha jornada espiritual. Equipado com esse conhecimento, conseguiu garantir ao abade que qualquer sabedoria que ele decidisse compartilhar encontraria um caminho desimpedido até minha mente e meu coração de um modo respeitoso e saudável. Era tudo o que o abade precisava ouvir para ficar tranquilo quanto ao fato de que estava honrando seu senso de responsabilidade. Ao fazer isso, ele expandira a maneira como me ensinaram a pensar sobre compaixão e o papel que ela desempenha em nossa vida.

COMPAIXÃO, SABEDORIA E EQUILÍBRIO

Os ensinamentos de nosso abade tibetano, em especial, e do budismo tibetano, em geral, baseiam-se nas tradições budistas Mahayana, um dos dois (ou, em algumas classificações, três) maiores ramos do budismo. Segundo seus ensinamentos, Mahayana é o caminho que leva rapidamente um indivíduo à completa iluminação para atender a um único propósito: permitir que ele possa usar sua iluminação para aliviar o sofrimento de outras pessoas. Alguém que siga tal caminho é conhecido como um *bodhisattva*. Estou compartilhando essas informações por causa do contexto que elas oferecem para compreendermos a compaixão.

A natureza sensual e a linguagem poética dos ensinamentos Mahayana (conhecidos como *sutras*) sempre me tocaram por sua beleza. Foram também um refúgio e uma fonte de consolo em algumas das ocasiões mais difíceis de minha vida. Por exemplo, quando se trata da descrição da compaixão feita pelos sutras, os *bodhisattvas* são retratados como tendo duas asas que os conduzem para a meta da iluminação. Uma delas é a asa da sabedoria. A outra é a asa da compaixão. Os sutras descrevem essas duas qualidades como equivalentes em uma parceria necessária a cada um de nós, caso escolhamos uma jornada para a iluminação.

De maneira particularmente vigorosa, os sutras descrevem como os *bodhisattvas* não têm lugar para se situar no mundo. A razão disso é que não há nada que os *bodhisattvas* possam chamar de seu. Eles não têm terra, nem posses e nem apegos no mundo. Mas essa ideia se aprofunda ainda mais, penetrando a essência de como nos imaginamos no mundo. Essa camada mais profunda do *bodhisattva* é mais bem descrita nas palavras de Joanna Macy, Ph.D. e estudiosa budista: "Não existe um eu sólido, nem uma identidade imutável, nem qualquer forma de segurança como a compreendemos",, diz ela.[12] No entanto, os *bodhisattvas* se movem com plena confiança pelo mundo, sustentados pela sabedoria e pela compaixão que alcançaram para navegar por qualquer situação que a vida possa impor à sua caminhada.

Aqui a percepção-chave, aguçada e profunda, que é a compaixão precisa ser equilibrada com a sabedoria para nos servir de maneira saudável. Compaixão e sabedoria precisam se tornar nossas aliadas se quisermos expressar as verdades mais profundas de nossa humanidade.

Minha jornada para desvendar os mistérios da intuição e da compaixão em minha própria vida levou-me a alguns dos lugares mais isolados e misteriosos que subsistem na Terra. É nos antigos mosteiros e conventos, nas páginas quebradiças de manuscritos gastos pelo tempo e entre os próprios povos indígenas que sua sabedoria foi preservada para nós atualmente. Em vez de descobrirmos respostas prontas nesses locais, o que encontramos são as chaves de uma maneira de pensar que torna possível novas respostas e novas vias para o pensamento. Talvez não devêssemos nos surpreender com o fato de que as pistas para os mistérios mais profundos de nosso corpo e para os nossos maiores poderes estarem, paradoxal e simultaneamente, escondidas à vista de todos em nossas experiências cotidianas. E o mistério não termina quando aprendemos a linguagem do coração.

Assim como a introdução de um livro é o guia que nos prepara para os capítulos que se seguem, nossa intuição e compaixão nos guiam através das nuances da vida e nos proporciona um meio de responder às perguntas que surgem no dia a dia.

capítulo seis

Nossa "Fiação" Está Pronta para nos Dar Pleno Acesso à Cura e a uma Vida Longa

O Despertar do Poder de nossas Células Imortais

"Muitas coisas podem prolongar sua vida, mas só a sabedoria pode salvá-la."

– Neel Burton (1978), psiquiatra e filósofo britânico

"Desde o momento em que nascemos, começamos a morrer."

Eu estava ouvindo essas palavras de um estimado amigo que eu conhecera no norte do Missouri, durante meus anos de adolescência (vou chamá-lo de Michael para respeitar sua privacidade). Compartilhávamos histórias tão semelhantes que parecíamos irmãos. Tanto o meu pai como o dele haviam abandonado suas famílias quando tínhamos 10 anos. E tanto eu como ele tínhamos um irmão mais novo. Nós dois estávamos morando no mesmo conjunto habitacional popular subsidiado pelo governo e toda manhã caminhávamos para a mesma escola e assistíamos às aulas na mesma turma. E nós dois nos voltamos para a música para nos ajudar a lidar com o mundo turbulento de lares desfeitos em que nos encontrávamos, eu como guitarrista e Michael como baterista. O ano era 1968 e juntos havíamos testemunhado ao vivo na TV os efeitos do assassinato de Martin Luther King Jr., e depois, apenas dois meses mais tarde, o de Robert Kennedy, juntamente com os horrores da morte de manifestantes que protestavam no *campus* da Universidade da Carolina do Sul e a brutalidade da polícia durante distúrbios contra a Guerra do Vietnã quando da Convenção Nacional Democrática em Chicago. Tocávamos juntos na mesma banda de rock e, depois dos ensaios que fazíamos tarde da noite, ficávamos acordados até os primeiros clarões da manhã conversando sobre os Estados Unidos, a política norte-americana e o futuro do mundo.

Foi no contexto dessa amizade que Michael compartilhou sua filosofia de vida de que *começamos a morrer no momento em que nascemos*. Embora eu estivesse, sem dúvida, familiarizado com essa máxima, quando a ouvia costumava desprezá-la como uma ideia um tanto fronteiriça (com a qual eu não tinha necessariamente de concordar), embora a admitisse como um dos muitos pontos de vista novos que estavam emergindo na época. No entanto, quando a ouvi de meu amigo, algo me pareceu diferente. Dessa vez, as palavras vinham de alguém com quem eu me importava e estavam sendo usadas para justificar um modo de pensar e de viver que preparava o caminho para uma vida de excessos, com tolerância demais e que, em última análise, não acabava bem.

Eu e Michael estávamos profundamente envolvidos em uma conversa sobre a vida, e como vivê-la em sua plenitude. Era uma conversa que não poderia ter vindo de perspectivas mais diferentes. Michael acreditava no que ouvira sobre estarmos morrendo desde o minuto em que nascemos e absorvera isso como uma filosofia básica de vida. Literalmente, acreditava que nossa vida é como um jarro selado de potencialidades. Quando nascemos, abrimos o jarro e começamos a esgotar nosso potencial desde o instante em que respiramos pela primeira vez.

"Temos o que temos, e quando acabar, acabou" dizia ele. "Quando chega o fim, é o fim."

ESTAMOS VIVENDO NO MOMENTO OU ESTAMOS VIVENDO PARA O MOMENTO?

No modo de pensar de Michael, há dois misteriosos fatos desconhecidos que estão conosco desde quando começamos nossa vida. O primeiro é o fato de que simplesmente não sabemos quão cheio nosso "jarro de vida" está quando chegamos a este mundo. O segundo é que não sabemos com que rapidez esgotaremos a vida que nos foi dada. Poderíamos ser abençoados com um jarro que transborda de vigor e saúde. Se assim fosse, poderíamos ficar cem anos ou mais neste mundo. Ou poderíamos começar a vida com o jarro apenas pela metade – algo que Michael chamava de "começar com meio tanque". Segundo seu modo de pensar, se começássemos com menos, esgotaríamos mais depressa o que tínhamos, a vida seria curta e morreríamos jovens. Michael acreditava que, precisamente *por não sabermos* quanto o vaso de nossa vida está cheio ou vazio, faz sentido viver a vida intensamente, no único momento que é certo: o agora.

Embora eu entendesse o significado e compreendesse a filosofia subjacente àquilo que meu amigo estava dizendo, eu também sabia que esse tipo de pensamento significava coisas diversas para diferentes pessoas. Para Michael, a ideia de viver *para* o momento significava falar o que lhe viesse à cabeça e agir de acordo com o que o estimulasse em cada momento dado (isso é muito diferente de viver *no* momento, quando abraçamos plenamente os nossos sentidos, ficamos cientes do que está ao nosso redor, vivemos, agimos e falamos consciente e responsavelmente a partir de nossa percepção intensificada). Do ponto de vista de Michael, para a pessoa viver com autenticidade uma vida espontânea, não podiam existir filtros para o que ela dizia ou fazia. Cada momento *era* simplesmente o que era. E fora precisamente esse pensamento que tinha motivado nossa conversa.

Não surpreendia o fato de que Michael estivesse no modo de crise existencial a todo vapor quando nos encontramos naquele dia. Sua interpretação de viver *para* o momento o levara a evitar, custasse o que custasse, todo e qualquer compromisso: compromisso para consigo mesmo, com relação à sua família, ao seu corpo e à sua saúde, e para com outras pessoas, amizades e também com sua intimidade. As consequências de sua abordagem da vida tinham chegado até ele e lhe trouxeram decepção, sonhos frustrados e o sentimento de que, embora uma existência bem-sucedida, saudável e amorosa fosse com certeza possível para algumas pessoas, essa possibilidade estava aberta para todos, menos para ele.

No momento de nossa conversa, Michael passava por uma crise de saúde. Tinha apenas vinte e poucos anos, mas a intensidade com que usara drogas e álcool culminara em um problema no fígado, que exigia imediata atenção médica. Também estava sozinho na vida. Não tinha dinheiro, não tinha onde morar e ninguém a quem recorrer. Pelo que me constava, eu era o único amigo que lhe restara. E, embora eu aprendesse a me conter quando se tratava de oferecer conselho pessoal a amigos (a não ser que me pedissem), meu amigo parecia tão profundamente afundado em sua dor que talvez nem lhe tivesse ocorrido que poderia haver outro modo de pensar a respeito da sua filosofia de vida – e não me ocorreu deixar isso em silêncio. Arrisquei e ofereci um conselho: "E se a filosofia de vida que você adotou, sobre estar morrendo desde o momento em que se nasce, for um pouco furada?", perguntei.

A expressão no rosto de Michael quando ele ouviu minha pergunta indicou que ele estava prestando atenção. "O que você quer dizer com 'um pouco furada'?", perguntou.

"Eu estava sendo gentil", respondi com um sorriso. "Não queria derrubar toda a sua visão de mundo com uma única frase."

"Tudo bem, entendi!", disse ele. "O que está querendo me dizer? Seja franco."

Ouvir meu amigo me pedir para que fosse franco era exatamente o que eu estava esperando. Era o caminho, a oportunidade de lhe apresentar outro ponto de vista e quis aproveitá-la de imediato. "E se a vida funcionar de uma maneira que é justamente o oposto do que você foi levado a acreditar?", perguntei. *"O que aconteceria se você descobrisse que desde o momento em que nascemos começamos a nos regenerar?"*

Michael pareceu perplexo. Essa simples mudança de pensamento nunca tinha lhe ocorrido. Só o fato de ouvir as palavras lhe abriu a porta para uma possibilidade que ele nunca havia sequer considerado. "Uau! Se fosse verdade", disse ele, "isso mudaria tudo. Significaria que podemos continuar enchendo para sempre – ou pelo menos por um longo tempo – nosso tanque de vida."

"Eu sei", disse-lhe. "Esse é o núcleo da coisa. E não precisamos perguntar o que significaria *se* descobríssemos essa possibilidade, pois já descobrimos. Tradições antigas, como o yoga, o qigong e a medicina ayurvédica, nos ensinam que nosso corpo contém uma 'fiação' que já está literalmente pronta para receber e transmitir a cura desde o instante em que nascemos. Elas também descobriram que somos nós que iniciamos e interrompemos o processo. A chave está em criar as condições que tornam a cura possível. Há muitas maneiras de se fazer isso, e é por essa razão que podemos comparar a vida mais com um tanque que continuamos enchendo do que com um que fica mais vazio a cada dia que passa."

Logo depois de nossa conversa, Michael se mudou para outra cidade. O pai distante soube do que estava acontecendo, fez contato com Michael e ofereceu-lhe uma casa onde poderia ficar pelo tempo em que estivesse cuidando de seus problemas de saúde. Com o passar dos anos, perdi contato com meu amigo. Nunca tornei a vê-lo. Mas quando penso naqueles anos no norte do Missouri, agradeço sempre as conversas profundas que proporcionaram a nós dois novos meios de ver o mundo e de pensar sobre nossa vida.

Quanto mais aprendi sobre a sabedoria do corpo humano, e quanto mais tempo convivi com povos indígenas que abraçam essa sabedoria, mais passei a compreender o potencial que compartilhava com Michael. A capacidade para a cura é algo que já temos, que já vive dentro de cada um de nós. Dos yogues, monges e freiras aos xamãs, místicos e *curanderos*, pessoas cujas respectivas tradições são muito diferentes umas das outras, há um tema fundamental que tece, com os fios de cada tradição, uma única e poderosa tapeçaria. Essas tradições antigas e indígenas ensinam que a qualidade e a duração de nossa vida dizem respeito, no seu nível fundamental, à maneira como nos imaginamos no mundo.

Substituir as crenças limitadoras que recebemos de nossa família, nossos amigos e instituições sociais por novas perspectivas de autoempoderamento sem dúvida, nas palavras de Michael, "muda tudo". Descobri isso sozinho, da maneira mais direta possível, quando encontrei uma freira tibetana que desafiava a sabedoria convencional que eu tinha aprendido quanto ao significado da idade e ao papel da longevidade em nossa vida.

O SEGREDO DA FREIRA

Depois de quase duas semanas de aclimatação a altitudes que chegavam a 5 mil metros acima do nível do mar, e depois de nossos corpos saltarem nos duros bancos de molas de um antigo ônibus escolar chinês em estradas que eram pouco mais que trilhas empalidecidas, chegamos ao remoto mosteiro. Ficava horas distante do povoado mais próximo e era ocupado por um grupo de apenas cerca de 100 freiras tibetanas, que quase não tinham contato com o mundo exterior e recebiam pouquíssimos visitantes. A poeira soprada no ar alertou antecipadamente as freiras de que estávamos a caminho. Elas estavam à nossa espera quando chegamos, paradas em silêncio entre um grupo de pessoas curiosas, mas acanhadas, que incluía crianças, agricultores locais, pastores de iaques e nômades com a pele enrugada pelas difíceis condições climáticas.

Parece que cada oportunidade de tirar uma foto no Tibete se transformava naquilo que os membros do nosso grupo chamavam de "momento *National Geographic*", sugerindo que cada imagem capturando situações como aquela poderia servir de capa para a popular revista. Aquele momento não foi diferente. Três das freiras avançaram de imediato e, depois de algumas saudações calorosas, informaram que seriam nossas guias oficiais. Trajavam as vestes tradicionais das freiras: um manto (*zhen*) bordô que cobria uma saia castanho-avermelhada (*shemdop*) na parte inferior do corpo e uma blusa amarela e castanho-avermelhada (*dhonka*) para o tronco. Os grandes sorrisos no rosto e a conversa animada me indicaram que estavam entusiasmadas com a oportunidade de nos conhecer.

Por meio de nosso intérprete, as freiras confidenciaram que viver em um local tão isolado tinha seus prós e seus contras. Por um lado, as instalações eram tão remotas que os inspetores do governo e os especuladores de terras raramente se davam ao trabalho de perturbar a comunidade religiosa. Por outro lado, as freiras estavam tão distantes da cidade mais próxima, tão isoladas, e a estrada que levava ao mosteiro era tão ruim, que o turismo que normalmente daria suporte à economia de um lugar como aquele era quase inexistente.

Nosso ônibus podia levar exatamente 40 pessoas, mais um guia, um intérprete e eu. Não é preciso dizer que a visão de 43 pessoas convergindo no mosteiro foi motivo de alegria e trouxe de imediato vida para o pátio, com quiosques de vendas brotando magicamente para onde quer que os olhos se voltassem. Durante cerca de uma hora, nosso grupo fez o que pôde para animar a economia local. Fomos grandes consumidores, adquirindo belos tapetes tibetanos, *tangkas* de cores vivas e dispositivos associados a ritos religiosos – desde longas cordas com bandeiras de orações nelas penduradas, passando por enormes "tigelas cantantes" tibetanas, feitas de latão, que podiam ser tocadas com uma baqueta, até fios de contas de oração usados para contar o número de vezes que um cântico seria repetido.

De repente, toda a cena mudou. Como se as pessoas estivessem seguindo algum sinal interior, os tapetes de lã de iaque, as joias de turquesa, as tigelas cantantes e as pinturas foram guardadas em grandes sacolas de lã, os quiosques foram desmontados e as freiras começaram a caminhar em silêncio para os edifícios. "Agora vamos para a sala do coro", o guia de nossa excursão sussurrou quando o olhei em busca de uma explicação. "Está na hora de as freiras rezarem."

Enquanto seguíamos por uma trilha estreita aberta na encosta da montanha, uma das freiras veio caminhar ao meu lado. Fiquei imediatamente fascinado pela sua presença. Estava perto o bastante de mim para que eu pudesse facilmente avaliar sua estatura. Minha mãe tinha exatamente um metro e quarenta e dois centímetros e o rosto da freira se nivelava no mesmo lugar do meu peito que o de minha mãe quando passeávamos juntos. Mas foi mais que a sua estatura o que me fascinou.

CENTO E VINTE ANOS SOBRE A TERRA, MAS QUEM ESTÁ CONTANDO?

Os olhos dessa mulher eram claros e brilhantes, e ela manteve um sorriso no rosto durante todo o tempo em que caminhamos lado a lado. Embora a pele do seu rosto parecesse saudável, eu sabia que as rugas profundas em volta dos olhos e atravessando sua testa só poderiam aparecer depois de toda uma existência de exposição ao sol das grandes altitudes, aos elementos da natureza e aos desafios de ser uma mulher em um ambiente tão severo. Sua cabeça fora havia pouco tempo raspada, mas fiquei sabendo que isso se devia à falta de água encanada no complexo, o que tornava o banho de corpo inteiro impraticável; não era uma perda de cabelo em consequência da idade. Enquanto caminhávamos, ficou claro que minhas aptidões com o idioma tibetano eram muito inferiores ao limitado inglês que ela falava, e rapidamente percebemos que não teríamos uma grande conversa. Pelo menos, não uma conversa verbal. Caminhamos juntos, em silêncio, para a sala de orações, enquanto ela alternava entre baixar os olhos para a trilha e depois erguê-los para encontrar os meus.

Quando chegamos à porta da sala do coro, com um rápido balanço de cabeça a freira puxou a pesada tapeçaria brocada, que mantinha o vento, a poeira e o brilho do sol fora do espaço de oração. Minha nova amiga entrou primeiro e, antes que eu pudesse segui-la, nosso guia me deteve.

"Gostou da conversa com a *geshe?*, ele perguntou. *Geshe* é a palavra tibetana para grande mestre e, embora eu sentisse que a mulher que tinha caminhado comigo era uma anciã respeitada, não sabia por que ela era tratada com tão grande estima. Aliás, embora meu guia, de modo descontraído, tenha se referido àquela freira como *geshe*, no budismo tibetano esse título tem sido tradicionalmente reservado apenas a *homens* altamente bem instruídos. Foi só em 2011, três anos depois de nossa viagem ao Tibete, que Kelsang Wangmo fez história ao se tornar a primeira mulher *geshe* oficialmente reconhecida, sinalizando assim uma nova era de possibilidades para as mulheres no budismo tibetano.

Eu não estava preparado para o que ouvi em seguida. "A freira com quem você caminhou guarda a memória deste lugar e a tradição dessas mulheres", explicou meu guia. "Eu a chamei de *geshe* não só porque ela *conhece* a história, mas também porque ela realmente se *lembra* da história."

"O que você está querendo dizer com 'ela se lembra da história'?", perguntei. "Como é possível? Como pode se lembrar do que aconteceu neste lugar há mais de cem anos?"

"É por isso que ela é a *geshe*", respondeu ele com um grande sorriso. Então, olhou diretamente nos meus olhos e revelou por que ele queria que eu conhecesse a mulher com quem eu havia acabado de caminhar pela trilha.

"A freira com quem você caminhou", disse ele, "se lembra da história porque viveu a história. Nasceu aqui em 1888 e viveu neste lugarejo durante toda a sua vida." A princípio, achei que meu guia estava brincando comigo. Logo ficou claro que ele não estava.

"Sim", disse ele. "A madre superiora me mostrou os documentos dela. Neste ano [nossa viagem foi realizada em 2008], a freira fará 120 anos. E não é a pessoa mais idosa por aqui", continuou. "Há outros aqui nas montanhas que são muito mais velhos."

"Quantos anos mais velhos?", perguntei.

"Esse é o problema", disse ele. "Os mais velhos são homens que agora são yogues. Vivem nas cavernas entre Lhasa e a montanha sagrada, o Monte Kailash. Segundo os aldeões locais, alguns têm 600 anos de idade! O problema é que não havia certidões de nascimento nem passaportes 600 anos atrás. Não podemos comprovar com certeza a idade deles."

E é precisamente por isso que dei tanta importância ao meu encontro com a freira tibetana e com aqueles que a conheciam. Sua idade exata era conhecida e podia ser comprovada porque os documentos haviam sido preservados na biblioteca do mosteiro. Continuava muito cheia de vida, muito vibrante e muito feliz em falar sobre sua longa vida e o segredo para alcançá-la. Foi através do intérprete que, naquela tarde, perguntei-lhe qual, segundo ela, seria o segredo de sua longevidade.

Minha nova amiga não hesitou um segundo em responder. Rapidamente, como se estivesse na ponta da língua, a resposta foi simples, breve e concisa. E não deixou dúvida em minha mente sobre o que estava me dizendo. "Compaixão", ela respondeu. "Compaixão é vida. É o que praticamos aqui. É o que aprendemos de nossos mestres e o que eles aprenderam dos seus. É o que está escrito nestes livros." Enquanto falava, gesticulou para os antigos manuscritos duramente desgastados pelo tempo e armazenados na biblioteca do mosteiro. "É o que guardamos em segurança para compartilhar com os que vêm aqui para aprender."

Com a recente descoberta de um relógio biológico dentro de cada célula, que ajusta o *"timer"* para quanto tempo vamos viver, sua resposta faz agora pleno sentido.

REPENSANDO O PARADIGMA DA LONGEVIDADE

Talvez não seja coincidência o fato de que as idades mais avançadas documentadas no mundo atualmente pareçam girar em torno da idade da freira que conheci no Tibete. Estão na marca ou perto da marca dos 120 anos. Embora, sem dúvida, haja exceções, com algumas pessoas que estão logo abaixo dessa faixa etária e algumas que estão acima, 120 anos parece representar uma espécie de fronteira misteriosa quando se trata da longevidade humana. De uma perspectiva bíblica, nem sempre foi assim. Se acreditamos nos relatos da Torá hebraica (posteriormente, o Velho Testamento Cristão), por exemplo, a vida dos patriarcas bíblicos se estendeu por muitos séculos, e não por meras décadas.

Matusalém, por exemplo, tinha 187 anos quando gerou seu filho Lameque. Nessa ocasião, portanto, era obviamente um homem vigoroso de 187 anos. Contrariando a maneira como temos sido levados a pensar em longevidade e em como a vitalidade diminui com a idade, Matusalém viveu outros 782 anos, e durante esse tempo gerou outros filhos e filhas, totalizando um assombroso período de 969 anos de vida! E Matusalém não está sozinho em sua longevidade. As mesmas tradições bíblicas nos dizem que, aos 500 anos, Noé "gerou Sem, Cam e Jafé".[1] Mais uma vez, então, para gerar três filhos, sabemos que Noé precisava tanto de vitalidade como de virilidade.

Esses dois relatos retratam ideias de longevidade muito diferentes daquelas que hoje estamos condicionados a reconhecer como razoáveis. Nossa sociedade e nossa cultura nos programaram para que a única expectativa que tivéssemos a respeito fosse uma relação inversa entre idade e potencial humano. Essa expectativa acontece assim: quanto mais nossa vida se prolongar, menores serão as capacidades de nossa juventude que permanecem disponíveis para nós. Um corolário dessa expectativa é a ideia de que, embora estejamos vivos, a qualidade da vida disponível a nós diminui com o passar dos anos.

É por essas razões que, quando pensamos em alguém com 100 anos ou mais, estamos condicionados a imaginá-lo como uma sombra do seu antigo eu. É a imagem de um pequeno ser humano enrugado, de olhos opacos e vazios, cujos músculos perderam o tônus e balançam nos ossos frágeis de um corpo que se agarra ao último sopro de vida. E embora esse modo de envelhecer certamente seja possível, e todos nós já vimos essa possibilidade concretizada em algum lugar entre membros de nossa família, amigos e vizinhos – e sem dúvida não há nada de errado em aceitá-la –, o que estou querendo dizer é que existe outra possibilidade. É a possibilidade real de uma longevidade cheia de vigor e isso é mais que um desejo ou devaneio. Também vimos exemplos, tanto antigos como atuais, de pessoas que optaram por um modo de pensar e viver que torna possível uma longevidade extrema e saudável.

Um dos mais curiosos e fascinantes relatos dos patriarcas de longa vida que mencionei acima é a história do profeta Enoque e do modo como ele deixou este mundo no fim da vida. Digo que "deixou este mundo" em vez de "morreu" porque essa é a descrição dos relatos históricos. Segundo os textos bíblicos, Enoque nunca morreu.

Antes de ser deletado do cânone bíblico oficial no século IV de nossa era, o Livro de Enoque manteve um lugar proeminente e venerado na história da humanidade. O livro que traz o nome de Enoque descreve como ele viveu um total de 365 anos na Terra, ditando para um escriba, antes de nos deixar, os segredos da criação. Contudo, no fim de sua existência, os textos descrevem uma situação que não é a de uma morte humana comum.

Em vez de dar um último suspiro e ter o corpo devolvido aos elementos, os textos se limitam a dizer que, no fim de seus dias, "Enoque caminhou com Deus: e não existiu mais; pois Deus o levou".[2] É ainda um tópico de controvérsia em círculos religiosos e filosóficos saber o que precisamente esse trecho significa e o que aconteceu a Enoque. Estou compartilhando sua biografia porque se trata de mais uma descrição de vida que ultrapassa as expectativas das pessoas do mundo moderno.

É depois que os eventos terrenos descritos nos textos levaram a uma mudança na maneira como os seres humanos viveriam sua vida na

Terra que cessam os relatos de longevidade, com vidas que se estendiam por séculos. Dessa época até hoje, foi estabelecido um teto para as idades e foi colocada uma limitação sobre a longevidade humana. Talvez não seja por acaso que há um paralelismo entre o relato bíblico do limite de uma vida humana e a descoberta científica de tal limite. O parâmetro bíblico é específico. Ele diz: "O meu espírito não permanecerá para sempre no homem, pois este é carnal; e os seus dias serão cento e vinte anos".[3]

O limite de 120 anos descrito nessa antiga passagem bíblica está diretamente relacionado à descoberta científica de uma "calculadora", encontrada em nosso próprio DNA, que determina quantas vezes uma célula pode se dividir antes de ficar senescente e acabar morrendo. Cada um de nós tem acesso direto a essa "calculadora" presente em nossas células e essa descoberta, que levou a um Prêmio Nobel de Medicina, é a chave que nos permite imaginar como podemos reiniciar o relógio que determina o tempo de vida de nossas células.

O TAMANHO DO TELÔMERO É IMPORTANTE

Há uma palavra nova que está agitando as conferências sobre cura e longevidade. De comerciais de TV que prometem reversão da idade e vigor sexual renovado até propagandas sugerindo que a medicina de amanhã é uma pílula que você pode comprar hoje pela internet, o assunto que, de repente, fez pessoas comuns parecerem peritas em DNA foi o tópico dos *telômeros*. O que é o telômero e o que ele faz por nós são realmente coisas bem simples. Mas as possibilidades que os telômeros abrem em nossa vida beira o milagroso.

Semelhantes à maneira como uma camada de plástico protege as pontas dos cordões dos sapatos para que elas não desfiem com o tempo, os telômeros são sequências especiais de DNA que protegem as pontas dos nossos cromossomos enquanto as células ficam se dividindo repetidamente. Para os seres humanos, cada sequência aparece como este código repetitivo de DNA: TTAGGG, TTAGGG, TTAGGG e assim por diante. Essas letras são formas abreviadas para as quatro bases possíveis que constituem nosso DNA: citosina (C), guanina (G), adenina (A) e timina (T). Essa sequência é a "substância" que forma a cobertura protetora vista na Figura 5.1.

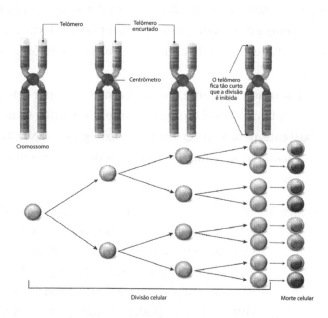

Figura 5.1. A ilustração mostra como os telômeros se encurtam a cada divisão celular até que não consigam mais dar suporte ao processo. Os cientistas acreditam que o encurtamento dos nossos telômeros é o relógio biológico que leva à velhice e, finalmente, à morte.

Quando uma célula se divide e os cromossomos são copiados, de modo que duas novas células podem ser criadas a partir da célula original (replicação), o mecanismo copiador só lê até um certo ponto ao longo do DNA e depois para – *antes* de realmente atingir o fim do filamento. É onde entram os telômeros. O telômero é um *buffer* [amortecedor, mas também, em informática, uma espécie de memória intermediária] adicional de codificação que aparece *depois* da informação vital do cromossomo. Assim, quando o mecanismo copiador para, ele para nos telômeros, onde uma cópia incompleta é inofensiva, e não na própria informação do DNA. Desse modo, os telômeros suportam o impacto do trauma associado a uma divisão da célula. Esse é o programa da natureza para garantir que nossos genes sejam completamente copiados e que a preciosa informação que a célula contém se conserve inteira e intacta em suas descendentes.

Se, por alguma razão, esse mecanismo não existisse, a cópia pararia no meio de uma instrução importante do DNA – como a informação necessária para criar um vigoroso sistema imune – e a nova célula teria como base para trabalhar um modelo incompleto. Essa cópia incompleta apareceria como um defeito genético que poderia levar a anomalias, doenças, decrepitude e envelhecimento. Graças aos telômeros, porém, isso não acontece.

Com essa função em mente, vemos com clareza por que o comprimento de nossos telômeros é tão importante. Enquanto se mantiverem extensos o bastante para manter intacto o código do DNA, temos uma divisão celular saudável e células vitais que podem fazer o que estão programadas para realizar.

> Ponto-chave 32: Telômeros são sequências especializadas de DNA localizadas nas extremidades de um cromossomo que servem como um *buffer* para proteger a informação genética do cromossomo quando a célula se divide. A cada divisão celular, os telômeros ficam mais curtos, até não poderem mais proteger a informação vital da célula, ponto em que a célula experimenta o envelhecimento, a decrepitude e, finalmente, a morte.

Há uma razão pela qual estou entrando nesse nível de detalhe. Tipicamente, a extensão de nossos telômeros se encurta no decorrer de nossa existência. Por exemplo, no momento do nosso nascimento, o comprimento de nosso telômero médio situa-se entre 8 mil e 13 mil unidades (pares de base). Quando envelhecemos, eles geralmente ficam mais curtos e o fazem de um modo previsível. Aos 35 anos, o número de telômeros de um adulto típico, vivendo um típico estilo de vida ocidental, gira em torno de 3 mil unidades, uma redução de aproximadamente 29%. E quando o adulto típico atinge 65 anos de idade, esse número cai mais 50%, para aproximadamente 1.500 unidades. Classifico essas estatísticas com a palavra "típico" porque a extensão de nossos telômeros não é fixada. Não está predeterminada ou "gravada em pedra", como se costuma dizer.

Essas estatísticas descrevem o que acontece se não fizermos nada para manter a saúde dos nossos telômeros. Mas a boa notícia é que *podemos* fazer algo. Podemos fazer muitas coisas. E por essa razão os cientistas agora reconhecem que a velocidade em que, e o grau no qual, nossos telômeros se tornam mais curtos depende de nós e de vários fatores que influenciamos por meio de nossas opções de vida. Esses fatores incluem coisas familiares, como dieta, exercício e sono, assim como fatores prejudiciais, como o uso de drogas e de álcool. Também incluem o estresse emocional, um fator considerado com menos frequência e que pode se originar de problemas como autoestima e valor próprio baixos.

A DESCOBERTA DO *TIMER* EM NOSSO RELÓGIO BIOLÓGICO

Em 1961, um cientista norte-americano chamado Leonard Hayflick descobriu que o número de vezes que os telômeros suportarão uma célula que se divide oscila entre 40 e 70 replicações. Quando essa descoberta é representada em um gráfico de anos de vida baseado na frequência com que as células se dividem, encontramos o que é conhecido como *limite Hayflick da divisão celular*. O limite Hayflick prevê o tempo de vida de uma célula e este parece ser os 120 anos que vimos nos exemplos anteriores. Assim, quer estejamos observando a longevidade humana de uma perspectiva bíblica ou através dos olhos de um biólogo, as perguntas são as mesmas:

- Sabemos o que determina o limite de 120 anos?

- Podemos transcender o limite de 120 anos?

À luz das novas descobertas descritas neste livro, a resposta para as duas perguntas é a mesma: sim!

Em 2009, o Prêmio Nobel de Fisiologia e Medicina foi concedido conjuntamente a três cientistas: Elizabeth H. Blackburn e Carol W. Greider, da Universidade da Califórnia, em Berkeley, e Jack W. Szostak, da Faculdade de Medicina de Harvard. Eles foram premiados pela descoberta, realizada em 1984, de uma enzima que está diretamente ligada aos telômeros do nosso corpo – *especificamente, ao reparo, rejuvenescimento e alongamento dos telômeros*. O próprio nome da enzima nos conta a história. Chama-se *telomerase* e está associada com as extremidades dos cromossomos, precisamente onde os telômeros estão localizados. A descoberta da finalidade da telomerase está mais bem descrita no próprio comunicado de que a noticiou:

Elizabeth Blackburn e Jack Szostak descobriram que uma única sequência de DNA presente nos telômeros protege os cromossomos da degradação. Carol Greider e Elizabeth Blackburn identificaram a telomerase, a enzima que fabrica o DNA do telômero. Essas descobertas explicaram como as pontas dos cromossomos são protegidas pelos telômeros e como elas são construídas pela telomerase. Se os telômeros são encurtados, as células envelhecem. Ao contrário, se a atividade da telomerase é alta, a extensão do telômero é mantida e a decrepitude celular é retardada.[4]

Ponto-chave 33: A finalidade da enzima telomerase em nossas células é reparar, rejuvenescer e alongar os telômeros que determinam quanto tempo nossas células vivem.

A descoberta da telomerase, de repente, abriu a porta para novas e imensas possibilidades de cura e longevidade. E, como costuma acontecer, antes de se envolver seres humanos na exploração do potencial dessa enzima, os primeiros estudos foram realizados com ratos de laboratório. Embora seja óbvio que um rato é biologicamente diferente de um ser humano, a maneira como as células de um rato se dividem e a forma como essas divisões são reguladas são as mesmas para eles e para nós. Fazia sentido testar em ratos as teorias da telomerase, e seu papel na longevidade, antes de aplicá-las a voluntários humanos. Os resultados dos estudos foram nada menos que assombrosos.

Um artigo de 2010 publicado no prestigioso periódico *Nature* não deixou dúvida a respeito do que os estudos haviam descoberto. O título do artigo era breve e direto: "Telomerase Reverses the Aging Process" [A Telomerase Reverte o Processo de Envelhecimento]. A primeira frase do texto define o tom para as possibilidades que o artigo discute ao declarar: "O envelhecimento prematuro pode ser revertido reativando-se uma enzima [a telomerase] que protege as pontas dos cromossomos, sugere um estudo com camundongos".[5]

O artigo da *Nature* descrevia como um grupo de camundongos foi tratado de maneira especial, que os fez crescer sem telomerase em seus corpos enquanto estavam se desenvolvendo. O resultado foi que, sem a enzima que poderia reparar seus telômeros, os *buffers* [isto é, as pontas de proteção] dos cromossomos se encurtaram com rapidez e os camundongos envelheceram mais depressa do que normalmente acontecia. Não é de surpreender o fato de que, à medida que envelheciam, os camundongos desenvolvessem o mesmo tipo de condições que costumamos associar ao envelhecimento humano, incluindo diabetes, osteoporose e até mesmo problemas neurológicos.

Mas a razão que fez esses camundongos ganharem as manchetes foi o que aconteceu em seguida. Eles também foram especialmente tratados para ter suas enzimas telomerases reativadas quando atingissem a idade adulta (isso é feito utilizando-se uma substância química específica chamada 4-OHT). Depois de um mês de tratamento, os camundongos adultos foram avaliados. As conclusões dessa avaliação foram descritas no artigo.

O pesquisador principal descreveu os resultados como "quase um efeito Ponce de León", referindo-se ao explorador espanhol e sua lendária busca pela Fonte da Juventude. *As condições relacionadas com a idade dos camundongos adultos não apenas estacionaram, mas, na verdade, foram revertidas!* "Peles muito envelhecidas nos testes de enrugamento voltaram ao normal e os animais recuperaram a fertilidade", declarava o artigo. "Órgãos como o baço, o fígado e os intestinos se recuperaram de seu estado degenerado. O bombeamento da telomerase também reverteu efeitos de envelhecimento no cérebro."[6]

Os resultados desse estudo foram replicados e repetidos muitas vezes, além de relatados em diversos periódicos científicos revisados por colegas acadêmicos. Cada estudo abordou o envelhecimento das células de uma perspectiva um pouco diferente e também testou o papel da telomerase, dos telômeros e do envelhecimento de uma maneira ligeiramente diversa. E por mais diferenças que houvesse entre os estudos, todos eles nos diziam a mesma coisa. A presença da telomerase ativa no corpo é um fator-chave para deter e reverter o envelhecimento e a deterioração que normalmente surgem com o processo de envelhecimento.

Com esses estudos, pela primeira vez a relação entre telomerase e longevidade foi confirmada em camundongos. Com base nesses experimentos, os resultados também foram aplicados a seres humanos. Embora outros fatores, além do comprimento de nossos telômeros, como estilo de vida, ambiente físico e nutrição, sem dúvida também contribuam para a longevidade em seu conjunto, parece que a correlação entre envelhecimento e comprimento do telômero é inegável e nos indica três coisas:

1. Telômeros mais longos são encontrados em pessoas longevas.
2. A telomerase é a enzima que constrói, rejuvenesce e alonga os telômeros existentes.
3. A ativação da telomerase do corpo interrompe novas destruições e repara os telômeros que já estão danificados.

O comprimento do telômero é agora aceito como um biomarcador – *um sinalizador mensurável* – para o tempo em que um ser humano pode esperar viver. E, além disso, sabemos agora que o biomarcador pode ser influenciado e intencionalmente alterado de novas e positivas maneiras.

No entanto, quero deixar absolutamente claro que o simples fato de tornar nossos telômeros mais longos não é uma prescrição garantida para uma vida longa. Não faria sentido, por exemplo, alongar os telômeros buscando a longevidade e ao mesmo tempo se entregar a uma vida de excessos que incluísse o uso crônico de álcool e/ou drogas recreativas, além de uma dieta rica em carboidratos refinados, gorduras trans, alimentos extremamente doces e frituras. No entanto, embora telômeros mais alongados não garantam, por si mesmos, uma vida mais longa, os pesquisadores confirmam que somente pessoas com telômeros mais longos desfrutam, com saúde e vigor, da longevidade.

Como se poderia imaginar, a descoberta dos três fatores que listamos anteriormente com relação aos telômeros e à expectativa de vida abriu caminho para novas pesquisas, para uma indústria inteiramente nova orientada por instruções sobre estilos de vida, para vendas de nutrientes e suplementos destinados a estender os nossos telômeros, com a promessa de uma vida longa e saudável. No entanto, embora alguns produtos e técnicas estejam baseados em ciência sólida e realmente façam o que suas mensagens sugerem, outros não estão e não fazem.

Veja a seguir o que sabemos até agora.

FATORES LIGADOS AO ESTILO DE VIDA PARA TELÔMEROS MAIS LONGOS

Para aqueles que tentam se manter atualizados com as pesquisas mais recentes sobre o que constitui um estilo de vida saudável, monitorar o que podemos e o que não podemos fazer já é o bastante para fazer a cabeça girar. Parte do problema está no fato de que a ideia do que é bom para nós é um alvo móvel; os conselhos estão continuamente mudando. Temos visto cientistas e profissionais da saúde darem reviravoltas do começo ao fim do ano quando se trata de recomendar ou não o que é bom para nós e o que não é. As opiniões com relação aos ovos de galinha e ao óleo de coco são exemplos perfeitos.

Ovos de galinha: a velha ideia. Na década de 1980, considerava-se que o colesterol dos ovos de galinha contribuía para níveis nocivos de colesterol no sangue e, posteriormente, para problemas cardíacos e cardiovasculares. Lembro que os ovos eram evitados como a peste e os cardápios e anúncios de restaurantes davam certas guinadas para alertar os clientes de que estavam oferecendo pratos que não levavam ovos.

Ovos de galinha: a nova ideia. Agora o pêndulo balançou para o sentido oposto, visto que os cientistas têm reconhecido que o colesterol nutricional contido nos ovos não é o colesterol que contribui para doenças cardíacas ou que aumenta o risco cardiovascular em pessoas saudáveis.[7] Em vez disso, os estudos mostram que os ovos, na verdade, elevam os níveis do colesterol HDL, ou colesterol "bom", e reduzem os níveis do colesterol LDL, ou colesterol "ruim". De repente, os ovos voltaram a ser, como antigamente, o alimento "saudável", reconhecidos como uma perfeita fonte natural de proteína, ferro, gordura não saturada e várias vitaminas e sais minerais importantes – e são promovidos como um elemento importante para uma dieta saudável. E os ovos não são o único exemplo de uma mudança de 180 graus na maneira como pensamos sobre certos alimentos.

Óleo de coco: a velha ideia. Estudos falhos que investigaram o óleo de coco em meados do século XX alertaram o público de que se tratava de um óleo que devia ser evitado a qualquer custo. Eu me lembro das propagandas que, durante décadas, direcionavam os consumidores para outros óleos vegetais supostamente "saudáveis", como uma alternativa para o óleo natural dos cocos. Estudos posteriores, no entanto, revelaram como essas opiniões eram falhas. Os estudos originais sobre o óleo de coco foram efetuados com um óleo de coco parcialmente hidrogenado, e não com o óleo natural e não processado, e verificou-se que é o processo de hidrogenação que leva a problemas relacionados à saúde, e não o óleo de coco em si.

Aliás, isso é verdadeiro para qualquer óleo que é submetido a um processo de hidrogenação, incluindo óleos comumente usados, como o óleo de açafrão, óleo de algodão, óleo de milho e óleo de soja. Agora também sabemos que o óleo de canola se decompõe em radicais livres prejudiciais quando aquecido até as temperaturas usadas para cozinhar, acima de 176 graus Celsius.

Óleo de coco: a nova ideia. Agora sabemos que entre pessoas que vivem em regiões do mundo onde os cocos fazem parte regular da dieta há, na verdade, uma incidência mais baixa de doenças cardiovasculares do que entre pessoas de países como os Estados Unidos, onde cocos inteiros e óleo de coco foram evitados durante, pelo menos, as duas gerações passadas. De repente, o coco natural é reconhecido não só como um alimento saudável, mas também como um superalimento. O óleo de coco em suas formas virgem e extravirgem, assim como o azeite de oliva extravirgem e o óleo de abacate virgem são agora os óleos recomendados.

Nota: O óleo de coco é especialmente saudável porque não perde suas características nutricionais quando submetido às altas temperaturas necessárias para cozinhar.

Considerando os benefícios desses dois agora reconhecidos auxiliares da boa saúde, talvez não surpreenda o fato de que também estejam entre os alimentos que promovem a longevidade e alongam os telômeros.

Como já mencionei, há toda uma indústria de alimentação e suplementos alimentares que emergiu em anos recentes promovendo nossa aptidão para nos curarmos e alongar nossos telômeros. Eu não teria como descrever cada um desses variados produtos, suplementos e formas de exercício neste livro. O que posso compartilhar, no entanto, é que alguns fatores essenciais de estilo de vida têm sido confirmados como necessários para reforçar os telômeros. Em categorias amplas, esses fatores incluem:

- redução do estresse;
- prática regular de exercícios;
- ingestão de suplementos específicos.

Ponto-chave 34: Nossas opções de estilo de vida, incluindo formas específicas de exercícios, suplementos alimentares especiais e redução do estresse físico, são estratégias essenciais, documentadas, para termos êxito em retardar, e até mesmo reverter, danos infligidos aos telômeros e o envelhecimento celular.

No restante deste capítulo, identificarei os fatores, as técnicas e os suplementos que, por meio das minhas pesquisas e da minha experiência pessoal, descobri terem o impacto mais positivo sobre os telômeros e o envelhecimento. Mesmo assim, embora essa lista sirva como referência, como sempre, é importante que você a submeta a quem cuida da sua saúde para confirmar se alguma coisa pode dar certo no seu caso.

A CONEXÃO VITAMINA E SAIS MINERAIS: TELÔMERO FUNDAMENTAL ADMITE SUPLEMENTOS

Há várias vitaminas e sais minerais sinergísticos, que, em sua colaboração mútua, podem contribuir para um DNA saudável e para evitar um encurtamento prematuro dos telômeros. Em um estudo publicado no *Journal of Nutrition*, os resultados mostravam que homens que tinham os telômeros mais longos possuíam também altas concentrações de vitaminas e sais minerais muito específicos no sangue.[8]

Entre os suplementos descritos no estudo do *Journal of Nutrition*, estão os apresentados no quadro a seguir. *Por favor, observe:* alguns suplementos são identificados em microgramas (mcg) e outros em de miligramas (mg).

Suplemento	Quantidade Recomendada
Vitamina B12	500-1.000 mcg/dia
Folato (Ácido Fólico)	800 mcg/dia
Vitamina C	1.000-3.000 mg/dia
Vitamina E	tocotrienóis 40 mg/dia
Zinco	25-50 mg/dia
Magnésio	400-800 mg/dia

Toda a família de vitaminas B está positivamente ligada a telômeros mais longos. Estudos adicionais também mencionam o betacaroteno, a vitamina A, a vitamina D e o mineral ferro como fatores necessários para o desenvolvimento e a manutenção do DNA e a prevenção de um encurtamento prematuro do telômero. Também se mostrou que uma dieta baseada em plantas, rica em antioxidantes e fitonutrientes derivados de verduras verdes, folhosas, está diretamente relacionada a um comprimento maior do telômero e a um DNA mais saudável.

A CONEXÃO ESTRESSE-TELÔMERO

Antes mesmo de a bióloga molecular Carol Greider, Ph.D., e sua equipe terem descoberto a enzima telomerase e identificado sua capacidade de reverter o encurtamento dos telômeros, os cientistas estavam muito interessados em seguir as pistas que os levariam a compreender o papel que os próprios telômeros desempenhavam no processo de envelhecimento. O título de um artigo publicado pela Academia Nacional de Ciências [National Academy of Sciences] em 2004 resume a relação telômero-estresse: "Accelerated Telomere Shortening in Response to Life Stress" [Encurtamento Acelerado do Telômero em Resposta ao Estresse da Vida]. Embora o título pareça um pouco complexo, a mensagem do artigo não é. Em palavras claras e concisas, o artigo não deixa dúvida em nossa mente quanto ao papel do estresse no processo de envelhecimento, declarando: "O estresse crônico desgasta [*erodes*] os telômeros, prejudica a replicação do DNA e, assim, acelera o envelhecimento".[9]

O fundamental nessa consideração do estresse é a palavra *crônico*. Esse é o tipo de estresse que nunca cessa, que persiste sem resolução, e essa é uma distinção importante quando se trata da maneira como pensamos sobre o papel do estresse em nossa vida.

Cada um de nós experimenta alguma forma de estresse relacionada a alguma coisa: a) da qual precisamos para sobreviver, como alimento, água ou atenção médica; b) que precisamos produzir em um escritório ou em outro ambiente de trabalho; ou c) que experimentamos como um problema que temos de resolver em nossos relacionamentos pessoais ou de trabalho. Curiosamente, diferentes pessoas interpretam diferentes eventos da vida como tipos de estresse variados.

Por exemplo, todos nós já ouvimos falar a respeito de *estresse construtivo*. É o tipo de estresse que pessoas criativas sentem com frequência em resposta ao prazo para entrega de um trabalho ou à pressão para criar ou produzir algo que atenda a uma meta ou necessidade específica. Um artista sob o estresse de criar pinturas para a abertura de uma galeria, um trabalhador de escritório elaborando os relatórios financeiros que devem ser entregues no fim do trimestre, um escritor escrevendo para cumprir o prazo limite de um lançamento e um cientista resolvendo o problema de como salvar a preciosa potência de uma cápsula espacial em órbita e cuja energia está desesperadamente baixa (como na história da *Apolo 13*) exemplificam, todos eles, situações que levam a um estresse construtivo.

Cada uma dessas situações de estresse tem um começo que pode ser identificado e um fim que pode ser reconhecido e alcançado. Nessas situações, os hormônios primários do estresse, a adrenalina, a norepinefrina e o cortisol transformam-se no combustível para estimular, em marcha acelerada, a criatividade e a solução de problemas. Quando surgem novas soluções e o objetivo parece estar ao alcance da mão, a sensação de estar estressado se abranda e os hormônios do estresse se dissipam.

Eis a chave do estresse construtivo: ele é temporário e o efeito da química do estresse tipicamente tem vida curta. À medida que nos aproximamos de nossa meta, podemos dizer que "vemos a luz no fim do túnel". O fato de que haja uma luz, de sentirmos que estamos chegando mais perto dela e de os efeitos intensificados do estresse sobre o corpo serem de vida curta é o que torna nosso estresse criativo uma experiência positiva.

Isso é muito diferente da maneira como nos sentimos quando estamos em uma situação perigosa ou difícil, na qual parece não haver luz no fim do túnel, e o estresse parece interminável. E quando uma situação se mostra particularmente sem esperança, às vezes não conseguimos sequer ver o próprio túnel, o que tornaria possível um movimento final para a luz. Trabalhar, por exemplo, para uma grande empresa na qual nos sentimos apenas um número em uma planilha no escritório de algum executivo pode criar esse tipo de estresse. Em tal situação, é óbvio que, por mais duramente que nos empenhemos a cada dia no trabalho ou por mais que sejamos inovadores quando estamos trabalhando, as condições atuais, que são frustrantes, insalubres ou mesmo nocivas, provavelmente não vão mudar. Não importa o que nós fazemos, nem o empenho com que trabalhamos, nem quão bom é o nosso trabalho, nossa frustração continua sem solução. E é sob condições como essas que o estresse pode se tornar crônico e prejudicial.

O sentimento de desamparo provocado por esse tipo de experiência desencadeia em nosso corpo uma reação química chamada *reação de lutar ou fugir* [*fight-or-flight*]. Quando está nessa sintonia, nosso impulso biológico pela sobrevivência instiga e dispara níveis mais elevados dos hormônios de estresse anteriormente mencionados, preparando-nos para fazer uma coisa ou outra: lutar para abrir nosso caminho rumo à segurança ou correr como o diabo até escaparmos da ameaça. Embora esse tipo de reação nos servisse se estivéssemos fugindo de um tigre-dentes-de-sabre no fim da última era glacial, no escritório ou no ambiente doméstico de hoje ela nos traz um tipo de experiência completamente diferente.

ESTRESSE MUITO ANTIGO NO MUNDO MODERNO

Quando nossos ancestrais conseguiam escapar de um tigre-dentes-de-sabre e recuperavam o fôlego descansando atrás de uma grande rocha, ao menos por um momento a motivação imediata para o estresse estava resolvida. Os níveis dos hormônios do estresse em seus corpos começariam a declinar à medida que os batimentos cardíacos ficassem mais lentos e voltassem ao normal. E depois de algumas horas de relativa segurança, eles teriam metabolizado os altos níveis desses hormônios que havia em seu organismo.

Nesse tipo de situação perigosa, nossos hormônios de estresse nos são realmente úteis ao estarem disponíveis quando precisamos deles, em grande quantidade, por breves períodos de tempo. Mas esse cenário não é o que costuma acontecer atualmente em nossa vida. No mundo moderno, não é habitual sermos caçados fisicamente por outro animal que ameaça nossa sobrevivência. Na realidade, nosso estresse vem com frequência do fato de nos encontrarmos em situações nos quais nos sentimos encurralados, vulneráveis e indefesos. E nesses casos, a resolução dessas situações não é tão evidente quanto escapar com êxito de um animal faminto.

É onde surge o problema. Por um lado, o corpo é acelerado pelas substâncias químicas essencialmente associadas com as atividades de correr, esconder-se ou lutar, enquanto, por outro lado, geralmente não podemos fazer nada disso. É como se estivéssemos em um carro com um pé pressionando o acelerador, pronto para dar a partida, e o outro pisando no freio. O motor é acelerado ao máximo e não saímos do lugar.

Quando a fonte do nosso estresse é o emprego seguro que paga nossas contas, mas que odiamos com todas as forças, ou é o relacionamento de quinze anos no qual nos sentimos encurralados, mas que proporciona segurança a nós e aos nossos filhos, não podemos correr nem nos esconder. Pelo menos não da maneira como faziam nossos ancestrais quando encontravam refúgio atrás de uma rocha.

Onde, no mundo moderno, está a rocha para nos escondermos? Se não descobrirmos um meio de nos sentirmos seguros e de amenizar o estresse da vida cotidiana, os estudos nos dizem que o estresse não resolvido começará a se revelar sob formas que terão um impacto negativo em nossos telômeros. E embora a ciência que descreve essa relação seja clara, os efeitos do estresse são óbvios mesmo sem a ciência.

Quando pessoas que conhecemos estão atoladas nos problemas de uma crise emocional não resolvida – como no caso de um divórcio longo e desgastante, ou se, por exemplo, são incapazes de tomar uma decisão entre manter um emprego ou um relacionamento ou encerrá-los – vemos o tributo que é cobrado pelo estresse. Vemos isso, por exemplo, em seus corpos envelhecidos e na idade estampada em seus rostos. Elas parecem inclusive mais velhas do que os anos que realmente têm e em geral começam a apresentar problemas de saúde que normalmente demorariam anos, ou até mesmo décadas, para se manifestar em suas vidas. Quando as pessoas estão cronicamente estressadas, seus sistemas imunológicos com frequência não estão preparados para as gripes e os resfriados que todos os anos, invariavelmente, circulam pelos escritórios ou pelas salas de aula.

Essas são as pessoas que usam todos os dias de licença médica a que têm direito e depois ainda precisam de mais. E, em última análise, são essas as pessoas que sucumbem ao estresse, o qual acaba lhes roubando a coisa que mais prezam: a própria vida. Na presença de um estresse de longo prazo, crônico, não resolvido, seus corpos não podem resistir eternamente.

Permanecer de fato saudável se resume à nossa capacidade para dar ao corpo o ambiente de que ele necessita para fazer o que está destinado a fazer – curar-se – e fazê-lo no nível mais fundamental do próprio DNA.

Ponto-chave 35: É o estresse *não resolvido* em nossa vida que corrói nossos telômeros e nos rouba a coisa que mais prezamos: a própria vida.

DISTRAÇÕES: SAUDÁVEIS OU NÃO

É típico de nosso instinto fazer o que pudermos para não termos de enfrentar situações nas quais sentimos que não há solução. Criamos, então, em nossa vida, distrações que desviam nossa atenção do problema, ou dos problemas. Podemos nos envolver em distrações saudáveis, como yoga, meditação, esportes individuais ou de grupo, arte ou música para canalizar nosso estresse. No entanto, muito frequentemente, distrações pelas quais optamos são escolhas menos saudáveis, como comer quando não estamos com fome, usar drogas ou álcool para anestesiar nossas emoções desagradáveis ou recorrer a *videogames* na internet ou mesmo a relacionamentos *on-line* em vez de interações presenciais. A opção por essas atividades é, com frequência, um meio de desviar nossa atenção para não sentirmos as emoções associadas ao estresse.

Quando nos habituamos à liberação em nosso corpo das substâncias químicas que nossas distrações criam (como serotonina e oxitocina, que melhoram nosso humor), as atividades que as produzem se tornam nossas válvulas de escape crônicas. Acabamos por nos sentir viciados nelas. E a não ser que encontremos um meio de resolver o estresse subjacente a elas, com o tempo essas distrações podem substituir nossas amizades, empregos, família e outros relacionamentos básicos como fontes de boas sensações.

É isso que o artigo da Academia Nacional de Ciências citado anteriormente está nos dizendo. E também está nos contando exatamente como o estresse crônico nos prejudica: ele encurta os telômeros que protegem o código da vida presente em cada célula de nosso corpo. A boa notícia é que a mesma ciência que nos diz que o estresse crônico nos prejudica também nos diz como podemos resolver esse estresse.

EXERCÍCIO

Descubra e resolva seu estresse não resolvido

A ciência é clara: o estresse não resolvido pode reduzir o comprimento dos telômeros que são cruciais para sua saúde, sua cura e sua longevidade. Criei um modelo conciso para ajudá-lo a identificar esse tipo de estresse em sua vida. Descobri que esse modelo simples é particularmente útil quando temos uma sensação de que algo está nos incomodando, mas não fomos capazes de identificar claramente o que é. Eu o convido a aproveitar essa oportunidade para elucidar quaisquer estressores que você possa estar experimentando em sua vida neste momento. Você vai precisar de papel e caneta para o exercício.

A técnica: usando palavras isoladas ou frases breves, anote, com a maior honestidade possível, suas respostas às três perguntas a seguir.

Pergunta 1: Quais são algumas das fontes de seu estresse não resolvido? Identifique, com a maior honestidade possível, quaisquer relacionamentos, condições ou situações que criam em sua vida um prolongado sentimento de ansiedade e frustração ou uma reação profunda, emocional, "visceral" de incerteza quando você pensa a respeito deles. Faça uma lista, reservando algumas linhas em branco abaixo de cada fonte que você identificar.

Pergunta 2: Como você costuma reagir ao estresse? No espaço em branco abaixo de cada fonte de estresse, peço-lhe que identifique as distrações com que você costuma contar. Conclua a seguinte frase: "Quando essa situação desencadeia sentimentos de ansiedade, frustração ou qualquer outra emoção profunda que seja desconfortável, eu costumo, para me sentir melhor, ..."

Pergunta 3: Qual você gostaria que fosse sua nova e mais ponderada reação aos seus estressores? Se você gostaria de substituir as distrações atuais para as fontes de estresse que você identificou por reações novas e mais ponderadas, acompanhe a seguinte estratégia. Ela começa fazendo uma mudança familiar, solicitando como guia, para isso, a sabedoria do coração. Você reconhecerá que os passos expostos aqui para criar um foco no coração são semelhantes à Técnica da Coerência Rápida© descrita no Capítulo 5.

- **Passo 1: Estabeleça um foco no coração.** Permita que sua percepção se desloque de sua mente para a área de seu coração.
- **Passo 2: Respire mais devagar.** Comece a respirar um pouco mais lentamente que de costume, levando cerca de 5 a 6 segundos para inalar e o mesmo tempo para expirar.
- **Passo 3: Acesse sua intuição profunda.** Enquanto continua a respirar lentamente e a manter sua percepção em seu coração, faça em silêncio a sua pergunta vinda de dentro.
- **Passo 4: Ouça/sinta.** Procure ouvir a resposta. Quando tiver uma, anote a sabedoria enviada por seu coração no espaço que completa esta frase: "Exemplos de reações mais ponderadas ao estresse não resolvido de minha vida incluem..."

O objetivo deste exercício é duplo. Use-o para:

- Desenvolver uma percepção das distrações para as quais você se volta, tanto consciente como inconscientemente, quando se defronta com situações estressantes que parecem não ter resolução.
- Substituir quaisquer distrações que possam não estar servindo a você por reações novas e mais saudáveis aos estressores em sua vida. A chave para a força desse exercício está no fato de que, embora nem sempre possamos ser capazes de mudar a situação de imediato, podemos alterar nossa reação a ela.

Enquanto completa esse exercício, convido-o a ter em mente que não há um modo correto ou incorreto de receber a sabedoria de seu coração. Nascemos, cada um de nós, com um código exclusivo que nos permite ter acesso à sabedoria do coração e aplicá-la em nossa vida. O segredo do código consiste em sabermos o que funciona melhor para nós.

> Ponto-chave 36: Por meio da sabedoria de nosso coração, podemos pedir e receber percepções esclarecedoras sobre alternativas saudáveis às distrações nocivas a que nos entregamos em nossa vida.

AFIRMAMOS OU NEGAMOS NOSSA VIDA A CADA MINUTO DE CADA DIA

Se adotamos um estilo de vida que abastece continuamente nosso "tanque de vida", como Michael o descreveu, reabastecemos continuamente a vitalidade de nossas células. Quando fazemos isso, nossos telômeros continuam a se restaurar, a crescer e a se dividir de uma maneira que reflete essa vitalidade. Embora as instruções para esse tipo de pensamento e de vida sejam simples, a verdadeira oficina da vida começa na maneira de implementá-las. Exige coragem. Exige disciplina. E requer uma escolha que temos de fazer em cada momento de cada dia de nossa vida.

Por meio das escolhas que fazemos em cada momento de cada dia (o alimento que escolhemos para nutrir nosso corpo, os movimentos que escolhemos para nos estimular fisicamente, as palavras que escolhemos para expressar nossos pensamentos e experiências, e as crenças que abrigamos a respeito de nós mesmos e de outras pessoas), afirmamos ou negamos a vida em nosso corpo. Quando admitimos essa realidade como fato, nossa escolha se torna simples. Ela tem por base a decisão consciente de optar pela vida em cada palavra, por meio de cada refeição e em toda interação que temos com nós mesmos, com outras pessoas e com o mundo em geral. Essa chave da longevidade não é segredo para discípulos das tradições cultivadas nas religiões de mistérios, como a dos antigos essênios, seita religiosa que floresceu do século II a.C. até o século I de nossa era ao longo de toda a região que hoje inclui partes da Palestina, da Jordânia e de Israel.[10] De longe, o essênio mais famoso – ou melhor, mais amplamente reconhecido como essênio – nos dias de hoje é o mestre do Novo Testamento, Jesus de Nazaré.

Jesus descreveu para seus discípulos a opção de vida que, a cada dia, eles deveriam adotar, usando a linguagem vernacular de sua época e de um modo que fizesse sentido para eles. Quando lhe perguntaram como podiam manter a saúde do corpo, Jesus respondeu de maneira direta, simples e eloquente: "Se ingerirem comida viva, a mesma vai vivificá-los, mas se matarem sua comida, a comida morta também os matará. Pois a vida vem apenas da vida, e da morte vem sempre a morte. Pois tudo o que mata suas comidas mata também os seus corpos".[11]

A melhor ciência do mundo moderno nos diz que essas palavras diretas, vigorosas e eloquentes são tão verdadeiras hoje quanto eram há 2 mil anos. Quando comemos alimentos que são intensamente processados, cozidos demais, ou carregados de conservantes, estamos ingerindo um alimento do qual a vitalidade das enzimas e a vida que nos nutre foram eliminadas.

Uma definição aceita de *alimento* é "qualquer substância nutritiva que pessoas ou animais comem ou bebem, ou que as plantas absorvem para manter a vida e o crescimento".[12] A partir dessa definição, podemos ver que os alimentos que costumamos chamar de processados não são, em absoluto, alimentos. Embora possam preencher o espaço em nosso estômago e abrandar nossa fome, os componentes que entram nessas refeições rápidas já estão mortos ao serem embalados e não podem dar vida ao nosso corpo quando os ingerimos.

Assim, não nos causa surpresa o fato de que regimes alimentares populares, consistindo em *fast foods* encharcados de óleos hidrogenados, ingredientes processados, conservantes, corantes e realçadores artificiais do sabor, estejam envolvidos em epidemias de doenças que estão varrendo o mundo moderno, como diabetes, demência e diferentes cânceres. Faz pleno sentido quando consideramos que talvez estejamos confiando em não alimentos para dar nutrição ao nosso corpo.

Esse reconhecimento não é tão poderoso apenas no que se refere à nossa dieta, pois o mesmo princípio também se aplica às escolhas que fazemos. Ele se aplica ao que acreditamos a respeito de nós mesmos e das outras pessoas, aos nossos relacionamentos e à nossa autoestima. Cada um desses tópicos é, para nossa mente e nosso coração, um alimento espiritual que nos nutre de alguma maneira. Com essas ideias na cabeça, e tomando como base a sabedoria dos ensinamentos dos essênios, podemos levá-los um passo à frente e dizer: "Pois tudo o que destrói o seu senso de valor, de dignidade e autoestima também destrói o seu corpo".

Sem dúvida, a qualidade de nossa nutrição emocional, psicológica e espiritual é tão importante como a nutrição que advém do alimento físico que ingerimos.

Aqui, a chave está no fato de que a qualidade de cada uma das experiências de regeneração dos telômeros em nossa vida baseia-se nas escolhas que fazemos. Às vezes, essas escolhas são feitas de maneira consciente e intencional. Outras vezes, elas são inconscientes. De uma forma ou de outra, são sempre nossas escolhas. *O segredo da longevidade consiste em transformar nossas escolhas conscientes em hábitos subconscientes.* Quando fazemos isso, não precisamos mais parar para refletir sobre o que vamos comer no almoço ou como vamos reagir a uma briga de namorados. Não precisamos porque já decidimos.

Quando ainda era jovem, aprendi sozinho essa lição, e ela se tornou o arcabouço para a maioria das escolhas que passei a fazer a cada dia. A cada dia, a cada refeição com que escolho me alimentar, a cada amizade, parceria ou relacionamento em que me envolvo, e quando me vejo criticando outra pessoa ou a mim mesmo por alguma coisa que eu disse ou fiz, pergunto a mesma coisa: *"Será essa a melhor atitude que eu posso tomar neste momento?".* A resposta a essa pergunta formulada neste momento me indica quais são as minhas possibilidades – e é nesse ponto que preciso fazer uma escolha que afirme ou negue a própria vida em meu corpo.

Tendo em mente as relações entre nutrição, crenças, estresse e telômeros, é claro que a longevidade está efetivamente mais ligada a uma escolha que fazemos a cada momento de cada dia do que a uma tentativa de descobrir quanto tempo podemos viver. Era em torno dessa opção que girava toda a minha conversa com meu amigo Michael. É a diferença entre nos imaginarmos como recipientes finitos de potencial limitado e nos imaginarmos como recipientes infinitos de potencial ilimitado. Essa é a diferença que tornaria possível a um homem tornar-se pai aos 500 anos de idade.

Ponto-chave 37: Em cada momento de cada dia, fazemos as escolhas que afirmam – ou que negam – a vida em nosso corpo.

O TEMPO, A VIDA E O RELÓGIO DO ENVELHECIMENTO

Durante os anos em que conduzi excursões ao Tibete, observei um fenômeno que raramente é discutido em manuais didáticos ou documentários de viagens. Consiste simplesmente no fato de que monges e freiras tibetanos não monitoram sua idade. Na primeira vez que perguntei a um monge tibetano quantos anos tinha, sua reação inicial foi rir. Não estava rindo dos pobres recursos do idioma tibetano que eu tentava falar; estava rindo da pergunta que eu tinha feito. Ele não acreditava que fosse uma pergunta séria, pois em seu modo de pensar a idade não tem o mesmo significado que nós lhe atribuímos em nossa cultura.

Depois de perceber que eu lhe tinha feito uma pergunta séria, o monge me respondeu com grande satisfação. A demora em me dar uma resposta não foi porque o conhecimento de sua idade abrigaria algum tipo de segredo. Foi, simplesmente, porque ele não sabia. Registrar a passagem de cada ano em uma vida não era importante para ele.

Embora comemorem aniversários, os monges não chegam a registrar suas idades. Comemoram mais a conclusão bem-sucedida de outra volta em torno do Sol que a contagem do número de anos que se passaram desde que nasceram. Com base nas seções anteriores, sabemos que as consequências desse modo de pensar são nitidamente positivas. Se a expectativa é a de que nossa qualidade de vida declina a cada passagem de ano, e que a contagem dos anos que vivemos confirma nosso envelhecimento, faz sentido que os monges queiram evitar o registro de suas idades.

Meu amigo monge certamente sabia em que ano nascera. E com essa data em mente, começou a me responder fazendo outra pergunta: "Em que ano estamos hoje, agora?", perguntou-me. Quando respondi que era 2008, ele abanou a cabeça concordando. Olhou para a palma de sua mão aberta e começou a rabiscar números invisíveis com o indicador da outra mão. Estava calculando a diferença entre o ano que eu acabara de falar e o ano em que havia nascido. Sem demora, levantou os olhos para mim com um grande sorriso e disse, com orgulho, que havia nascido em 1915. Pelo seu cálculo, estava no mundo havia 93 anos.

A resposta me surpreendeu muito. Se estivessem me pagando para avaliar a idade daquele homem, eu teria achado, pela cor e aparência de sua pele, pelo brilho nos seus olhos e pela vivacidade com que dava cada passo, que ele poderia estar com cerca de 65 anos ou, talvez, no início dos 70. De maneira nenhuma eu o teria colocado na faixa dos 90 anos! Mas, como demonstrara a freira no mosteiro, esse monge havia me mostrado que, contrariamente ao que me ensinaram a esperar, não há uma relação necessária entre o número de anos em que estamos neste mundo e a condição de nosso corpo.

A lição que aprendi do monge foi sobre o tempo.

ENVELHECIMENTO NÃO SIGNIFICA VELHICE!

Se ajustarmos para 60 minutos o cronômetro do nosso celular, no fim dos 60 minutos, todos nós estaremos na Terra uma hora a mais do que estávamos quando fizemos o ajuste. Os 60 minutos marcam o tempo cronológico que decorreu desde que ajustamos o cronômetro. E embora tenhamos claramente vivido cada um desses 60 minutos, a pergunta seria: "*Como* os vivemos? Embora nossas células tenham vivido e se metabolizado durante essa hora, elas também se restauraram e rejuvenesceram durante esse tempo?". E, talvez uma pergunta ainda mais importante: "Demos às nossas células o ambiente para que se restaurassem e rejuvenescessem?". Nossa resposta a essas perguntas é a diferença entre longevidade e velhice.

A natureza mesma dessa pergunta remonta à filosofia que comentamos no início deste capítulo. "Acreditamos que começamos a morrer desde o momento em que nascemos, ou aceitamos que o momento de nosso nascimento desencadeia o processo regenerativo que é natural e inerente à existência de nosso corpo?" Para tornar isso ainda mais pessoal: "Você acredita que desde o momento de seu nascimento você esteve se restaurando e rejuvenescendo?".

A chave para o que o monge tibetano demonstrou-me na resposta que me deu é o fato de que ele não declarou: "Tenho 93 anos de idade". Não afirmou ter gasto 93 anos de seu reservatório finito de vida. O que ele me disse foi simplesmente que tinham se passado 93 anos desde sua chegada a este mundo. Em outras palavras, ele reconheceu o fato de sua longevidade sem declarar as consequências de sua idade. Essa maneira sutil de reconhecer honestamente nosso tempo na Terra tem implicações poderosas quando se trata do relógio da idade em nossas células. É a chave da longevidade e da qualidade de vida que já havíamos encontrado entre os monges e as freiras no Tibete.

Desde que eu aprendi a reconhecer essa filosofia, consegui identificá-la em muitas tradições indígenas que são menos influenciadas que o mundo ocidental por noções de vida, morte e longevidade.

Uma de minhas paixões permanentes é o estudo de pessoas que vivem até idades avançadas e que o fazem de maneira saudável. Procuro descobrir os denominadores comuns que são compartilhados pelas pessoas mais idosas do mundo. Quando os monges me disseram que há yogues que têm 600 anos de idade, por mais surpreendente que fosse a afirmação, realmente senti que não havia razão para duvidar deles. As recentes descobertas da ciência moderna sugerem, com certeza, que essas idades avançadas são possíveis e antigos registros escritos nos dizem que os seres humanos não apenas têm atingido essas idades como têm até mesmo sobrevivido para além delas!

O mais importante para mim nessas histórias é o fato de que, quando essas pessoas chegam ao fim de suas vidas que duram séculos, elas não se ajustam à ideia contemporânea de como alguém com tanta idade deveria se parecer. Estou querendo dizer que não se parecem com a imagem de um corpo murcho, com a pele enrugada pendendo do esqueleto frágil, que associamos com frequência à idade avançada. É exatamente o contrário. Essas pessoas, como a freira que conheci no Tibete em 2008, têm olhos brilhantes e focados, pele saudável e vida extremamente ativa. São seres humanos cheios de vitalidade, plenamente ativos e capacitados, desfrutando a vida de maneira completa e contribuindo para o bem de suas famílias e comunidades até o fim de seus dias.

E embora não tenhamos documentação relativa aos yogues que meu guia descreveu, temos documentação para um homem que completou uma idade quase bíblica em uma época mais ou menos recente. Um dos exemplos mais fascinantes, mais extremos e mais bem documentados de alguém que atingiu uma velhice "bíblica" é o de Li Ching-Yuen, um homem que serviu nas forças armadas chinesas e foi homenageado pelos militares por seus aniversários de 100, 150 e 200 anos.

O MISTÉRIO DE LI CHING-YUEN

Li Ching-Yuen foi um artista chinês de artes marciais e um mestre de qigong que viveu à base de uma dieta de ervas que cresciam em grandes altitudes, serviu nas forças armadas chinesas e morreu com a avançada idade de 256 anos. Os registros detalhados do exército chinês indicam que Li nasceu em Sichuan, China, em 1677. Seu ingresso no serviço militar como assessor tático em 1749 está bem documentado, assim como sua aposentadoria, 25 anos mais tarde, com 97 anos de idade. Ao se aposentar, retomou o estilo de vida simples, rural, que tinha como rotina antes do serviço militar. Acredito que essa escolha do estilo de vida foi um dos segredos de sua longevidade. Ele retornou às altas montanhas da província de Sichuan, na China, para cultivar e colher ervas medicinais, mantendo, como fazia antes do serviço militar, uma dieta à base delas.

Em reconhecimento à sua prestigiosa carreira militar, Li recebeu uma carta de agradecimento por seus serviços. Acompanhando a carta havia um documento adicional, desejando-lhe felicidades e congratulando-o pelo centésimo aniversário. O ano era 1777. Os militares tornaram a homenageá-lo em 1827, em seu aniversário de 150 anos, e de novo em 1877, quando ele fez 200 anos. Esse misterioso homem de grande longevidade foi dado como morto em 1933. Tenho de dizer que foi "dado como morto" porque, no ambiente rural de sua cidade natal, seu corpo nunca foi visto e a família jamais o enterrou. De acordo com sua esposa, ele simplesmente morreu quando estava na natureza.[13]

Figura 5.2. Uma rara foto de Li Ching-Yuen tirada em Sichuan, em 1927, quando sua idade documentada era de 250 anos. Registros do seu serviço militar indicam que nasceu em 1677 e morreu em 1933. Na época de sua morte, acredita-se que ele tinha 256 anos de idade. Fonte: Domínio público, República Popular da China / Wikipédia.

Em 1933, tanto a revista *Time* como o *The New York Times* publicaram artigos sobre Li Ching-Yuen contendo entrevistas com descendentes nascidos na aldeia onde ele fora criado.[14] Os artigos relatavam as memórias de adultos que tinham conhecido Li quando eram crianças, mas os relatos foram compartilhados pelos netos desses adultos. Na época de sua morte, acreditava-se que Li tivesse 180 filhos de 14 casamentos. Quando lhe perguntaram a que atribuía sua longevidade, Li disse acreditar que o segredo de sua longa vida era "ter um coração tranquilo".[15] À luz das novas descobertas relativas aos efeitos de uma vida localizada no coração, as palavras de Li fazem pleno sentido.

A razão de eu estar compartilhando esse relato e minha experiência com a freira tibetana que tinha 120 anos de idade quando nos encontramos não diz respeito especificamente ao número de anos que ostentavam. Embora suas idades avançadas sejam, sem dúvida, impressionantes, na realidade o que importa para a nossa discussão é o estado físico excepcional de ambos nesse momento da vida deles. Os dois ilustram uma exceção à ideia de que "começamos a morrer no momento em que nascemos". Na verdade, parecem corroborar a possibilidade que levantei para meu amigo Michael.

Apenas por intermédio de um processo de regeneração contínua – um rejuvenescimento que começa no nível do próprio DNA da vida dessas pessoas – é possível alcançar idades tão incrivelmente avançadas.

Eu teria adorado conversar com Li Ching-Yuen antes que ele deixasse este mundo. Teria feito a ele as mesmas perguntas que ocorrem a qualquer pessoa quando ouvimos falar de longevidade que desafia nossos sistemas de crença: perguntas sobre dietas, exercícios e estilo de vida. Infelizmente, como Li faleceu duas décadas antes de eu nascer, perdi essa oportunidade.

LONGEVIDADE: O FIO CONDUTOR

Em 2008, a Associated Press divulgou a história de Mariam Amash, uma mulher árabe-israelense da aldeia de Jisr az-Zarka, no norte de Israel. Nesse ano, ela foi detida em um posto de controle, supostamente porque seus documentos de identificação haviam expirado. Disseram-lhe que precisava procurar as repartições locais para ter os documentos atualizados e revalidados. Foi quando ela chegou às manchetes mundiais. Mariam recebeu novos documentos que mostravam sua data de nascimento. O nascimento confirmado fora em 1888, o que significava que Mariam tinha 120 anos de idade no momento em que a história chegou aos jornais![16]

Quando lhe perguntaram a que atribuía sua saúde e sua longevidade, Mariam não precisou pensar muito antes de responder: ao amor. O amor por sua família – o amor que *sentia* pelos filhos, netos, bisnetos e tataranetos – era o que a tinha conservado viva por tantos anos. Sentia que era importante na vida deles. Tinha afeto por eles. Cozinhava para eles. Dava-lhes conselhos sobre a vida. E cada uma dessas experiências contribuía para um abrangente fator positivo: Mariam sentia-se necessária. Sentia que estava contribuindo para a vida das pessoas que amava de uma maneira que eles necessitavam. E era esse sentimento que, a cada dia e todos os dias, a conduzia para uma vida plena.

Em 2012, um de seus netos relatou à imprensa que Mariam não estava se sentindo bem. Foi levada ao famoso Hillel Yaffe Medical Center, de Israel, na cidade de Hadera, para observação e tratamento. Apenas três dias depois, sem nenhuma enfermidade prolongada, Mariam faleceu tranquilamente, cercada pela família. Na ocasião de sua morte, tinha 124 anos de idade, dez filhos e aproximadamente 300 descendentes. Estou compartilhando essa história porque, como Li Ching-Yuen, Mariam levou uma vida saudável, cheia de vitalidade, até o fim.

Quando pensamos nos exemplos das três pessoas que descrevi, Li Ching-Yuen, Mariam Amash e a freira tibetana, um único fio condutor se torna imediatamente óbvio. Essas três pessoas atribuíram sua longevidade a experiências positivas, baseadas no coração. Sabendo disso, não deveríamos nos surpreender com o fato de que as experiências positivas de terem um coração tranquilo e de serem amadas – de se sentirem amadas e necessárias – tivessem impactado o corpo dessas pessoas de maneira vigorosa e efetiva. São, no entanto, as descobertas baseadas na nova ciência que nos dão os detalhes. E quando compreendemos a relação precisa entre nossa percepção das experiências de vida e da longevidade, também descobrimos como despertar conscientemente essa capacidade em nossa própria vida.

Todo órgão do corpo humano – como está agora documentado – tem capacidade para se regenerar e se curar, incluindo aqueles que, no passado, eram considerados incapazes de fazê-lo. O tecido cardíaco, o tecido cerebral, o tecido da medula espinhal, o tecido pancreático e até mesmo as conexões nervosas, como está agora comprovado, têm capacidade para se reparar e para curar as lesões que sofreram, e de fazê-lo usando os próprios mecanismos de cura do corpo. A descoberta da telomerase conta-nos por que essa cura universal é possível.

O ponto-chave aqui é o fato de que precisamos criar as condições corretas – o ambiente adequado dentro e fora de nosso corpo – para desencadear tal cura. Essas condições podem incluir o ambiente físico do que está à nossa volta, o ambiente químico do nosso sangue e das nossas células, e o ambiente emocional que ativa o coração e as funções cerebrais. Essa descoberta abriu a porta para uma nova realidade em biologia e um novo meio de pensar sobre a vida, e começa com a descoberta de células que podem viver para sempre – as primeiras células imortais.

AS PRIMEIRAS CÉLULAS IMORTAIS

Quando, em 2009, se concedeu o Prêmio Nobel aos cientistas que descobriram a telomerase, foi como se a última pedra que estava faltando em um quebra-cabeça tivesse se encaixado perfeitamente nas pesquisas sobre a longevidade. Livros didáticos de biologia tradicionalmente mostram uma ilustração semelhante à da Figura 5.1, na qual os telômeros se tornam cada vez mais curtos cada vez que ocorre uma nova divisão celular. E como se acreditava que o número de vezes que as células podiam se dividir era limitado (pelo que se conhecia como limite Hayflick), dizia-se que as células eram *mortais*. Acreditava-se que elas tinham um período de vida que podia ser calculado e que o número de vezes que a célula era capaz de se dividir poderia ser previsto.

Com a descoberta da telomerase, porém, e sua capacidade para alongar o comprimento dos telômeros e a vida da célula, uma nova classe de *células imortais* teve de ser criada. A razão para esse nome vem do fato de que essas células não estão sujeitas ao limite Hayflick. Em teoria, enquanto os telômeros continuarem a ser restaurados e substituídos, uma célula pode continuar a viver, crescer e prosperar. E, em teoria, esse processo poderia ocorrer indefinidamente, tornando a célula imortal. Embora a ideia de células imortais possa soar como ficção científica, a realidade é que elas já existem. E o fato de já existirem não é, inclusive, uma façanha recente. As primeiras células imortais foram descobertas em 1951. E a verdade chocante é que essas células ainda hoje estão vivas e se reproduzindo em laboratórios, cerca de 65 anos depois de terem sido reconhecidas pela primeira vez.

Em 1951, um médico no hospital Johns Hopkins criou uma cultura celular com tecido extraído de uma jovem que tinha câncer cervical. No caso dela em particular, como acontece com muitos cânceres, a morte celular que ocorre no corpo, a qual é naturalmente programada e normalmente mata células defeituosas antes que elas se tornem um problema (*apoptose*), não estava funcionando. Em vez de eliminar as células que não tinham se dividido de maneira adequada, seu corpo estava enviando um sinal para elas fizessem exatamente o oposto. Ele estava produzindo telomerase para manter todas as suas células vivas e se reproduzindo, inclusive as defeituosas. Foi por isso que o médico fez uma cultura de laboratório a partir de uma amostra das células da mulher. Ele queria compreender por que as células que não eram saudáveis continuavam a viver e a se reproduzir daquela maneira.

O nome da mulher era Henrietta Lacks e suas células continuam se reproduzindo como culturas de tecidos. A cultura original, que o médico criou em 1951, continua a se perpetuar e as células que ela produz são estudadas em salas de aula e laboratórios de pesquisa médica do mundo todo. São conhecidas como linhagem celular HeLa, em homenagem ao nome da doadora. Em teoria, as células HeLa podem viver para sempre.

No caso de Henrietta, alguma coisa desconhecida desencadeou uma liberação generalizada de telomerase em seu corpo em 1951. Pode ter sido uma toxina ambiental. Pode ter sido uma reação do corpo a um aditivo ou a um conservante que fora usado em produtos de meados do século XX e que não existem mais. Pode ter sido uma concentração de metais pesados no ambiente em que ela vivia. O importante aqui é o fato de que as células de Henrietta Lacks ainda estão vivas e continuarão a se reproduzir enquanto um suprimento contínuo de telomerase estiver presente.

ESTAMOS REALMENTE PRONTOS PARA RECEBER CÉLULAS IMORTAIS?

A existência das células em divisão perpétua de Henrietta Lacks transformaram a ideia de imortalidade celular de uma teoria especulativa em uma realidade física. A questão não é mais a de saber se é ou não é possível produzir células que vivam para sempre. Agora o que se procura é saber se essa imortalidade pode ou não ser induzida com segurança em um ser humano saudável por meio de dieta, exercício, nutrição e suplementos. E se a resposta for sim, a pergunta que se segue é de natureza mais filosófica: "Estamos realmente prontos para a imortalidade e para o que ela significa em nossa vida? Estamos emocionalmente preparados para viver vidas prolongadas, nas quais sobrevivemos a tudo o que é familiar e a todos os que amamos?". A resposta a essas perguntas é algo sobre o qual os cientistas agora estão refletindo com seriedade. Eles precisam respondê-las, pois parece que vamos precisar dessas respostas mais cedo do que imaginamos.

Ao longo de toda a história humana registrada, e talvez até mesmo antes, nossa vida seguiu um padrão tácito quando se trata de relacionamentos, carreira e família. Do ponto de vista histórico, o padrão tem sido mais ou menos este: algum tempo depois do fim da infância, que, em algumas sociedades, se considera ocorrer na puberdade, organizamos nossa vida trabalhando para definir um plano de carreira. Buscamos um parceiro de vida e algumas pessoas começam a criar famílias. Como temos nossos próprios filhos e os orientamos durante seus anos de formação, a ordem natural tem sido para nós a de viver uma vida completa (se formos afortunados o bastante, nos tornando avós) e depois, por causa das complicações da idade, falecer, deixando os frutos de nossa vida para a próxima geração.

Nossa sociedade está ajustada para obedecer a essa progressão, que em geral é conhecida como *a ordem natural da vida*. A estrutura de nossa carreira, aposentadoria, avaliação da previdência social, e planos de saúde, tudo isso tem por base estatísticas que projetam até onde vai nossa expectativa de vida e como precisaremos recorrer a tais recursos. Essas estatísticas refletem a média entre nossos pares dentro da ordem natural. Hoje, as expectativas estão mudando. Como a tecnologia, a higiene e a segurança no trabalho têm melhorado no decorrer dos anos, a expectativa de vida tem aumentado e as estatísticas refletem essa mudança.

Por exemplo, em 1930 a expectativa média de vida para um homem era 58 anos e para uma mulher, 62 anos. A diferença entre essas idades costuma ser atribuída aos riscos do trabalho em fábricas e em minas subterrâneas, bem como a perdas de guerra, que afetam de modo diferente homens e mulheres, assim como à tendência para os problemas cardiovasculares afetarem os homens mais cedo que as mulheres.

Curiosamente, a idade para a aposentadoria em 1930 era 65 anos, e isso significava a expectativa de que a maioria das pessoas trabalharia durante todo o seu tempo de vida, sem jamais aproveitar os benefícios de uma aposentadoria oficial ou receber pagamento de um programa social. Felizmente, a melhoria dos padrões de trabalho e de vida mudou esses números de maneira significativa. Segundo a U.S. Social Security Administration [Administração da Seguridade Social dos Estados Unidos], se um homem, em 1990, sobreviveu ao estresse e aos perigos da vida e da carreira profissional para viver até os 65 anos de idade e depois se aposentou, ele poderia esperar viver 15,3 anos adicionais em seguida à aposentadoria. Para as mulheres, a estatística era ainda melhor. Em 1990, uma mulher poderia esperar viver uma média de 19,6 anos após sua aposentadoria, 4,3 anos a mais que sua contrapartida masculina.[17] Mesmo à luz dessas novas estatísticas, em sua maior parte a ordem natural da vida permaneceu intacta em nações desenvolvidas.

Quando se trata de famílias, supõe-se que ocorra uma progressão semelhante. A expectativa que se tem é a de que os pais cuidem da subsistência dos filhos enquanto eles estão amadurecendo e que, ao morrer, deixem sua riqueza material e os frutos de suas vidas para os filhos desfrutarem. Nossas parcerias e casamentos baseiam-se nesse mesmo modelo e nessa mesma progressão. Por exemplo, quando assumimos um compromisso para toda a vida no casamento, supomos que estamos comprometidos com uma duração de vida que está dentro da faixa histórica da expectativa de vida. A possibilidade de imortalidade, ou mesmo de uma existência que se estendesse por cem anos ou mais, muda tudo isso. Honestamente, quantas pessoas assumiriam um compromisso por toda a vida com um único parceiro ou parceira se soubessem, de antemão, que viveriam duzentos anos? Ou que tal quinhentos? E se alcançassem a imortalidade?

Embora seja possível ajustar os detalhes práticos do mundo material – como finanças, seguro e empregos – para acomodar vidas mais longas, talvez o maior desafio para alguém que viva uma existência medida em séculos seja o custo emocional das perdas que a pessoa experimentaria no decorrer de uma vida tão longa. Em uma existência multissecular, há uma possibilidade muito real de que a pessoa, ao viver tanto tempo, perca tudo o que conheceu e todos a quem amou. Experimentaria a perda de amigos, família, parceiros e amantes, e cada perda precisaria ser reconhecida e superada de alguma maneira. Em especial, isso seria difícil quando se tratasse de pais e filhos. O periódico *Psychology Today* descreve o impacto emocional de um pai ou mãe que sobrevive aos filhos:

> Gerando um estresse maior que o enfrentamento da morte de um pai, mãe ou cônjuge, a morte de um filho é especialmente traumática porque é com frequência inesperada, além de violar a ordem habitual das coisas, em que se espera que o filho enterre os pais. O golpe emocional associado à perda de um filho pode levar a uma ampla série de problemas psicológicos e fisiológicos, que incluem depressão, ansiedade, sintomas cognitivos e físicos associados ao estresse, problemas conjugais, risco aumentado de suicídio, sofrimento e culpa.[18]

Além da perda de entes queridos, uma pessoa que viva uma vida multissecular também experimentaria a perda de vizinhos, de comunidades bem como de estilos e modos de vida completos, pois o mundo continuaria a crescer e evoluir, mudando dramaticamente durante uma vida prolongada. É exatamente esse cenário que, há muito tempo, vem preocupando os cientistas quando eles imaginam astronautas em jornadas de muitas décadas para outros mundos, situação em que o fenômeno da dilatação do tempo previsto nas equações de Einstein torna-se um fator muito real. As famílias e os amigos dos viajantes espaciais continuariam a envelhecer no ritmo normal na Terra, enquanto os que estivessem a bordo de uma espaçonave, por causa da velocidade com que estariam viajando, envelheceriam mais devagar que seus parceiros terrestres (a fórmula de Einstein $E = mc^2$ é outra implicação dessas equações). Supondo que sobrevivessem às suas missões de décadas, quando retornassem à Terra seriam muito mais jovens – dependendo de quanto tempo permanecessem no espaço e da rapidez com que estivessem viajando – do que as pessoas que deixaram para trás.

Embora nenhum dos cenários que estou mencionando seja necessariamente um empecilho quando se trata de vidas prolongadas, todos oferecem uma pista de que a experiência da longevidade envolve muito mais que a simples manutenção da vida dessas células. Tudo, no entanto, se resume às nossas percepções e à maneira como nos sentimos a respeito do mundo que muda à nossa volta.

Eu mesmo experimentei o gosto disso antes do falecimento de meu avô.

PASSO A PASSO COM O MUNDO

Como mencionei anteriormente, meu pai abandonou nossa família quando eu tinha 10 anos. Depois de sua partida, meu avô materno tornou-se outro pai para mim e fiquei mais apegado a ele que ao meu pai biológico. Embora eu e meu avô tivéssemos visões de mundo muito diferentes, ele estava sempre aberto a novas ideias, disposto a dar ouvidos às minhas preocupações e feliz em compartilhar sua sabedoria quando eu pedia por isso – ou quando mais precisava dela. Embora eu não soubesse que aquela seria sua última semana de vida, eu estava com meu avô na semana em que ele morreu. Ele acabara de completar 96 anos e fizemos uma pequena comemoração em família para homenagear as experiências que ele tinha adquirido na vida.

    Quando a comemoração estava chegando ao fim, puxei meu avô para uma mesa tranquila e pedi a ele que me falasse sobre seus 96 anos de vida e o que essa experiência significava para ele. Tendo deixado o barulho da festa em outro cômodo, ele começou respirando fundo, enquanto erguia as sobrancelhas e girava os olhos diante da magnitude do que eu acabara de lhe perguntar. "Houve uma época em que o mundo fazia sentido para mim", disse ele. Depois descreveu como havia compreendido o mundo e como as coisas funcionavam. E se orgulhava de sua habilidade magistral para consertar as coisas quando elas precisavam ser consertadas. O que incluía arrumar o motor de seu carro, assim como o de amigos e parentes, manter em uso o forno a carvão no porão da casa da família durante os severos invernos do Missouri e sempre conseguir trabalhar para comprar todos os bens que adquirira, mesmo durante a Grande Depressão de 1929, comprando à vista a casa e a mobília sem jamais receber ajuda de ninguém. Esse tempo sobre o qual falava, quando o mundo fazia sentido, estava no século XX, logo depois da Primeira Guerra Mundial.

    "Então algo mudou", disse ele, "e o mundo não fez mais sentido para mim. Não consegui acompanhar as mudanças." Meu avô nunca conseguiu indicar com precisão qualquer coisa que fosse responsável pelas mudanças que o fizeram se sentir um forasteiro. "Foi tudo", disse ele. "Tudo mudou!" Logo depois da Segunda Guerra Mundial, os frutos da tecnologia do tempo da guerra começaram a surgir na vida cotidiana. De aviões a jato e sistemas de telecomunicação – como máquinas de fax – a remédios e indústrias um tipo completamente novo, os dispositivos eletrônicos modernos e estilos de vida que emergiram depois da Segunda Guerra Mundial funcionavam com base em princípios que meu avô simplesmente não compreendia.

    Além da grande abundância de novas tecnologias, o mundo também estava repleto de novas nações. Muitas não existiam antes da guerra (nações como Israel, Jordânia, Paquistão, Iraque e Nepal). O vovô nunca conseguiu entender como um dia uma nação não existia, e de repente no dia seguinte, com uma canetada, passava a existir. Tudo isso deixava meu avô com a impressão de que não conseguia mais se ajustar ao mundo – que não pertencia mais a ele. Aos 96 anos, não conseguia reconciliar as mudanças que ocorriam no mundo ao contexto de sua própria vida.

Eu não estava com meu avô quando ele morreu no fim daquela semana. Recebi um telefonema no trabalho informando-me que, depois do almoço, o vovô fora tirar um cochilo na sua poltrona preferida, enquanto assistia à programação diurna da TV. Tinha a aba do boné de beisebol de sua Universidade do Missouri puxada sobre o rosto e nunca acordou. A transição dele foi tranquila e sempre agradeci por isso... e pelo fato de lhe ter feito, a tempo, minhas perguntas sobre sua vida. Infelizmente, meu avô morreu sentindo-se um estranho no mundo onde fora criado. Penso nele frequentemente, reflito sobre o que um século de mudanças significou para ele, e me pergunto como seria ter uma parcela ainda maior – talvez dois séculos – de mudanças, ou ainda mais, para que ele se reconciliasse com elas no período de uma única existência. A boa-nova é que a mesma ciência que torna possíveis a longevidade e a imortalidade também nos apresenta o círculo completo do conhecimento que nos permite reconciliarmo-nos com aquilo que tais mudanças significam em nossa vida.

A ADOÇÃO DA GRANDE MUDANÇA DE UMA MANEIRA SAUDÁVEL

Talvez não seja por acaso o fato de os elementos que hoje dirigem as mudanças em nosso mundo – como a tecnologia e as descobertas que levaram ao desenvolvimento de células imortais e ao reconhecimento do poder da coerência coração-cérebro – terem avançado, todos eles, no mesmo ritmo. À medida que as descobertas vão emergindo no mesmo período de tempo, torna-se claro que cada uma delas precisa do que as outras oferecem para ser útil em nossa vida.

No Capítulo 3, descrevi a descoberta de que ocorre um diálogo entre o coração e o cérebro (a coerência) e os muitos benefícios que estão disponíveis para nós quando otimizamos esse diálogo. Além das extraordinárias capacidades para a intuição profunda, o superaprendizado, a precognição, a ativação de um poderoso sistema imunológico e a liberação da enzima telomerase, que afirma e promove a vida, conforme mencionei, há um benefício adicional o diálogo entre coração e cérebro torna possível. É chamado *resiliência* e é a maneira de a natureza nos ajudar a aceitar a grande mudança de uma forma saudável.

Em anos recentes, cientistas descobriram que, aumentando nossa resiliência, nossa flexibilidade, ou capacidade de adaptação, aos desafios da vida, sem dúvida reduzimos o estresse que tais desafios podem criar em nossa vida. Em outras palavras, quando fortalecemos as condições em nosso sistema mente-corpo-emoção, alteramos a maneira como nos sentimos acerca dos desafios de nossa vida – nossas percepções – e o fazemos de uma maneira saudável. Isso é possível mesmo que as circunstâncias que são a fonte dos desafios não tenham mudado. É esse tipo de resiliência que se tornará a chave para curar as feridas e dores emocionais descritas anteriormente, experimentadas ao longo de vidas mais extensas. E a beleza de aumentarmos nossa resiliência na vida é que podemos fazer isso em qualquer idade e em qualquer momento da vida.

Ponto-chave 38: A resiliência coração-cérebro é a chave para a recuperação emocional diante da perda de família e de entes queridos que acompanha vidas prolongadas.

UMA NOVA RESILIÊNCIA

Quer estejamos falando sobre uma pessoa ou um planeta inteiro de pessoas, quando se trata de resiliência o pensamento convencional é o de que ela é uma qualidade interior que nos permite nos recuperarmos de um evento desafiador que aconteceu em nossa vida, como a perda de um ente querido, de um emprego ou de um relacionamento. A American Psychological Association [Associação Psicológica Norte-Americana] define esse tipo de resiliência como "o processo de adaptar-se bem diante da adversidade", de "nos recuperarmos com rapidez de experiências difíceis".[19]

Embora essa definição tradicional atenda a situações descritas nos telejornais da noite e apesar de o pensamento que lhe é subjacente fazer sentido, há outro tipo de resiliência. É uma forma nova de *resiliência expandida*, que é raramente discutida, mas que faz pleno sentido quando ficamos sabendo de sua existência.

O Stockholm Resilience Centre [Centro de Resiliência de Estocolmo] descreve resiliência como a capacidade para "mudar e se adaptar continuamente, mas se mantendo no âmbito de limiares críticos".[20] É o tema articulado nessa segunda definição que ilustra melhor o tipo de resiliência de que precisamos para aceitar as mudanças experimentadas em uma duração de vida expandida. Estamos falando sobre um modo de pensar e de viver que nos proporciona a flexibilidade de *mudarmos continuamente e nos adaptarmos* a novos desafios, a novas condições, a novas maneiras de pensar e de viver, em vez de termos de nos recuperar com rapidez de uma perda atrás da outra. E essa forma de resiliência é a chave para curar o estresse não resolvido. Se pensarmos em nossa resiliência pessoal como a força combinada das "baterias" emocionais, físicas e psicológicas que nos fornecem energia para enfrentar os desafios da vida, a resiliência expandida é o combustível [*juice*] que mantém nossa bateria sempre carregada.

Tudo começa com a resiliência que criamos dentro do próprio coração. Uma maneira de determinar nosso nível de resiliência consiste em medir os picos e vales dos ritmos de nosso coração.

UMA RESILIÊNCIA MAIS PROFUNDA VINDA DE DENTRO

Embora a maioria das pessoas esteja familiarizada com o gráfico dos ritmos de nosso coração, gráfico esse que um médico submete a escrutínio em nosso exame médico anual, podemos não estar plenamente conscientes de tudo o que o gráfico mostra. Além de nos passarem informações sobre o estado geral do coração, esses ritmos também podem nos dizer alguma coisa a respeito da saúde do sistema nervoso. O gráfico que o médico está examinando é provavelmente um ECG, ou eletrocardiograma. O ECG mede a atividade elétrica do coração – os impulsos elétricos que o coração cria e envia para o corpo todo.

Embora o estudo e a interpretação dos ritmos cardíacos possam ocupar um livro inteiro, quero me concentrar em apenas uma coisa a respeito deles. Há um aspecto do ritmo cardíaco que é a chave para a criação de resiliência. Quando se olha para os picos e vales do gráfico de um eletrocardiograma, até mesmo um olhar não treinado pode reconhecer com clareza que há padrões recorrentes de grandes picos criados por cada batida do coração (ver Figura 5.3).

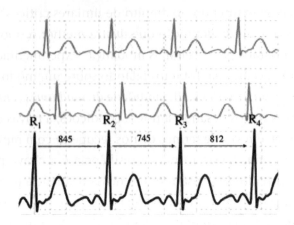

Figura 5.3. Fragmento de um eletrocardiograma, mostrando os picos e vales (depressões) cíclicos de um batimento cardíaco típico. A distância entre o pico de uma onda R (R1) e o pico seguinte (R2, ou entre R2 e R3, e assim por diante) muda de um batimento para o seguinte. É essa variabilidade no ritmo do coração que proporciona resiliência em nossa vida. Fonte: Dreamstime © Z_i_b_i.

O que é importante para a nossa discussão é o fato de que a distância entre o topo de um grande pico (chamado de onda R) e o do pico seguinte não é sempre a mesma; ela varia de uma pulsação para a pulsação consecutiva. Embora pareça que as distâncias entre cada pico e o pico seguinte sejam sempre idênticas, quando medimos esses intervalos no gráfico descobrimos que elas mudam. E é bom que isso aconteça, pois é onde começa nossa resiliência na vida.

Quanto maior for a flutuação (a variabilidade) entre as pulsações, maior será a resiliência que temos em enfrentar os estresses da vida e as mudanças em nosso mundo.[21] Como estamos medindo a flutuação entre batimentos cardíacos, a medição é chamada exatamente como esperaríamos que fosse: *flutuação da frequência cardíaca* (*heart rate variability*, ou HRV). A HRV é medida em unidades de tempo muito pequenas, chamadas *milissegundos* ou *milésimos de segundo*, e a diferença entre um batimento cardíaco e o seguinte pode ser de apenas uma fração de milissegundo.

Quando crianças, temos uma HRV alta e faz pleno sentido que seja assim. Quando somos jovens e estamos explorando o mundo e nos adaptando a ele, nosso corpo precisa descobrir uma maneira de se ajustar ao que encontram. E precisa fazê-lo rapidamente. Por exemplo, na primeira vez em que nossos dedos descobrem o que significa água quente da torneira da cozinha, ou quando descobrimos que nem todos os cães são tão amigáveis quanto aquele que temos em casa, precisamos reagir com rapidez. A capacidade do coração para alterar seus ritmos – nossa HRV – e enviar sangue para onde ele é mais necessário mostra como nossa "fiação" biológica nos dá pronto acesso às respostas rápidas que são fundamentais à nossa sobrevivência.

É o sinal que o coração envia para o cérebro que cria a coerência anteriormente descrita. Esclarecendo: o coração e o cérebro estão sempre em algum estado de coerência. No caos da vida cotidiana e na presença de emoções negativas, contudo, nossos níveis de coerência podem ser baixos. Por meio de exercícios simples, como aquele apresentado anteriormente neste capítulo, "Descubra e resolva seu estresse não resolvido" (ver página 191), bem como no exercício a seguir, podemos alterar parâmetros fundamentais de nosso corpo para criar níveis mais elevados de coerência. Há uma conexão direta entre a HRV em nosso corpo, nosso nível de coerência e a resiliência que nos permite enfrentar as mudanças extremas em nosso mundo atual ou a perda drásticas que ocorreria com vidas multisseculares. A conexão é esta: quanto maior for o nosso nível de coerência, maiores serão nossa HRV e nossa resiliência.

Ponto-chave 39: Mais harmonia (coerência) coração-cérebro leva a maior resiliência em nossa vida.

Muitas das descobertas recentes relativas à coerência do coração, à inteligência do coração e a como usar as duas em nossa vida foram realizadas pelos cientistas do Instituto HeartMath. Por meio de pesquisas revisadas e aprovadas por colegas acadêmicos, o IHM mostrou, para além de qualquer dúvida, que dois fatores se relacionam diretamente à resiliência pessoal em nossa vida cotidiana:

- Nossas emoções podem ser reguladas para criar coerência em nosso corpo.

- Podemos usar passos simples para criar coerência quando precisarmos disso em nossa vida cotidiana.

Trabalhando com algumas das organizações mais prestigiosas e alguns dos pesquisadores mais inovadores do mundo, o IHM desenvolveu um sistema simples, conhecido como *Attitude Breathing*© [Respiração de Atitude], que nos permite aplicar com facilidade, em nossa vida cotidiana, as descobertas que eles fizeram em seus laboratórios. Segundo os pesquisadores, o principal benefício dessa técnica está no fato de que "o coração harmonizará automaticamente a energia entre coração, mente e corpo, intensificando a coerência e a lucidez".[22] No IHM, eles separaram a mudança nas emoções que cria os maiores níveis de coerência nos três passos simples a seguir, que foram adaptados de *Transforming Stress*, de Doc Childre e Deborah Rozman.[23]

EXERCÍCIO

Três Passos para a Resiliência Pessoal:
Attitude Breathing©
[Respiração de Atitude]

Passo 1. Reconheça uma atitude não desejada – um sentimento ou atitude que você quer mudar. Pode ser ansiedade, tristeza, desespero, depressão, autojulgamento, culpa, raiva, sobrecarga – qualquer coisa que seja angustiante.

Passo 2. Identifique e inale uma atitude de substituição. Selecione uma atitude positiva e depois inale lentamente, e com descontração, o sentimento dessa nova atitude, levando-o a fluir através da área de seu coração. Faça isso durante algum tempo para fixar o novo sentimento.

Passo 3. Diga a si mesmo para eliminar essa aura de "grande coisa" e drama que você atribui à atitude ou ao sentimento negativo. Diga a si mesmo: *"Elimine a importância disso"*. Repita essa frase à medida que usa a *Attitude Breathing*© até sentir uma alteração ou uma mudança. Lembre-se de que até mesmo quando uma atitude negativa parece justificada, o acúmulo de energia emocional bloqueará o seu sistema. Tenha uma genuína atitude de "determinação empresarial" ["*I mean business*"] e a intenção sincera de realmente deslocar essas emoções para um estado mais coerente.

À medida que estiver praticando, você começará a criar novas trilhas neurais, e velhas resistências e atitudes que serviam de gatilho para problemas começarão a se liberar.

A melhor ciência do mundo moderno tem revelado que, de fato, começamos a nos curar no momento em que nascemos. E nossa cura começa no nível mais fundamental de nosso corpo, com o próprio DNA. Cabe a nós aceitar nossa cura e a possibilidade muito real de vidas multisseculares, ou mesmo da imortalidade, se preferirmos assim.

No entanto, independentemente de quanto tempo vivemos neste mundo, a capacidade para a autocura também nos permite experimentar uma qualidade de vida que determina o sucesso de nossos relacionamentos, empregos e carreiras. É nossa capacidade para fazer essas escolhas, de uma maneira que nenhuma outra forma de vida é capaz, que pode fazer a diferença entre sucumbirmos às circunstâncias da fatalidade ou ascendermos ao nosso destino maior.

(Copyright © 2013 Instituto HeartMath)

capítulo sete

Nossa "Fiação" Está Pronta para nos Ligar à Realização do Nosso Destino

Da Evolução pelo Acaso à Transformação pela Escolha

> *"O destino não é uma questão de acaso; é uma questão de escolha. Não é uma coisa a ser esperada, é uma coisa a ser obtida."*
>
> – William Jennings Bryan (1860-1925), político norte-americano

Às vezes, a melhor maneira de compreender uma ideia complexa é procurar reconhecê-la através dos olhos de alguém que vê o mundo com simplicidade. A sabedoria de Forrest Gump, o personagem-título vivido por Tom Hanks no filme de 1994, *Forrest Gump: O Contador de Histórias*, é um exemplo perfeito desse tipo de visão. Quando perguntam a Gump sobre o papel do destino em nossa vida, suas palavras atemporais soam tão verdadeiras hoje como quando ele as proferiu pela primeira vez na tela grande, há mais de duas décadas. "Não sei se cada um de nós tem um destino", disse ele, "ou se estamos todos apenas flutuando por aí acidentalmente, como em uma brisa. Mas eu acredito que talvez sejam as duas coisas."[1]

A filosofia de Gump descreve com precisão o que a transformação pessoal de fato é. Como indivíduos, cada um de nós tem um destino que nos espera para cumprirmos nosso potencial maior. Nosso destino, porém, só é nosso se agirmos. Por meio das escolhas que fazemos em cada momento de nossa vida, afirmamos esse destino pessoal. A certeza de saber quem somos e como nos encaixamos no mundo é a bússola que pode nos guiar quando fazemos nossas escolhas no dia a dia.

DOIS CAMINHOS PARA A UTOPIA

Uma onda de corajosos romances escritos nas primeiras décadas do século XX proporcionava um vislumbre de nosso futuro coletivo se os acontecimentos dessa época continuassem ininterruptos. Cada livro fala de um tempo em que os seres humanos triunfariam sobre os problemas naturais e tecnológicos que eram comuns na época. O que distingue esses romances é a maneira como os problemas eram resolvidos.

É possível que o mais bem conhecido desses livros seja *Admirável Mundo Novo*, de Aldous Huxley, publicado em 1932.[2] A visão que Huxley tem do futuro está voltada para Londres no ano 2540, seis séculos à frente de seu tempo. Nesse futuro, a humanidade conseguiu evoluir para além das limitações e do sofrimento do passado. Huxley descreve um mundo de coexistência pacífica, onde a população é limitada ao número de pessoas que a Terra pode confortavelmente sustentar, onde a guerra é uma coisa do passado, onde todos são felizes e têm tudo de que precisam, onde toda pessoa é instruída, onde a doença não existe mais e todos se conservam perfeitamente saudáveis até o último dia de suas vidas. Mas o futuro que ele descreve vem com um preço muito alto. Para alcançar a bem-aventurança da utopia de Huxley, as qualidades da vida humana que mais valorizamos e pelas quais temos mais apreço tornaram-se vítimas da solução.

Por exemplo, a população otimizada tornou-se possível porque a reprodução humana natural foi abolida. No admirável mundo novo, embriões humanos são criados e incubados em instalações controladas. São seletivamente produzidos por engenharia genética – geneticamente planejados – para alcançar níveis específicos de QI que os qualificam para trabalhos específicos, projetados para eles com a precisão de um sistema de castas. Cada um executa o trabalho que combina com a aptidão para a qual foi projetado e fica feliz com isso porque é tudo o que ele conhece, ignorando qualquer outra alternativa. São educados apenas até o nível que precisam alcançar para efetuar seu trabalho. Todos são remunerados da mesma maneira, não havendo, portanto, a inveja. As pessoas sabem desde a infância quando vão morrer, pois a vida é programada para terminar aos 60 anos. Mas não existe medo da morte e nem tristeza quando morre um amigo ou conhecido porque o vínculo emocional de parcerias e de famílias, que é a fonte desse sofrimento, também foi abolido.

Momentos tranquilos e contemplativos são desencorajados e as pessoas são estimuladas a passar seu tempo de lazer em grupos, desfrutando atividades e saboreando alimentos que as fazem se sentir bem. E embora o sexo recreativo seja encorajado, o sexo que tenha como propósito o amor é obsoleto. Tudo isso se desenvolve sob uma forma de governo global que é conduzido por dez líderes emocionalmente neutros, conhecidos como controladores mundiais.

O objetivo de Huxley ao escrever o livro foi mostrar que, embora seja possível solucionar os problemas que têm atormentado a humanidade desde o início dos tempos, o desafio que nosso futuro nos impõe é fazer isso sem sufocar a centelha mesma da individualidade, da criatividade e do exercício da autoexpressão, que nos tornam quem somos e dão significado à nossa vida.

O livro de Huxley foi inspirado por obras literárias anteriores, que também exploraram como seria o nosso futuro, livros como *Men Like Gods*, de H. G. Wells, publicado em 1923.[3] Embora *Men Like Gods* tenha sido escrito nove anos antes de *Admirável Mundo Novo*, a história se passa em um mundo que está 3 mil anos no futuro. Graças a um acaso insólito, o personagem principal da história, um jornalista que trabalhava em Londres, chamado Sr. Barnstaple, é transportado em seu automóvel para uma Terra futura, mais especificamente, para o ano 4923, quando não haverá nenhum governo mundial, e religião e política serão apenas memórias distantes, parte de um passado misterioso, conhecido como "o tempo da confusão".

No futuro de Wells, as pessoas do mundo adotaram uma forma de educação e de governo baseada em cinco princípios de liberdade: 1) privacidade; 2) liberdade de ir e vir; 3) conhecimento ilimitado; 4) confiabilidade; 5) livre discussão. Sr. Barnstaple acha esse novo mundo tão atraente que, como era de se prever, quer ficar lá pelo resto da vida.

A trama do livro, no entanto, dá uma reviravolta quando o protagonista compreende que a melhor maneira de assegurar a existência do futuro que descobriu é voltar ao mundo familiar de onde veio e compartilhar o que experimentou. Ao fazê-lo, planta as sementes e coloca em movimento as ideias que tornarão tal futuro possível.

PARALELISMOS COM OS DIAS DE HOJE

Estou compartilhando detalhes dessas duas narrativas para contrastar suas visões do que seria possível para a nossa civilização no futuro. Os dois escritores inventam mundos nos quais os graves problemas de nossos dias foram resolvidos. Em ambas as visões, a guerra se tornou obsoleta. Ambas as obras descrevem um tempo em que as pessoas são felizes e saudáveis, e transcenderam os extremos e perigos que enfrentamos hoje em nosso mundo. O importante é que cada livro indica um caminho muito diferente para se atingir esses resultados:

- Um deles o faz à custa dos valores que dão significado à nossa vida e da expressão do que significa sermos humanos.

- O outro o faz por meio do cultivo das próprias liberdades que tornam possível nossa expressão criativa.

Os paralelismos entre esses livros e a situação atual, em que nos encontramos enterrados até a cabeça no mundo contemporâneo, são inconfundíveis. Estamos vivendo em uma época de extremos. Somos confrontados com escolhas que não são diferentes daquelas descritas nas primeiras décadas do século passado, escolhas relativas à população, à igualdade social, educacional e financeira, a meios sustentáveis de vida. *A diferença é que acabamos de chegar às encruzilhadas que determinarão a aparência que desejamos que nossa vida tenha a ter e que tipo de futuro vamos escolher.*

Ponto-chave 40: Ainda temos a oportunidade de criar um futuro saudável definindo os valores que prezamos *antes* de implementarmos soluções que causarão danos irreversíveis a nós mesmos e ao nosso planeta.

É aqui que se apresenta a pergunta sobre quem somos nós. Uma vez respondida, acredito que os valores que nos levarão a cumprir nosso mais pleno destino surgirão naturalmente. Quando dominarmos os notáveis potenciais de nosso corpo, poderemos nos empoderar de uma maneira que seja extremamente benéfica para nós como indivíduos e coletivamente como espécie, assim como para toda a vida na Terra. Expressar esses potenciais nos torna resilientes e nos abre largos caminhos ao longo dos quais podemos resolver nossos desafios mais prementes.

Agora que a ciência destravou o acesso aos segredos de algumas das verdades mais bem guardadas da natureza – como a realidade quântica, o código genético e a fissão nuclear –, conhecer os segredos das nossas capacidades tem importância crucial. Pela primeira vez na história humana registrada, nosso acesso a esses segredos nos dá o poder de mapear nosso destino coletivo, ou de consumar nossa fatalidade coletiva, e de fazê-lo em uma única geração. É exatamente a situação que Aldous Huxley descreveu em *Admirável Mundo Novo*.

É precisamente *porque* destravamos tantos segredos da natureza e nos tornamos tão poderosos com relação à vida na Terra que precisamos agora compreender como esses segredos se encaixam em nossa vida e escolher com cuidado o caminho a seguir. E embora possamos casualmente perguntar a nós mesmos quem somos nós, de um ponto de vista filosófico, essa pergunta tem sido, há décadas, um tópico sério de apaixonados debates éticos em círculos científicos.

O QUE NOS DÁ O DIREITO?

Desde meados da década de 1970 até o início da de 1990, tive o privilégio de trabalhar com equipes de brilhantes geocientistas e engenheiros aeroespaciais que estavam desenvolvendo uma das mais avançadas tecnologias que o mundo já viu. Tanto para empresas como para universidades, foi um período de tremendo dinamismo, uma vez que os

Estados Unidos estavam tentando superar sua dependência do petróleo estrangeiro e desenvolvendo tecnologias futuristas durante a Guerra Fria e o programa espacial então em curso. Não causa surpresa, pois, o fato de que esse período de pesquisas tão intensas fosse acompanhado de uma investigação introspectiva não menos intensa. Os cientistas estavam explorando os limites de suas recém-descobertas capacidades para alterar a vida, o clima e o planeta em um nível historicamente reservado a Deus e à natureza. O grau de responsabilidade que acompanha tão assombroso poder inflamava com frequência debates acalorados a respeito de nosso direito moral de usar essas tecnologias – debates de que participei com entusiasmo sempre que tive oportunidade.

As discussões que irrompiam diante de máquinas que vendiam cafezinho e refrigerante ou de bebedouros nos laboratórios, e que com frequência continuavam em banheiros e refeitórios, seguiam em geral uma dentre duas linhas de pensamento. Uma linha acreditava que nossa capacidade para "refinar" ou "ajustar" as forças da natureza era, em si mesma e por si mesma, uma licença para explorar ao máximo essas tecnologias. Em outras palavras, se nós *somos capazes de* modificar padrões meteorológicos e de criar novas formas de vida, nós *deveríamos* fazê-lo, nem que fosse só para ver aonde a tecnologia poderia nos levar. Uma justificativa comum para esse pensamento era: "Se não estivéssemos destinados a fazer essas coisas, nunca teríamos descoberto os segredos que as tornam possíveis".

A segunda linha de pensamento era mais conservadora, sugerindo que o mero fato de termos a capacidade para fazer engenharia com a vida não significa que tenhamos o direito de fazê-lo. Para defensores dessa abordagem, as forças da natureza representavam leis sagradas que não deviam ser manipuladas. Por exemplo, configurar sob medida o código genético de nossos filhos antes de seu nascimento, ou ajustar os padrões meteorológicos globais para que se ajustassem às nossas necessidades estava fora de questão, eles argumentavam. Manipular a natureza, para eles, violaria uma confiança ancestral, básica, implícita.

Embora essa "confiança" não seja necessariamente pronunciada palavra por palavra, essa segunda linha de pensamento argumentaria que, se cruzamos a linha divisória entre *usuário* e *criador*, colocamo-nos em território proibido, enfrentando, possivelmente, consequências não desejadas. Alguns cientistas de fato recorrem ao *Admirável Mundo Novo*, de Huxley, para ilustrar a escorregadia ladeira abaixo à qual esse caminho poderia nos levar. A analogia usada com frequência é a do velocímetro de um carro. O simples fato de o marcador indicar velocidades ultrapassando 250 km/hora não implica necessariamente que se deva conduzir os veículos com tanta pressa!

É precisamente a metáfora de um velocímetro que me parece ilustrar uma terceira possibilidade, até agora não identificada. Se o velocímetro indica que um veículo é capaz de viajar a mais de 250 quilômetros por hora, com toda a probabilidade alguém tentará, em algum momento, dirigir com essa velocidade. Afinal, faz parte da natureza humana tentar ultrapassar nossos limites, superar fronteiras, afastando-as para estabelecer novos limites, e praticar, ao extremo, nossas capacidades. O ponto-chave, no entanto, é que quando, de fato, testamos nossos limites, deveríamos ter a sabedoria de determinar o tempo, o lugar e as condições do teste.

Podemos procurar o trecho deserto de uma estrada, com boa pavimentação, em um dia de tempo bom – minimizando assim a possibilidade de sermos feridos e de ferir outras pessoas – ou podemos agir por impulso e testar os limites de um veículo correndo por uma via expressa movimentada, e, desse modo, colocando a nós mesmos em perigo, bem como a vida de quem está à nossa volta. Em um caso ou em outro, as fronteiras são testadas. Um teste é feito com responsabilidade, e o outro com negligência.

O mesmo princípio de responsabilidade precisa se aplicar à maneira como empurramos os limites para submeter as forças da criação a novas "soluções de engenharia". Vivemos em um mundo onde confiamos na ciência e nos cientistas para que eles liderem nossa jornada de exploração, uma jornada da qual há pouca probabilidade de que possamos algum dia voltar. As escolhas que, com a assistência deles, estamos fazendo neste exato momento, escolhas relativas a combustíveis fósseis, clima, saúde, cura e economia global, impactam diariamente a todos e a cada um de nós. Impactam nossos planos de benefícios, nossas aplicações na previdência privada e nossos planos de aposentadoria, e ajudam a decidir se nossos filhos poderão contar ou não com uma educação completa. Afetam o tipo de indústrias que vão prosperar e que empregos serão criados em nossas comunidades. Determinam o futuro do nosso sistema de assistência à saúde e se nossos médicos simplesmente receitarão remédios, quando as opções do nosso precário estilo de vida não permitirem mais que isso, ou nos ajudarão a criar vidas e estilos de vida nos quais precisaremos de menos drogas.

Respeitando nossa vida e baseando-a em valores fundamentais, podemos assegurar um futuro que nos leve ao nosso melhor destino, e não à destruição mútua. Quando nos deslocamos da velha história humana de separação, competição e conflito para a nova história humana de conexão, cooperação e compartilhamento, encontramo-nos à beira de um precipício no qual despencaremos se deixarmos de escolher os valores que mais prezamos em nossa vida cotidiana, tanto como espécie quanto como indivíduos. Estamos exatamente em um raro "ponto ótimo" entre velhas e novas maneiras de pensar, no qual ainda podemos escolher o futuro que desejamos e o caminho para nos levar até lá. E tudo se resume ao que pensamos quando respondemos à pergunta: "Quem sou eu?".

A BOA NOTÍCIA É QUE HÁ MUITAS BOAS NOTÍCIAS!

Há muitas boas notícias no mundo. Embora seja com frequência abafada pelo ruído da máquina midiática que desvia nossa atenção para a crise do dia, a boa notícia ainda assim existe. Exemplos incluem as soluções já existentes para as questões pessoais e globais que afligem nossa vida. Vamos então começar com a manchete que deveria aparecer na primeira página de todos os jornais de domingo: A verdade simples é que nossos maiores problemas já estão resolvidos!

> Ponto-chave 41: Já temos todas as soluções – todas as soluções tecnológicas – para os maiores problemas que enfrentamos como indivíduos, comunidades e nações.

Contrariamente ao pensamento de que necessitamos reunir cientistas, engenheiros, mestres espirituais e líderes políticos de todo o mundo em uma sala para descobrir como criar o melhor mundo e as vidas mais saudáveis possíveis, a boa notícia é que isso já aconteceu. Já criamos os laboratórios de ideias [*think tanks*], as assessorias [*brain trusts*] e os centros elaboradores de planos de ação política necessários para alcançar precisamente esses objetivos; começamos a fazer isso há mais de um século. E essas instituições têm encontrado respostas!

Do Fundo Carnegie para a Paz Internacional (Carnegie Endowment for International Peace – CEIP), criado em 1910 especificamente para "acelerar a abolição da guerra internacional, a nódoa mais sórdida que se estende sobre a nossa civilização",[4] ao Tellus Institute, fundado em Boston, Massachusetts, em 1976, "com o propósito de promover a transição para uma civilização global sustentável, equitativa e humana", o arcabouço já está instalado para identificarmos opções para o desenvolvimento de um mundo globalizado. Por exemplo, o enfoque atual da pesquisa do Tellus Institute consiste em utilizar técnicas científicas avançadas a fim de identificar possíveis cenários para o futuro da humanidade. Isso inclui as pesquisas que se empenham em identificar um futuro que seja sustentável e igualitário, bem como os planos de ação política, as ações e as opções capazes de nos levar até lá.

O que eu quero destacar aqui é o fato de que já fizemos o trabalho. Identificamos as grandes soluções e já sabemos o que é viável quando se trata de lidar com problemas como segurança alimentar, energia abundante, economias sustentáveis e uma consciência sobre a saúde baseada em autocura. E é uma boa coisa que tenhamos essas soluções agora, pois certamente não queremos esperar até o momento em que se tornem necessárias para começarmos a busca para encontrá-las.

Vamos examinar com cuidado, destacando pontos essenciais, algumas dessas soluções para termos uma noção mais precisa daquilo a que estou me referindo.

Já temos o alimento de que precisamos. Já temos todo o alimento de que precisamos para alimentar cada boca de cada criança, mulher e homem sobre a face da Terra atualmente. Segundo o Programa Mundial de Alimentos das Nações Unidas, com exceção do caso de algum evento extremo e imprevisto, como a colisão de um asteroide com a Terra ou uma guerra nuclear global, "há hoje no mundo alimento suficiente para todos terem a nutrição necessária a uma vida saudável e produtiva".[5] Não é por falta de alimentos que há cerca de 925 milhões de pessoas com fome no mundo, o que equivale a "mais que as populações combinadas dos Estados Unidos, do Canadá e da União Europeia".[6]

O que está faltando é o pensamento e a liderança capazes de transformar isso em um esforço prioritário para que o alimento de que já dispomos chegue aos lugares onde ele é mais necessário. Para ser claro, não estou sugerindo que essa liderança tenha de ser norte-americana nem, aliás, uma liderança de um só país, qualquer que seja ele, e que atue de cima para baixo. O que estou dizendo é que é a aceitação do *status quo* que torna possível a tragédia da inanição em um mundo onde o alimento é abundante e a tecnologia para fazer esse alimento chegar onde é necessário já existe.

Já temos a energia de que precisamos. Já temos a tecnologia para levar eletricidade à casa de cada família sobre a face da Terra – uma energia limpa, verde, sustentável, que emite um volume *zero* de gases de estufa. E temos essa tecnologia há mais de 60 anos.

Quando falamos sobre energia, tendemos a basear nossas discussões em nossa experiência energética do passado, baseada, em grande medida, na queima de combustíveis fósseis: primeiro o carvão e, em seguida, o petróleo e o gás natural. Sem nos afastarmos de uma abordagem realista, é provável que essas formas de energia continuem ingressando na equação energética do mundo no futuro previsível. No entanto, não precisariam entrar. Já temos soluções que tornam obsoletas as fontes de energia do passado. E assim como o mundo está mudando mais depressa do que os "peritos" poderiam imaginar, a mudança que nos afastará da queima de qualquer coisa como o petróleo ou o carvão para acionar uma turbina está se aproximando com rapidez.

As fontes de energia recaem em duas categorias principais:
- *Energia renovável convencional.* Ao mencionar energia renovável, em geral nos vêm à mente as "três grandes" fontes (solar, eólica e hidrelétrica) e, em menor grau de abrangência, a geotérmica. Em vez de considerar qualquer uma dessas fontes como *a* solução

única para as necessidades de energia do mundo, faz sentido pensar nelas localmente, e considerar o que cada ambiente pode oferecer e sustentar. Embora fontes de energia centralizadas, vigorosas e confiáveis possam ser boas para fazer funcionar hospitais, escolas, arranha-céus comerciais e prédios de apartamentos em algumas metrópoles, há lugares onde as fontes locais podem suprir – e, em alguns casos, substituir – sistemas grandes, centralizados. O deserto do sudoeste dos Estados Unidos é um exemplo perfeito do que estou dizendo.

- A área dos Four Corners [Quatro Cantos], que inclui o Arizona, o Colorado, o Novo México e Utah, é bem conhecida pelos longos dias ensoralados e pela qualidade da luz solar que ela recebe quase todos os dias do ano. Por exemplo, Albuquerque, a maior cidade do Novo México, experimenta têm uma média de 278 dias de sol por ano e algumas comunidades menores, nos vales do norte do estado, uma média de 300 dias ensolarados anuais. Em lugares como esses, faz pleno sentido usar energia solar para abastecer não apenas casas e escritórios, mas também pequenos negócios com a eletricidade de que precisam durante as horas do dia em que ficam abertos. Na mesma região, contudo, há outras formas suplementares de geração de energia que também podem ser aproveitadas. Nos Four Corners, além da luz solar, os padrões meteorológicos proporcionam condições que fazem da energia eólica uma alternativa viável, por exemplo, aos combustíveis fósseis.

- *Energia não convencional, mas comprovada.* Durante o supersecreto Projeto Manhattan, de meados do século XX, desenvolvia-se nos Estados Unidos a corrida para encontrar o mineral que pudesse alimentar os reatores nucleares da nação e produzir subprodutos do plutônio capazes de ser transformados em armas durante a Guerra Fria.[7] Embora, em geral, a maioria das pessoas esteja consciente de que foi assim que as coisas aconteceram, essas pessoas não deixam de ficar surpresas ao saber que, durante essa pesquisa, foi descoberto outro mineral que tinha muitas das qualidades do urânio como fonte de combustível, mas sem os seus nocivos efeitos colaterais e perigosos subprodutos. Esse elemento é o *tório*, de número 90 na tabela periódica. O tório foi evitado como fonte de combustível, em grande parte, porque não podia ser transformado em armas, como acontece com o urânio atualmente.

- Um gerador que usa o tório trabalha com base em um princípio que é o oposto de um reator nuclear convencional. *Em um reator de tório, quanto mais quente o líquido ficar, mais lenta será a taxa de produção das reações nucleares.*[8] Isso significa que o material que está produzindo a reação *é o mesmo que impede* qualquer reação subsequente em altas temperaturas. Essa diferença significa que uma fusão semelhante à que ocorreu em Fukushima jamais poderia acontecer com um reator de tório. A física torna isso impossível.

- Muitas pessoas ficam surpresas ao descobrir que a energia do tório já avançou para além da teoria. Ela já existe.

- Vários reatores de tório já foram construídos e estão sendo usados para pesquisas e aplicações comerciais em países que incluem Índia, Alemanha, China e Estados Unidos. Nos Estados Unidos, havia dois geradores baseados em tório: o que operava a instalação de Indian Point, no estado de Nova York, a qual esteve em atividade entre 1962 e 1980, e o da instalação de Elk River, em Minnesota, que operou entre 1963 e 1968.[9] Embora precisemos de mais pesquisas para que a tecnologia do tório consiga responder de maneira satisfatória às necessidades mundiais em larga escala, ela mantém a promessa de ser uma alternativa limpa, abundante e relativamente segura para nos dar uma cobertura provisória enquanto buscamos a suprema fonte de energia.

A próxima geração de energia estará baseada em uma energia infinita ou "livre". Os princípios de tal energia foram descobertos há mais de um século e constituem o foco para onde estão voltadas pessoas que procuram alternativas para definir a geração que sucederá os combustíveis fósseis.

ECONOMIAS BASEADAS MAIS NO COMPARTILHAMENTO DO QUE NA ESCASSEZ

O advento da tecnologia moderna está mudando o pensamento tradicional quando se trata do papel que os negócios e serviços desempenham no mundo moderno. O modelo histórico tem sido o de que qualquer produto ou recurso necessário estará em posse de algum grupo. Esse grupo, então, torna seus bens e serviços disponíveis a um custo que cobre suas despesas e lhe proporciona um lucro. A necessidade de normas e regulamentos nesse modelo é óbvia. O volume de regulamentos e a oportunidade de evadir-se deles e "enganar o sistema para obter vantagem" tornou esse tipo de economia oneroso e impiedosamente competitivo.

Está emergindo um novo modelo que aborda pelo menos algumas dessas questões. Ele se baseia no que tem sido chamado de economia *P2P* (*peer-to-peer*) ou economia *baseada no compartilhamento*. Uma economia com base no compartilhamento desafia as ideias tradicionais de propriedade e conta com a produção compartilhada pelas mesmas pessoas que estão usando o serviço. Desse modo, a necessidade de uma competição prejudicial e de uma apropriação do que é valorizado não faz mais sentido.

Os serviços de táxi não empresariais Uber e Lyft e a alternativa do hotel não empresarial Airbnb são exemplos da nova economia compartilhada. Embora as nuances de como esses novos modelos operam ainda sejam objeto de caloroso debate, o fundamental é que eles surgiram das próprias pessoas que os estão utilizando e criaram uma bem-vinda fonte de renda em tempos econômicos difíceis. Por exemplo, estima-se que, em 2013, mais de 3,5 bilhões de dólares de renda foram gerados por novos negócios de economia compartilhada.[10]

A CRISE SILENCIOSA

Quando vemos exemplos de soluções, como as que apresentamos nos parágrafos precedentes, e percebemos que já dispomos dessas soluções, há uma pergunta que costuma nos ocorrer. Escuto essa pergunta expressa ao vivo de plateias pelo mundo afora. A pergunta é: "Onde estão hoje essas soluções?". Com frequência, a resposta surpreende o meu público. Ela se refere a uma crise geralmente não reconhecida, mas que cria o maior obstáculo que enfrentamos em nossa vida.

Nossa crise é silenciosa. Raramente é identificada na mídia hegemônica. Não há capítulo nos livros didáticos consultados em nossas faculdades que descreva seu poder e o enorme papel que ela desempenha em nossa vida. No entanto, ela continua sendo um muro invisível entre nós e cada uma das boas e novas soluções das quais poderíamos estar nos beneficiando desde o momento presente.

Nossa crise silenciosa é uma crise de pensamento. Ainda temos de mudar o modo como pensamos em nossa vida a fim de abrir espaço para as soluções em nosso mundo. Quando refletimos sobre o assunto, tudo faz pleno sentido. Como podemos adotar as novas ideias e soluções em nossa vida se estamos agarrados às velhas ideias e às soluções do passado, aprisionados por elas? Em outras palavras, como podemos abrir espaço para o novo mundo em nossa mente e em nosso coração se estamos abarrotados com as imagens, emoções e expectativas do mundo familiar do passado?

> Ponto-chave 42: A maior crise que enfrentamos como indivíduos e sociedade é uma crise de pensamento. Como podemos abrir espaço para o novo mundo que está emergindo se estamos agarrados ao velho mundo do passado, aprisionados por ele?

É precisamente por essas razões que a maneira como pensamos sobre nós mesmos, *incluindo nossas origens*, está agora bem à nossa frente e no centro das decisões que estamos tomando quando se trata de nossa vida cotidiana e de nosso futuro. Como podemos implementar as soluções que já existem, e fazê-lo respeitando os valores que apreciamos como indivíduos, famílias, sociedades e nações? Até agora, a ciência do mundo moderno está nos levando na direção errada.

CONCLUSÕES PERIGOSAS

Em outubro de 1988, o renomado astrofísico Stephen Hawking resumiu a visão científica tradicional de como nos ajustamos no grande esquema do universo. No periódico semanal alemão *Der Spiegel*, ele foi citado dizendo: "Somos apenas uma linhagem avançada de macacos em um planeta menor de uma estrela bem dentro da média. Mas podemos compreender o universo. Isso nos torna algo muito especiais".[11]

Lembro-me de minha reação quando li pela primeira vez essas palavras, vindas de um homem que sempre respeitei e que tive em alta estima. Afinal, foi Hawking quem escreveu o *best-seller* de 1988, *Uma Breve História do Tempo*, que trouxe os conceitos complexos de cosmologia e viagem no tempo para as salas de estar de famílias comuns e tornou a ideia de um buraco negro parte de nosso vocabulário. Embora eu acredite que a intenção de Hawking era transmitir o fato de que somos "especiais", ele o fazia a partir da perspectiva da ciência, que diz que não somos. Minha reação à sua declaração sobre sermos "apenas uma linhagem avançada de macacos" foi imediata. *Fale por si mesmo, Stephen Hawking!*, eu pensei. *Talvez* sua *história seja essa, mas certamente não é a minha!*

QUANDO A CIÊNCIA ERRA

Em minha opinião, essa declaração de Hawking, que nos considera "uma linhagem avançada de macacos", é irresponsável. Não está baseada em fatos. E acredito que é perigosa. É um exemplo perfeito de como a ciência moderna tentou remover a humanidade de nossa história humana. Ao compartilhar essa declaração, Hawking está nos dizendo alguma coisa sobre si mesmo em um nível pessoal, e revelando sua própria visão de mundo. Desse modo, ou 1) ele está desinformado e ignora as mais recentes descobertas fósseis e genéticas que tornam sua declaração falsa, ou então 2) ele está bem informado e ciente delas, mas preferiu ignorar os fatos.

E se Hawking preferiu ignorar os fatos, posso apenas especular sobre o motivo pelo qual ele teria escolhido essa opção. Talvez para preservar o *status quo* caso ele tivesse em mente a história da evolução humana. Ou talvez fosse algo mais pessoal. Talvez seja mais fácil aceitar que os extremos em nosso mundo e no que acontece em nossa vida fazem mais sentido se pensarmos em nós mesmos como "macacos avançados". Se não reconhecemos os fatos de nossas origens, as extraordinárias capacidades que são inerentes à nossa existência e o fato de que temos uma "fiação" biologicamente pronta para nos proporcionar a conexão com essas capacidades extraordinárias, e com as condições que nos permitirão sua regulagem, continuamos a ser vítimas impotentes de nossa biologia. Estamos condenados a aceitar que tudo o que acontece a nós é, por alguma razão, vontade da natureza e está além de nosso controle, em vez de aceitar responsabilidade pela maneira como encontramos o mundo e nossa vida.

No entanto, por mais extremado que Hawking possa soar nessa declaração, ele não é o único que pensa assim. Outros cientistas do *establishment* acadêmico adotaram uma visão semelhante quando se trata da evolução humana, alguns de uma maneira tão feroz que fico me perguntando por que continuariam a defender, com tanto entusiasmo, uma visão obviamente obsoleta.

CRENÇAS FALSAS E CONCLUSÕES PERIGOSAS

O biólogo e evolucionista Richard Dawkins é um exemplo bem conhecido do que estou dizendo. Dawkins avança um passo além de Hawking quando declara: "É absolutamente seguro dizer que se encontramos alguém que afirma não acreditar em evolução, essa pessoa é ignorante, estúpida ou insana".[12] Embora Dawkins não esclareça se essa declaração está relacionada à Teoria da Evolução em geral ou à evolução humana em particular, de qualquer forma são palavras perigosas que representam um pensamento perigoso – em especial vindo de um cientista proeminente e um professor universitário com presença tão visível na cena mundial.

A razão pela qual as palavras de Dawkins são tão perigosas é que elas castigam as pessoas por expressarem curiosidade e denunciarem a própria essência do ato da investigação científica. Em sua declaração, Dawkins vai além de criticar profissionalmente quem não concorda com ele e com a Teoria da Evolução ao humilhar publicamente, e até mesmo questionar a sanidade de alguém que sente que o atual paradigma científico não é convincente o bastante para ser aceito. Creio que o pensamento que Dawkins e outros como ele promovem também é perigoso, além de tudo, por outra razão, que tem a ver com a maneira como o raciocínio deles nos leva a pensar nas outras pessoas e em nós mesmos.

A ELIMINAÇÃO DO QUE NOS TORNA ÚNICOS

Entre os extremos com que nos defrontamos atualmente em nossa vida estão os ambientes altamente carregados de ódio humano. É difícil falar sobre isso. É complicado acreditar quão profundamente isso afeta nossa vida. E, no entanto, está aí. O ódio é real. E faz parte de nosso cotidiano. Grande parte da ira no mundo deriva dos medos que temos uns dos outros. Quer esteja baseado na realidade ou em nossa percepção da realidade, o medo do que não é familiar está presente nos alicerces do ódio que vemos em nossas escolas, em nossos locais de trabalho e até mesmo nas ruas das mais belas cidades do mundo.

Em um ambiente tão volátil, a própria diversidade, que, segundo os biólogos, sempre constituiu nossa força e nossa energia no passado – coisas como raça, religião e cultura –, foi agora sequestrada, ardilosamente embalada em frases de efeito como as que frequentam os *talk shows*, compartilhada em vídeos do YouTube e vendida ao público como questões polêmicas e conflitivas, que nos separam e dividem. Essas divisões acontecem em diferentes graus e níveis em sociedades diversas.

Como um testemunho do poder desse marketing ao mesmo tempo habilidoso e malicioso, o esforço para nos polarizar por meio de nossas diferenças tem alcançado um surpreendente grau de sucesso. Uma grande parte do público em geral aceita isso. Por exemplo, uma recente pesquisa de opinião realizada para a *NBC News* e o *The Wall Street Journal* mostrou um acentuado declínio na maneira como pessoas brancas e negras dos Estados Unidos encaravam as relações raciais. O estudo revelou que, "segundo a sondagem, 45% de brancos e 58% de afroamericanos acreditam agora que as relações entre raças são muito más, ou razoavelmente más, em comparação com 2009, quando apenas 20% de brancos e 30% de negros sustentavam uma visão desfavorável".[13]

Sem dúvida, quando se trata de fatores como religião e raça, o significado que damos a essas qualidades está nos separando violentamente no próprio núcleo de nossa família, locais de trabalho, escolas e comunidades. E embora esse tipo de divisão possa ser novo para a geração do milênio (ou *millennials*, jovens que nasceram no fim do século XX), a história recente mostra que não é a primeira vez que esse tipo de divisão aconteceu.

UM NOVO NOME PARA SE MATAR O QUE SE TEME

Os historiadores descrevem o século XX como o mais sangrento de toda a história escrita.[14] Por exemplo, só na Segunda Guerra Mundial, cerca de *50 milhões* de pessoas morreram em combate e em decorrência de atrocidades relacionadas com a guerra.[15] E as mortes resultantes de atrocidades humanas continuaram até o fim do século, muito depois que a guerra acabou. Por volta de 1999, as vidas de *80 milhões* de homens, mulheres e crianças de todas as idades foram ceifadas pela violência que tinha por base conflitos étnicos, religiosos e filosóficos – número cinco vezes maior que o das pessoas mortas por todos os desastres naturais *combinado* com o número das que morreram na epidemia de aids que se espalhou durante o mesmo período.[16]

Estou compartilhando essas horrendas estatísticas porque elas estão relacionadas a modos de pensar que levaram ao desenvolvimento de uma atrocidade de um novo tipo no século passado. Embora atos de atrocidade com certeza tenham acontecido no passado, eles atingiram tamanha magnitude no século XX que foi preciso lhes dar um nome oficial para que pudessem ser definidos e tornados ilegais.

Em 1948, as Nações Unidas adotaram a palavra *genocídio* para descrever esse tipo de extermínio, assim como para definir claramente e criminalizar o assassinato em massa em políticas globais. O ato de genocídio foi definido como "uma intenção de destruir" sociedades ou as populações de regiões geográficas inteiras com base em ideias de raça, crenças religiosas ou descendência.[17] O pensamento que é usado para justificar o genocídio e torná-lo possível é um exemplo pungente da direção para onde a falsa ciência pode nos levar.

JÁ VIMOS ISSO ANTES

O pensamento subjacente aos genocídios contemporâneos, e explicitamente declarado em alguns deles, está diretamente ligado a falsas suposições de Darwin e à maneira como suas ideias foram aceitas, adotadas e perpetuadas pela ciência moderna, mesmo quando a falsidade dessas suposições havia sido comprovada. Richard Weikart, professor de história da Universidade do Estado da Califórnia, resume assim essa situação:

O darwinismo solapou a moralidade tradicional e o valor da vida humana. Com isso, o progresso evolutivo tornou-se o novo imperativo moral. Esse pensamento contribuiu para o avanço da eugenia [a crença em que a reprodução seletiva e a eliminação de "desajustados" podem criar uma raça humana ideal], que estava abertamente fundada em princípios darwinistas... Alguns proeminentes darwinistas argumentaram que a competição racial humana e a guerra eram parte da luta darwinista pela existência.[18]

Esse pensamento está refletido nas ideias de obras filosóficas como o mal-afamado "Livrinho Vermelho", oficialmente intitulado *Citações do Presidente Mao Tsé-Tung* (1964),[19] e o *Mein Kampf* [*Minha Luta*, publicado em dois volumes em 1925 e 1926], o livro que detalhava a visão de mundo de Adolf Hitler.[20] Ambos foram usados como justificativa para as matanças brutais que ceifaram um total combinado de pelo menos 40 milhões de pessoas nos genocídios de meados do século XX.

Infelizmente, o pensamento que promove a divisão, ou pensamento divisivo, não desapareceu com o passar do tempo. Desde 1945, continuaram a ocorrer genocídios em lugares como Camboja, Ruanda, Bósnia e Sudão. São tragédias bem documentadas, as quais nos dizem que o pensamento que justifica o extermínio em massa continua presente nos dias de hoje.[21] E qualquer dúvida que porventura tenhamos desenvolvido e que pareça apontar para além do pensamento que está na raiz do genocídio desaparece rapidamente diante das tragédias bem documentadas do Estado Islâmico e dos genocídios do século XXI que estão ocorrendo na África e no Oriente Médio.

Em *A Origem das Espécies*, Darwin defende com clareza sua crença em que a "erradicação" dos membros mais fracos das espécies que ele observou na natureza também se aplica aos seres humanos:

> Pode não ser uma dedução lógica, mas satisfaz muito mais a minha imaginação considerar instintos como o do jovem cuco expulsando seus irmãos adotivos [ou] formigas fazendo escravos... como pequenas consequências de uma única lei geral que leva ao avanço de todos os seres orgânicos – a saber: multiplicar, variar, deixar o mais forte viver e o mais fraco morrer.[22]

Em *Mein Kampf,* Hitler parafraseia claramente essa ideia:

> Na luta pelo pão de cada dia, todos aqueles que são fracos, doentes ou menos determinados sucumbem, enquanto a luta dos machos pela fêmea confere o direito de oportunidade para propagar apenas ao mais saudável. E a luta é sempre um meio de melhorar a saúde e o poder de resistência de uma espécie, sendo, portanto, uma causa de desenvolvimento superior.[23]

Em uma época mais avançada de sua vida, Darwin expressou conclusões diferentes com relação a algumas de suas concepções anteriores formuladas em *A Origem das Espécies* relativas à "sobrevivência do mais forte [ou mais apto]". Ao contrário de suas primeiras conclusões com relação à força do indivíduo superior, duas obras posteriores descreveram estratégias de sobrevivência na natureza baseadas mais em unidade e cooperação do que em seleção natural e sobrevivência do mais forte. Em sua grande obra seguinte, *A Origen do Homem e a Seleção Sexual* [*The Descent of Man*, 1871], ele resume suas observações: "Aquelas comunidades que incluíam o maior número de membros mais empáticos [e, portanto, mais solidários] floresceriam melhor e criariam o maior número de descendentes".[24]

Embora Darwin possa ter visto a luz para além de seus falsos pressupostos de competição e de luta, isso talvez tenha acontecido tarde demais. *A Origem das Espécies* já se transformara em um texto clássico, que passaria a servir de base para uma mentalidade que hoje é usada para nos desviar da confiança em nossos instintos naturais de cooperação e benevolência.

REGRA DA NATUREZA: COOPERAÇÃO

No início do século XX, o naturalista russo Peter Kropotkin reforçou a obra mais tardia de Darwin com suas próprias observações. Assim como Darwin havia observado em primeira mão os efeitos da evolução entre espécies de pássaros durante sua viagem de descoberta na década de 1830, Kropotkin fez suas próprias observações durante expedições científicas a um dos ambientes mais severos do mundo: a Sibéria setentrional. *Ele descreveu como havia descoberto que cooperação e unidade, e não sobrevivência do mais forte, eram as chaves para o sucesso de uma espécie*. Em seu livro clássico *Ajuda Mútua: Um Fator de Evolução*, título de sua edição em português, publicado em 1902, Kropotkin ilustra os benefícios experimentados no reino dos insetos graças à capacidade instintiva das formigas para viver como uma sociedade cooperativa, e não competitiva:

> Seus maravilhosos ninhos, seus edifícios, superiores em tamanho relativo àqueles dos homens; suas estradas pavimentadas e galerias abobadadas acima do solo; seus salões e celeiros espaçosos; seus campos de trigo, a colheita e a "maltagem" dos grãos; seus métodos racionais de cuidar de ovos e larvas, de construir ninhos especiais para criar os pulgões que Lineu, de modo tão pitoresco, descreveu como "as vacas das formigas"; e, finalmente, sua coragem, determinação e inteligência superior – tudo isso é o resultado natural da ajuda mútua que elas praticam em cada estágio de suas vidas agitadas e laboriosas.[25]

John Swomley, professor emérito de ética social da St. Paul School of Theology, em Kansas City, Missouri, deixa pouca dúvida de que encontrar meios pacíficos e cooperativos para construir as sociedades globais de nosso futuro só nos trará proveito. Citando as evidências apresentadas por Kropotkin e outros, Swomley declara que a defesa da cooperação em vez da competição reside em mais do que apenas o seu benefício para uma sociedade bem-sucedida. De maneira simples e sem rodeios, ele explica que a cooperação é o "fator-chave para a evolução e a sobrevivência".[26] Em um artigo publicado em fevereiro de 2000, Swomley cita Kropotkin, o qual afirma que a competição dentro de uma espécie ou entre espécies "é sempre prejudicial à espécie (ou às espécies). Melhores condições são criadas pela eliminação da competição por meio da ajuda e do apoio mútuos".[27]

No discurso de abertura do Symposium on the Humanistic Aspects of Regional Development [Simpósio sobre os Aspectos Humanistas do Desenvolvimento Regional], de 1993, realizado em Birobidjan, na Rússia, o copresidente Ronald Logan apresentou um contexto no qual os participantes reconheciam a natureza como um modelo para sociedades bem-sucedidas. Ele cita diretamente Kropotkin, que declara:

Se perguntamos à Natureza: "Quem são os mais aptos [ou mais bem preparados (*fittest*)] – aqueles que estão continuamente em guerra uns com os outros ou aqueles que se apoiam mutuamente?", vemos de imediato que os animais que adquirem hábitos de ajuda mútua são, sem a menor dúvida, os mais bem preparados. Eles têm mais oportunidades de sobreviver, e alcançam, em suas respectivas categorias, o mais alto desenvolvimento da inteligência e da organização corporal.[28]

Mais adiante, no mesmo discurso, Logan cita o trabalho de Alfie Kohn, autor de *No Contest*, o qual descreve, em uma linguagem que não deixa dúvidas, o que sua pesquisa lhe havia revelado com relação a um resultado efetivo [*amount*] benéfico da competição em grupos. Depois de examinar mais de 400 estudos documentando a cooperação e a competição, Kohn relata sua conclusão: "O resultado efetivo ideal da competição... em qualquer ambiente, seja a sala de aula, o local de trabalho, a família, a área do esporte, é igual a zero [*none*], ou seja, não existe... [A competição] é sempre destrutiva".[29]

Um conjunto cada vez maior de evidências antigas, eruditas e científicas sugere que, na ausência de condições que nos impelem a sermos animalescos em nossas ações (como em um cenário tipo *Mad Max*, onde há um colapso completo da sociedade, do comércio e da assistência médica), preferimos, ao nos ser dada a escolha, viver uma vida pacífica, compassiva e solidária, que honra os aspectos benevolentes de nossa espécie.

Em outras palavras, quando as condições que valorizamos na vida são satisfeitas – isto é, quando nos sentimos seguros, quando sentimos que nossa família está segura e quando sentimos que nosso modo de vida é seguro – permitimos que nossa natureza mais autêntica transpareça em tudo o que fazemos.

Como podemos saber com certeza quando essas condições foram satisfeitas? O poeta Carl Sandburg, ganhador do Prêmio Pulitzer, respondeu a essa pergunta em nove palavras breves: *"Sometime they'll give a war and nobody will come"* [Algum dia eles convocarão para uma guerra e ninguém virá.][30]

Ponto-chave 43: Um conjunto cada vez maior de evidências científicas está nos levando a uma conclusão inevitável: a competição violenta e a guerra contradizem diretamente nossos instintos mais profundos de cooperação e de cuidados e instrução (*nurturing*).

Enquanto a diversidade de nossos idiomas, religiões, orientações sexuais e cor da pele for falsamente retratada como uma falha a ser temida, pessoas se voltarão contra outras cujas vidas e crenças diferem das suas. Elas rejeitarão, criticarão, atacarão e até mesmo tentarão destruir aqueles cujos ideais e crenças elas não reconhecem em si mesmas. Esse é o fio comum que conecta cada um dos exemplos que acabamos de compartilhar. Cada atrocidade ilustra uma incapacidade para atribuir valor a outras pessoas, e para reconhecer esse valor na vida humana.

Em uma cultura na qual a vida fosse valorizada e respeitada, nenhuma das atrocidades mencionadas aqui – ou qualquer uma das incontáveis atrocidades que literalmente enchem volumes no Escritório do Alto Comissariado das Nações Unidas para os Direitos Humanos – poderia ter acontecido.

MATANDO O QUE É DIFERENTE

O fato de que atrocidades baseadas na raça, no gênero sexual ou na religião continuem, nestas primeiras décadas do século XXI, a opor ser humano contra ser humano nos diz que, embora tenhamos condenado os inimagináveis atos de genocídio que vimos no século XX, ainda é preciso curar o pensamento que torna esses atos possíveis. Quer aconteçam no nível de nações, como genocídio, ou em um nível local, como o *bullying* em nossas escolas ou o reaparecimento de crimes de ódio nos Estados Unidos em anos recentes, o simples fato de existirem atrocidades como essas é uma indicação de que esse modo de pensar parece estar ganhando ímpeto em vez de estar se tornando uma coisa do passado.

Os exemplos que se seguem oferecem um pequeno vislumbre do que pretendo dizer aqui. Representam apenas uma amostra de uma tendência inquietante que está ganhando força no mundo de hoje.

Tenha em mente, por favor, que foi difícil para mim, emocionalmente falando, pesquisar e redigir esta seção. Meu esforço para reduzir o incontável número de vítimas sob cada categoria de crimes de ódio a um único exemplo representativo de modo algum diminui o sofrimento das vítimas não mencionadas ou a dor que suas famílias continuam a sofrer. Por causa da natureza brutal de cada exemplo, preferi resumir o que transpirava apenas a partir de um alto nível de generalidade para: 1) ilustrar o pensamento subjacente a cada exemplo, e 2) justificar minha declaração de que esse tipo de pensamento ainda existe hoje. Leitores especialmente sensíveis podem pular para a seção intitulada "O Fio Condutor".

Violência baseada na ciberrealidade. Embora a provocação cara a cara, a humilhação e a violência tenham provavelmente existido desde que grupos de jovens começaram a ser confinados em salas de aula de um tipo ou de outro, a intensidade desse tipo de violência parece estar aumentando. Há diferentes tipos de *bullying*, que vão do contato físico direto, como bater e cuspir, a ataques verbais sem nenhum contato físico. Em consequência do uso do e-mail, do Facebook, do Twitter e de outras redes sociais na internet, uma nova forma de *bullying* parece estar em alta: o *cyberbullying*. Graças ao uso crescente de mídias sociais entre jovens, o *cyberbullying* está agora documentado como algo amplamente difundido.

Segundo o National Center for Education Statistics [Centro Nacional de Estatística de Educação], desde 2007, quase um terço de todos os estudantes entre 12 e 18 anos sofreram *bullying* quando estavam na escola. Um estudo realizado em 2014 e conduzido pelo Ministério da Educação dos Estados Unidos relatou: "Durante o ano escolar 2009-2010, 23% das escolas públicas informaram que o *bullying* ocorria entre estudantes diária ou semanalmente".[31] As estatísticas mostram que todas as formas de *bullying*, incluindo o *cyberbullying*, são perigosas. Todas elas têm consequências dolorosas, podendo algumas se prolongar consideravelmente pela vida adulta; algumas delas são tão cruéis que levam estudantes a praticar ações irreversíveis, como o suicídio ou o assassinato.

Em 14 de janeiro de 2013, um perturbado estudante de 15 anos, chamado Jadin Bell, entrou no *campus* de uma escola primária e se enforcou nas barras metálicas do trepa-trepa do *playground*. Jadin era membro do time de animação de torcida de uma escola secundária e vítima do que foi caracterizado como "intenso" *bullying* por meio de mídia social, em grande parte por causa de sua orientação sexual. A tentativa de suicídio, no entanto, foi a princípio malsucedida e ele não morreu de imediato. Na realidade, Jadin foi encontrado inconsciente, mas vivo, e levado às pressas para o hospital mais próximo, onde permaneceu em coma e ligado a aparelhos até a morte em 3 de fevereiro, 21 dias depois.[32]

O suicídio de Jadin chegou às manchetes nacionais e ajudou a lançar o fenômeno do *cyberbullying* em debate nacional. Sua morte ilustra vigorosamente como o *bullying* não físico pode ter efeitos emocionais devastadores. De acordo com o pai de Jadin, seu filho estava "sofrendo muito. E justamente por causa do *bullying* na escola. Sim, havia outros problemas, mas em última análise era tudo por causa do *bullying*, por ele não ser aceito em razão de sua homossexualidade".[33]

Infelizmente, o suicídio de Jadin não é um incidente isolado. Um número crescente de jovens adolescentes sente que abrir mão da vida é o único meio de lidar com a humilhação decorrente do *cyberbullying*. A natureza do *bullying* que os estudantes suportam vai de insultos sobre sua aparência, peso ou características físicas, e compartilhamento de *nudes*, fotos em que aparecem sem roupa originalmente tiradas em uma relação de confiança, a jovens sendo filmadas durante estupros e depois humilhadas uma segunda vez, quando os vídeos são compartilhados publicamente em uma mídia social.[34]

Violência baseada na orientação sexual. Estatísticas compiladas pelo Federal Bureau of Investigation (FBI), o U.S. Census Bureau, o Pew Research Center, o Williams Institute e o site SocialExplorer.com, de mapeamento demográfico, foram usadas para comparar o número de crimes de ódio que ocorreram nos Estados Unidos tendo como alvo os LGBTs, judeus, muçulmanos, negros, asiáticos e pessoas brancas entre 2005 e 2014. O resultado desse estudo, que se estendeu por nove anos, foi claro. Como o *The New York Times* o resumiu, o estudo constatou que os LGBTs "estão duas vezes mais sujeitos a servir de alvo do que os afroamericanos, e a taxa de crimes de ódio contra elas ultrapassou a dos crimes contra judeus".[35] O assassinato selvagem de um rapaz na zona rural do Wyoming fornece um exemplo vigoroso da brutalidade que pode se originar de um pensamento extremista sobre orientação sexual e que levou ao estudo acima mencionado.

Matthew Shepard estudava ciência política na Universidade de Wyoming em 1998. Homossexual, em 6 de outubro daquele ano estava aproveitando uma noite livre em uma casa noturna local com dois outros homens que fingiam estar interessados em fazer amizade com ele. No fim da noite, os dois se ofereceram para lhe dar uma carona para casa e ele aceitou. Mas em vez de ser levado para casa, foi transportado para uma área remota onde foi severamente espancado, perdeu a consciência e foi abandonado para morrer. No entanto, ainda estava vivo, e em coma, quando um oficial de polícia o encontrou, 18 horas depois, naquele local remoto. Os médicos determinaram que os ferimentos no tronco encefálico de Matthew eram tão graves que não poderiam operá-lo. Matthew permaneceu ligado a aparelhos até ser declarado morto em 12 de outubro de 1998.[36]

A intensa visibilidade da história de Matthew e do julgamento dos homens que foram considerados culpados pelo seu assassinato deveu-se, em grande parte, à motivação anti-homossexual de suas ações.

Violência baseada na raça. Em junho de 1998, um homem que estava pedindo carona à noite perto de sua cidadezinha, na área rural do Texas, aceitou viajar com três outros homens, um dos quais era seu conhecido. O homem que pedira carona, James Byrd Jr., era negro, e os homens que o fizeram subir em seu carro naquela noite eram brancos. Pelo menos dois dos três brancos se autodescreveram como supremacistas brancos. Os eventos que se seguiram e levaram à morte de James foram tão brutais que tiveram de ser censurados na mídia nacional. Foi esse acontecimento, no entanto, juntamente com o assassinato por ódio de Matthew Shepard no mesmo ano, que levou à aprovação de uma lei federal que recebeu o nome de Matthew Shepard and James Byrd, Jr., Hate Crimes Prevention Act [Lei Matthew Shepard e James Byrd Jr. para a Prevenção de Crimes de Ódio], que expandia a lei federal dos Estados Unidos, de 1969, para crimes de ódio, de modo a passar a incluir crimes motivados pelo gênero sexual, real ou percebido, da vítima, ou por sua orientação sexual, identidade de gênero ou situação de deficiência. A lei foi aprovada pelo congresso norte-americano em

22 de outubro de 2009 e transformada em lei federal pelo presidente Obama em 28 de outubro do mesmo ano.[37]

Violência baseada na religião. No depoimento prestado na Câmara dos Comuns britânica em 2016, um dos ministros britânicos mencionou textualmente trechos de uma entrevista com Ekhlas, uma moça de 15 anos que morava no norte do Iraque e que seguia, com a família, a antiga religião yazidi. A aldeia de Ekhlas foi ocupada por soldados do Estado Islâmico, Ekhlas foi capturada e escravizada até que conseguiu escapar.[38] Ela descreveu como esses homens foram à casa de sua família, assassinaram seu pai e dois irmãos, e depois violentaram todas as meninas com mais de 9 anos da aldeia, inclusive a própria Ekhlas. A razão para essa provação, disse Ekhlas, era a religião de seu povo. "Fomos transformadas em alvo porque nossa religião e nossa crença é diferente da deles e nossa humanidade é diferente da deles porque acreditamos no anjo Taus."[39]

Crimes de ódio baseados na religião não estão limitados ao Oriente Médio. Também estão ressurgindo em outras partes do mundo, incluindo a Europa e os Estados Unidos. Desde 1996, o FBI tem registrado estatísticas de violência contra pessoas nos Estados Unidos com base em suas crenças religiosas. O relatório Hate Crime Statistics [Estatísticas de Crimes de Ódio], de 2014, afirma que 5.479 incidentes de crimes de ódio em geral foram registrados em 2014. Desse número, o percentual de crimes contra indivíduos por causa de sua religião foi de 17,1%.[40]

Curiosamente, isso está muito perto do percentual de crimes de intolerância contra a orientação sexual (18,7%).

O estudo também mostrou que, dos crimes informados, "cerca de 58,2% eram antissemitas, 16,3% anti-islâmicos e 6,1% anticatólicos".[41]

O FIO CONDUTOR

Há um mesmo fio condutor que liga os exemplos de crimes de ódio que acabei de descrever. Ao seguir esse fio, percebemos com clareza o tipo de pensamento que está rasgando o próprio tecido de nossas famílias, comunidades e sociedades. Em cada exemplo, a brutalidade do crime de ódio só poderia ter ocorrido sob o domínio de uma crença em que a vida da vítima não possui nenhum valor.

> Ponto-chave 44: A brutalidade dos crimes de ódio só é possível em uma sociedade na qual o valor da vida humana se perdeu.

Crimes de ódio dizem respeito a algo que vai muito mais fundo do que o ato de tirar a vida de outra pessoa. São demonstrações brutais de força, cheias de raiva – massacres baseados em um medo quase primitivo do que não é familiar, em combinação com uma crença de que a vida humana é banal e descartável. E embora os exemplos anteriores mostrem com clareza os extremos graus de brutalidade aos quais esse pensamento pode levar quando se expressa abertamente com relação a outras pessoas, o ódio também pode ser dirigido para dentro, demonstrando um tipo de grau extremo diferente.

A agressão voltada para dentro está varrendo nossas escolas e contaminando a vida de nossos filhos e filhas, irmãos, amigos, mães e pais. De fato, está afetando nossos jovens em proporções epidêmicas. Embora esteja acontecendo de um modo mais sutil que os violentos crimes de ódio que descrevi, o resultado é o mesmo. O abuso autoaplicado de drogas de tarja preta e de álcool leva com frequência à perda devastadora das pessoas que mais amamos.

A dor de perder um ente querido para um ódio voltado para dentro é quase inexprimível. Essa dor é especialmente aguda quando um membro sobrevivente da família luta com perguntas não respondidas e com a sensação de que, se tivesse feito alguma coisa de maneira diferente, essa pessoa amada ainda estaria viva. Tara Lawley-Bergey, irmã mais velha de Derik Lawley, descreve essa dor em um ensaio que escreveu depois da morte de Derik em consequência de uma dose letal da droga fentanil para satisfazer sua dependência da heroína.

A HISTÓRIA DE TARA

Em um ensaio que foi publicado pela afiliada em Filadélfia da NBC, em fevereiro de 2016, Tara descreve como seu irmão tinha sofrido, durante dois anos e meio, com a dependência da heroína.[42] Ela revela que nunca realmente soube por que Derik começou a usar a droga. Mas especula sobre o que pode ter acontecido. Tara disse que o irmão amava a vida.

Amava os que estavam ao seu redor, especialmente sua filha de 3 anos. Mas não amava a si mesmo. "A heroína ajudava Derik a escapar de sua realidade; colocava-o em um estado de torpor que lhe permitia esquecer", escreve ela.[43] E embora Derik tivesse tentado, pelo menos cinco vezes, curar-se dessa dependência, seus esforços não foram bem-sucedidos.

O corpo de Derik foi encontrado após ter permanecido um dia inteiro em uma viela arborizada. Ele morreu depois de haver tomado, sem saber, a droga fentanil, um narcótico associado à anestesia, quando acreditava estar recebendo uma dose familiar de heroína para satisfazer sua dependência. Morreu em consequência dos efeitos da droga, que o colocou em um sono tão profundo que suprimiu sua respiração. A dor de Tara ao refletir sobre a experiência do irmão é mais bem descrita por suas próprias palavras:

> Meu coração morreu no momento em que Derik deu o último suspiro. Seu corpo virou cinzas enquanto o meu morre lentamente a partir de dentro. A escuridão permanece e os pesadelos emergem para a luz. A dor de perder Derik é insuportável e estou vivendo no nono círculo do inferno. Fui traiçoeira e não soube agir como irmã de um drogado. Irmãos se amam não importa os caminhos que sigam; guiam um ao outro quando caem e cada um deles é o ombro no qual o outro pode se apoiar. Mas eu me distanciei do vício de Derik, esse vício que o transformou em um homem perverso. Eu devia ter estado lá para Derik, para enxugar de sua testa o suor da dependência quando a maldade caísse repetidamente sobre ele. Ou pelo menos eu deveria ter telefonado, escrito ou enviado amor para Derik em um pacote de ajuda. Mas o ignorei, dei-lhe um ombro frio e não vi a pessoa real dentro de seus olhos. Pratiquei um amor severo quando deveria apenas ter-lhe mostrado compaixão. Esse é o meu fardo, a minha culpa, a dor que terei de suportar todos os dias da minha vida.[44]

A história trágica de Derik é um poderoso testemunho sobre uma morte que poderia ter sido evitada. É também uma história que, infelizmente, não é rara. Repetidas vezes, diferentes pais de diferentes comunidades, diferentes raças e diferentes religiões fazem, por entre lágrimas, a mesma pergunta ao enterrar seus filhos e filhas. A pergunta é: "Por quê?".

"Por que isso aconteceu com *minha* criança?" E por mais diferentes que as famílias sejam umas das outras, a resposta a essa pergunta é a mesma. Um homem, mulher ou adolescente que tem apreço por si mesmo e encontra um sentimento de valor em sua vida nunca injetaria heroína em suas veias, nem cheiraria cocaína introduzindo-a nos delicados tecidos que sopram vida em seu corpo, nem encharcaria seu fígado e seus rins com uma quantidade de álcool capaz de fazê-lo perder a consciência.

>Ponto-chave 45: A destruição de um indivíduo em consequência do abuso de drogas e do álcool só é possível quando o sentimento pessoal de valor se perdeu.

SÓ DESTRUÍMOS AQUILO A QUE NÃO DAMOS VALOR

A ambientalista e escritora Rachel Carson resumiu o pensamento que leva a experiências tão dolorosas e devastadoras para famílias do mundo inteiro quando disse que destruímos aquilo a que não damos valor e que não podemos dar valor àquilo que não conhecemos.[45] A observação de Carson nos oferece uma bela descrição do tema deste livro, e que é o ponto crucial daquilo a que estamos nos contrapondo atualmente. E embora os especialistas atribuam o aumento da violência de uma pessoa contra outra a uma infinidade de fatores, que vão desde a desigualdade entre os que "têm" e os que "não têm" até a intolerância religiosa entre cristãos, judeus e muçulmanos, a verdadeira razão que se encontra no cerne de todas as razões para a violência crescente de uma pessoa com relação a outra é a fonte de uma verdade incômoda.

Embora tenhamos criado uma sociedade e uma cultura admiráveis de tecnologia avançada, fizemos isso a um custo tremendo. Em algum ponto ao longo do caminho, perdemos o valor que atribuíamos à vida humana. E sem esse sentido de valor, a vida parece descartável. A maneira como os operários têxteis eram tratados na virada para o século XX é um exemplo perfeito disso. Poucos dias depois de dezenas de trabalhadores têxteis terem morrido no incêndio da fábrica Triangle Shirtwaist, na cidade de Nova York, em 1911, a operária e ativista sindical Rose Schneiderman proferiu um discurso descrevendo como a vida humana estava desvalorizada:

Esta não é a primeira vez que moças foram queimadas vivas na cidade. A cada semana, tenho de ficar sabendo da morte prematura de uma de minhas irmãs trabalhadoras. A cada ano, milhares de nós somos mutiladas. A vida de homens e mulheres é barata demais e a propriedade é sagrada demais. Há tantos de nós para cada emprego que pouco importa se 146 dos nossos morrem queimados.[46]

Embora Schneiderman tenha proferido esse discurso há mais de um século, as condições que ela descreveu e o pensamento que tornou essas condições possíveis não mudaram tanto assim. Basta darmos uma olhada nas manchetes diárias pelo mundo afora para ver quão profundamente o sentimento de que a vida é "barata" continua a desempenhar esse papel em nossa existência diária.

- Entre 2001 e 2012, o número de mulheres mortas nos Estados Unidos por seus ex-parceiros ou parceiros atuais foi de 11.766, duas vezes mais que o número total de soldados norte-americanos mortos nas guerras do Afeganistão e do Iraque combinadas, durante o mesmo período de tempo.[47]

- Em 2013, a negligência com relação às normas de segurança em uma fábrica de roupas em Daca, Bangladesh, levou ao colapso do prédio e à morte de mais de mil pessoas, constituindo o pior desastre desse tipo na história.[48]

Ponto-chave 46: Rachel Carson lembra-nos de que só destruímos aquilo a que não damos valor e que não podemos dar valor àquilo que não conhecemos. Uma solução duradoura para os problemas que nos dividem e para os níveis crescentes de *bullying*, de crimes de ódio e de atrocidades em tempo de guerra consiste em infundir na nova geração, e em acolher dentro de nós mesmos, a necessidade de respeitar e de valorizar toda a vida.

A FORÇA DA AUTOESTIMA

Em nosso ambiente hipercarregado de extremos, o que acreditamos a respeito de quem somos e de onde viemos retém um lugar especial de poder sagrado. São precisamente essas crenças que têm o poder de fragmentar nossas comunidades e de polarizar nossas nações – e assim de nos envolver em guerras sem fim. Mas essas crenças têm igualmente o poder de nos unificar. A verdade mais profunda a respeito de nossas origens poderia nos proporcionar um sentimento reverente de valor a toda vida humana.

Por isso é tão perigoso acreditar na falsa ciência e mentir para nós mesmos a respeito de onde viemos. Se fosse verdade que somos "apenas uma linhagem avançada de macacos", e "ignorantes, estúpidos ou insanos" por acreditar em alguma outra coisa que não fosse a doutrina aceita da evolução humana, então faria um perfeito sentido viver nossa vida de uma maneira que refletisse tal crença. Neste mundo, a procura da riqueza material, as distrações da mente e o prazer dos sentidos tornam-se as mais elevadas prioridades da vida. Em tal mundo, teria sentido fazer qualquer coisa que nos satisfizesse a qualquer custo, de qualquer maneira que pudéssemos fazê-lo. Por que não? Afinal, se somos apenas o feliz resultado da loteria das mutações aleatórias da natureza, por que não o faríamos? Por que deixaríamos de engolir qualquer substância química ou tônico disponível para nos entorpecer e nos tornar inacessíveis às dores da vida? Por que não introduziríamos em nosso corpo qualquer droga industrializada ou substância que colocaria nosso cérebro em estado alterado se esse produto químico estivesse disponível e nos permitisse escapar da insanidade da guerra, da injustiça da pobreza e dos horrores do abuso físico e emocional? E por que não destruiríamos qualquer coisa ou qualquer um que se colocasse entre nós e a possibilidade de conseguirmos o que precisamos para viver uma vida assim?

Eis a conclusão a que cheguei: na medida em que somos levados a acreditar que somos pouco mais que um acidente da natureza, será fácil sentirmos que não há nada de excepcional em nós ou em nossa vida. Com base na esterilidade dessa perspectiva, nossa história é simples, direta e desprovida de qualquer significado profundo. Nascemos. Vivemos. E morremos. Somos *blips* de vida, fugazes pontos luminosos na tela de radar da natureza, assim como bilhões de criaturas também o foram antes de nós.

As palavras irresponsáveis de cientistas proeminentes e renomados, bem como de figuras públicas, só tornam as coisas piores para nós ao atiçar a fogueira de nossas diferenças e o sentimento de nossa insignificância.

ENTRE O BAND-AID E O DESTINO

O potencial para deixarmos de tão somente identificar e condenar as atrocidades que derivam de uma falta de autoestima e de uma intolerância diante de nossas diferenças e passarmos a abraçar um destino em que essas atrocidades sejam apenas uma memória do passado pode se concretizar quando consideramos o impacto positivo de nossa resposta à pergunta: "Quem somos nós?". Essa resposta, baseada em fatos sobre nós mesmos que atualmente sabemos que são verdadeiros, em particular, na constatação do quanto nossa existência é especial, é a chave de nossa nova história humana, na qual a vida tem um propósito.

Em uma cultura na qual aceitássemos essa excepcionalidade da vida, reconhecendo quanto ela é especial, as pessoas não criticariam, nem feririam e nem matariam umas às outras, ou a si próprias, com a facilidade e a frequência que vemos hoje. Realizar todas essas coisas não faria sentido à luz do que sabemos sobre nossas origens e do que isso significa em nossa vida.

Ao reconhecer e adotar nossa natureza especial e o valor da vida no nível que fundamenta nossos eus e nossas famílias, e ao basear a educação que oferecemos aos nossos filhos sobre esses valores humanos singulares, poderíamos criar a mudança fundamental – uma mudança radical e completamente abrangente para pessoas em qualquer parte do mundo – capaz de nos levar ao nosso destino maior, o de realizar o nosso potencial como espécie. Fazer menos que isso equivale a apenas colocar um band-aid na ferida aberta que está destruindo nossas famílias, comunidades e sociedades. Em uma cultura na qual esses valores fossem adotados, Derik Lawley nunca teria sucumbido à tentação de introduzir em seu corpo a dose fatal de fentanil, confundida com heroína, James Byrd Jr. e Matthew Shepard ainda estariam vivos, e os genocídios do século XX e do início do século XXI jamais teriam ocorrido.

Em um nível individual, e em uma cultura que realmente valoriza a vida, isso significa que:
- Um homem que seja capaz de reconhecer quão especial é a realidade de uma outra vida nunca desencadearia sua cólera em uma mulher que estivesse carregando seu filho não nascido, nem em seus filhos que já tivessem nascido ou em qualquer outra pessoa que ele amasse.

- O equilíbrio delicado que nos proporciona essa admirável realidade especial seria honrado. Homens, mulheres e crianças nunca envenenariam seus corpos com o álcool e as drogas que destroem os frágeis sistemas sob cuja proteção a vida se torna possível.

- Adolescentes jamais puxariam o gatilho de uma arma contra um amigo ou contra si mesmos porque a vida os colocou em uma situação que sentem ser insuportável.

- Alguém que estivesse dirigindo um carro nunca puxaria uma arma para apontá-la contra outro motorista que mudou de repente de faixa na sua frente para pegar uma saída lateral.

Em uma escala maior, isso significa que:

- Um soldado ou combatente rebelde que reconheça quão especial é a vida nunca praticaria violência contra outro homem ou a esposa e os filhos desse homem simplesmente pelo fato de eles não compartilharem as crenças religiosas desse soldado ou rebelde.

- Uma nação que reconhece a dimensão plena da vida, que compartilha esse reconhecimento com suas crianças e as ensina a respeitar e a valorizar esse reconhecimento jamais invadiria as terras de outra nação para destruir as fontes de água, de alimento e de eletricidade do seu povo ou suas escolas e hospitais.

A maneira como concebemos a nós mesmos e as outras pessoas está no próprio âmago dos maiores medos e dos maiores sofrimentos que experimentamos atualmente em nossa vida.

Embora possamos aprovar leis para punir, para enviar exércitos a fim de coagir e para denunciar as atrocidades humanas tão logo elas aconteçam, tudo isso são apenas soluções temporárias para enfrentar condições que só podem mudar com uma alteração do fundamento de nosso modo de pensar – em especial, do nosso modo de pensar sobre nós mesmos, sobre nossas origens e sobre o valor que atribuímos à vida na Terra. E essa mudança do fundamento é o que está faltando na educação que oferecemos atualmente aos nossos jovens.

Albert Schweitzer, ganhador do Prêmio Nobel da Paz de 1952, ensinava como é vital para nós adotarmos uma reverência por toda a vida. "Só por meio da reverência pela vida", diz ele, "podemos estabelecer uma relação espiritual e humana com as pessoas e com todas as criaturas vivas que estão à nossa volta."⁴⁹ A reverência a que Schweitzer se refere vai além do fato de simplesmente respeitar a vida e inclui nossa capacidade – *nosso dever* – de proteger e defender todas as formas de vida que estejam em situação de dificuldade. "Só com essa forma [de reverência] podemos não prejudicar os outros", diz Schweitzer, "e, dentro dos limites de nossa capacidade, sair em sua ajuda sempre que precisarem de nós."⁵⁰

Temos uma oportunidade neste exato momento da história (o "ponto exato" de escolha descrito anteriormente neste capítulo) quando estamos determinando o equilíbrio entre o que a ciência e a tecnologia tornaram possíveis e a maneira como implementamos essas possibilidades em nossa vida. É a diferença entre o futuro de Aldous Huxley, no qual a criatividade humana, a expressão individual, a reprodução e a própria vida ficam comprometidas diante do interesse que força a humanidade a criar um mundo homogêneo e pacífico, e o futuro descrito por H. G. Wells, no qual a humanidade alcança um modo harmonioso de viver e conviver, e o faz em consequência de honrar e cultivar os valores que prezamos. Quer estejamos falando sobre decisões pessoais relacionadas a assistência à saúde, empregos, relacionamentos e carreiras, quer estejamos tratando de questões mais globais, como a necessidade de encontrar novas fontes de energia limpa e sustentável e de lidar com as realidades da pobreza, da mudança social e do número crescente de refugiados criado pela opressão e pelas guerras no mundo, por mais complexos que tais problemas pareçam à primeira vista, todos eles se reduzem à maneira como pensamos a nosso próprio respeito. Para cada uma dessas questões, e para uma série de outras, estamos sendo desafiados a identificar os valores que cultivamos como seres humanos e a acolher esses valores como os princípios diretores de nossas decisões. Uma vez que tenhamos reconhecido isso, é claro que apenas aceitando o valor de cada pessoa e o valor de cada vida e de todas as vidas, podemos escolher o destino que sustenta nosso maior potencial.

O bispo anglicano Desmond Tutu resumiu perfeitamente essa ideia em um lembrete de que é compartilhando aquilo que nos torna únicos – nossa capacidade para o amor e para a compaixão – que descobrimos nosso valor. "Nossos atos corriqueiros de amor e esperança", diz ele, "apontam para a extraordinária promessa de que toda vida humana tem um valor inestimável."[51]

Por onde, então, começamos quando se trata de criar um mundo que valorize a vida humana? Por onde podemos, de fato, começar?

O primeiro passo consiste em aceitar o que descobrimos e reconhecemos como a nova história humana.

capítulo oito

Para Onde Vamos a Partir Daqui?

Já Estamos Vivendo a Nova História Humana

"O destino de alguém nunca é um lugar, mas, em vez disso, é uma nova maneira de olhar para as coisas."

– Henry Valentine Miller (1891-1980), escritor norte-americano

A resposta tradicional à pergunta "Quem somos nós?" está se desagregando. Precisa se desagregar. A razão disso é que ela se baseia em informações que, como sabemos agora, não são verdadeiras. As descobertas fundamentais que estão subvertendo a maneira como, durante 150 anos, pensamos a nosso próprio respeito, são apenas o começo da identificação de uma nova história humana. Depois que vimos as descobertas, não podemos mais deixar de vê-las. Sabemos que elas existem. Já passaram a ser parte de nós. E assim temos de perguntar: "E agora? Como essa informação se encaixa na minha vida e o que eu quero para mim, para minha família e meus amigos, e para a Terra?". Encontrar respostas a essas perguntas começa com nossa resposta a esta outra pergunta: "Quão estreitamente abraçamos a verdade que descobrimos?".

Em última análise, o que fazemos agora se resume a uma escolha. É uma escolha nossa. "O que nós realmente aceitamos e o que isso significa em nossa vida?"

Quando me defronto com informações novas, que mudam minha vida, como aconteceu quando fui confrontado pelas evidências de uma explicação científica das origens humanas diferente da Teoria da Evolução Original de Darwin, há três perguntas simples que faço a mim mesmo para orientar minhas escolhas.

Diretrizes que Podem Ajudá-lo a Fazer uma Escolha

1. Reconheço que tenho uma escolha?
2. Tenho coragem de escolher?
3. Tenho a força necessária para levar até o fim a escolha que fiz?

Quando se trata da pergunta muito pessoal "Quem sou eu?", eis como as diretrizes poderiam ser aplicadas:

1. Reconheço que tenho uma escolha entre acreditar na velha história da evolução humana e nas novas evidências que nos dizem que a evolução não é a nossa história?
2. Tenho a coragem de escolher acreditar no que a nova ciência está nos dizendo e aceitar e adotar as novas descobertas?
3. Tenho a força necessária para levar até o fim e viver o que essa escolha significa quando se trata do que eu ensino aos meus filhos e da maneira como trato outras pessoas?

Em qualquer situação, nossa resposta a essas três perguntas simples pode transformar a maneira como pensamos sobre nossa vida e como vemos a nós mesmos, mas talvez ainda mais importante seja o fato de que essa resposta pode mudar nossas ações. Ao desenvolver a disciplina para fazer essas perguntas antes de entrar em ação, você expande automaticamente o número de opções que lhe estão disponíveis. Das escolhas que você faz relativas à dieta e à nutrição, à honestidade nos relacionamentos e à seleção de opções de assistência à saúde, e que se estendem até o fato de você se sentir mais receptivo a novas possibilidades de empregos, carreiras e criatividade pessoal, essas diretrizes simples o ajudarão a fazer escolhas de um modo consciente e atento. Você pode se espantar ao descobrir quão poderoso é quando se trata de moldar como será sua vida hoje e de criar um amanhã bem-sucedido.

Minha motivação para escrever este livro foi a de compartilhar com o leitor as novas descobertas que estão proporcionando novos significados à maneira como pensamos a respeito de nós mesmos e como nos imaginamos uns aos outros.

Mas a minha motivação para compartilhar essa informação vai além de apenas querer que ele conheça os fatos. As evidências científicas sobre nossa origem intencional, que teria ocorrido graças a uma força externa inteligente ainda desconhecida dá novo significado à nossa existência. Ela nos leva *além* da sobrevivência do mais forte, da luta e da competição. Ela nos abre a porta para as possibilidades de que podemos estar relacionados a alguma coisa muito maior do que fomos levados a acreditar no passado – e de que podemos ter uma história cósmica, uma família cósmica e uma origem cósmica.

Para um cientista, essa ideia soa, à primeira vista, como a trama de um impactante *thriller* de ficção científica. Mas o que mais me instiga é aonde esse *thriller* pode nos levar. É a possibilidade de transformarmos nossa vida e nosso mundo da melhor maneira possível, e fazer isso honrando os valores humanos que mais prezamos. Em alguns aspectos, é esse o resultado descrito no livro *Men Like God*s, de H. G. Wells, exceto que, se formos bem-sucedidos, isso estará acontecendo 3 mil anos mais cedo.

REFLEXÃO SOBRE AS CRENÇAS QUE FORMAM SUA BASE DE REFERÊNCIA

Agora que você já tirou proveito da leitura deste livro e das descobertas que ele revelou, eu o convido a completar sua experiência de leitura revisitando as perguntas que lhe fiz no início da Parte I.

Antes do Capítulo 1, convidei-o a criar uma base de referência para o que você pensava sobre a evolução e o que ela significava para a sua vida e para o que você acreditava a seu próprio respeito. Agora é um bom momento para reexaminar esses pensamentos e crenças a fim de verificar se – e de que maneira – eles mudaram.

Abrir a porta para nosso maior potencial como seres humanos deve começar com nossa disposição para aceitar o fato de que existe o potencial para coisas extraordinárias. Depois que você responder às perguntas abaixo, convido-o a comparar suas respostas com aquelas que você anotou no início do livro. A pergunta abrangente que faço é: "O que você descobriu transformou a maneira como você pensa sobre si mesmo, sobre seus limites e, ainda mais importante, sobre seu potencial?".

EXERCÍCIO

Reavaliação das crenças da sua base de referência

A Técnica. Usando palavras isoladas ou frases curtas, anote suas respostas às seguintes perguntas com a maior sinceridade possível. Para as perguntas com as alternativas sim ou não, faça um círculo em volta da resposta.

- **Perguntas sobre nossas Origens**

    1) Você acredita que a origem de toda a vida é resultado de um evento casual que aconteceu muito tempo atrás, como a ciência convencional sugere?

    Sim   Não

    2) Você acredita que a vida humana – a *sua vida* – é resultado de um evento casual que aconteceu muito tempo atrás, como a Teoria da Evolução sugere?

    Sim   Não

- **Perguntas sobre nosso Potencial**

    3) Você acredita que está planejado para influenciar conscientemente os eventos de sua vida, a qualidade de sua vida e quanto tempo irá viver?

    Sim   Não

    Se respondeu "Não" à pergunta anterior, salte para "Definindo suas Crenças" mais adiante.

    Se respondeu "Sim" à pergunta anterior, continue aqui:

    4) Você confia em sua capacidade para desencadear voluntariamente a autocura em seu corpo quando precisar dela?

    Sim   Não

    5) Você confia em sua capacidade para desencadear voluntariamente seus estados mais profundos de intuição quando precisar deles?

    Sim   Não

6) Você confia em sua capacidade para autorregular seu sistema imune, seus hormônios da longevidade e sua saúde global?

    Sim   Não

- **Definindo suas Crenças**
    7) Quando noto que está acontecendo alguma coisa incomum com meu corpo (pontadas ou dores repentinas, uma comichão inexplicável, uma rápida batida do coração, sem que isso se deva a nenhuma razão aparente, e assim por diante), eu começo a me *sentir* _____.

    8) Quando noto que algo fora do comum está acontecendo com meu corpo, *a primeira coisa que faço é* _____.

A maneira como você respondeu a cada uma dessas perguntas o ajudará a compreender como você concebe atualmente o seu potencial. Essas respostas também podem servir como uma bússola que indica o sentido em que você pode querer explorar seu crescimento pessoal. A chave aqui é que seu corpo só pode reagir ao combustível das crenças que você adota.

Por exemplo:

- Se você acredita que a vida em geral, assim como sua vida em particular, resulta de um evento aleatório que aconteceu muito tempo atrás, essa percepção pode se refletir nas escolhas que você faz em outras áreas de sua vida. Por exemplo, é mais fácil não levar em consideração a sacralidade da vida e o valor das nossas experiências quando dizemos a nós mesmos que somos o resultado de um afortunado acidente biológico, o qual ocorreu "por acaso", muito tempo atrás. Se, no entanto, tendo em vista o número cada vez maior de evidências que estão despontando no âmbito do conhecimento científico, as quais sugerem que resultamos de um ato intencional, e, mais que isso, o que nos leva a *compreender que realmente estamos aqui com uma finalidade,* temos acesso a um sentimento sagrado de espanto e reverência, e a uma estima profunda por toda a vida, em toda parte. Essa estima se reflete na maneira como pensamos sobre nós mesmos, e como tratamos nossos amigos, nossa família e nossos entes queridos.

- Se você não confia na capacidade do seu corpo para manter sua saúde, para se curar e para fortalecer sua imunidade, ou sua capacidade para a intuição, essa percepção pode transparecer na maneira como você reage a mudanças em seu corpo. Você fica temeroso ao primeiro sinal de que algo novo ou diferente está ocorrendo em seu corpo? Quando você decide consultar um médico para interpretar os sinais que seu corpo está lhe mostrando?

Para ser absolutamente claro, não há resposta certa ou errada a nenhuma dessas perguntas. Suas respostas podem ser reflexos profundos e pessoais de como você estava condicionado a pensar sobre si mesmo. Se esse pensamento lhe serviu no passado e continua hoje a funcionar para você, isso é sinal de que agora você está conscientemente bem informado das crenças que o guiam. Mas se agora você descobre que gostaria de expandir sua relação com seu corpo, então seu crescimento precisa começar com as crenças que estão na base dessa relação.

Talvez não lhe cause surpresa o fato de que, quanto mais sabemos sobre nós mesmos – e quanto mais profundamente expandimos nossa percepção do potencial de nosso corpo –, mais propósito reconhecemos em nossa vida. E acredito que esse, em última análise, é o objetivo de cada um de nós: descobrir e abraçar nosso propósito enquanto estamos experimentando possibilidades de vida.

A VIDA COM UM PROPÓSITO

Quase universalmente, as tradições indígenas do mundo nos lembram de que somos produtos de um ato consciente e intencional de criação, de que, de alguma maneira, fazemos parte de uma família cósmica, e que, na medida em que crescemos e amadurecemos em nossa compreensão, nossa verdadeira herança passará a ter maior significado em nossa vida cotidiana. Em escritas antigas, que vão do sumeriano cuneiforme e dos hieróglifos egípcios aos entalhes e pictogramas descobertos nas selvas maias da América Central, bem como na sabedoria oral dos nativos norte-americanos e sul-americanos, nossos ancestrais nos diziam que somos parte de algo belo e imenso. Como as escrituras das mais antigas tradições do mundo descrevem, nos foram dadas habilidades extraordinárias – características divinas – que nos distinguem de todas as outras formas de vida e nos capacitam a viver vidas conectadas, cheias de vitalidade e significado. Elas também nos lembram de que não passamos de meros administradores neste mundo, que estamos aqui para proteger toda a vida, e que não somos senhores nascidos para dominar a vida.

É por meio de nossos extraordinários poderes de intuição, empatia e compaixão que nos é concedido o privilégio de sermos os cuidadores da Terra – uma capacidade que não foi concedida a nenhuma outra forma de vida. Um dos maiores visionários da história, o Chefe Seattle, líder do povo suquamish do noroeste da costa norte-americana do Pacífico, nos lembra de nosso papel em palavras claras, eloquentes e diretas. Embora a fonte da declaração seguinte, atribuída com frequência ao Chefe Seattle, continue sem confirmação, o sentimento que ela veicula é atemporal:

> A humanidade não teceu a teia da vida. Somos apenas um fio dentro dela. Tudo o que fazemos com a teia, fazemos a nós mesmos. Todas as coisas estão ligadas. Todas as coisas se conectam.[1]

A melhor ciência do mundo moderno parece dar apoio à essência dessa sabedoria. Nossas redes neurais expandidas e nossa capacidade para usarmos nosso coração, cérebro e sistema nervoso a fim de melhorar nossa vida quando isso nos for solicitado estão agora cientificamente documentadas. Embora alguns cientistas possam não compartilhar as interpretações autoempoderadoras das descobertas científicas apresentadas neste livro, podemos dizer com certeza que não há nada nas novas descobertas que possa negar o fato de que essas capacidades existam em nós ou que as impeça de ser o resultado de um planejamento intencional no genoma humano.

Embora possamos não compreender plenamente de onde vêm nossas capacidades avançadas, as evidências nos mostram que nosso intelecto extraordinário e nosso potencial para a compaixão, a empatia e a intuição profunda não são acidentais. Estiveram conosco, como "equipamento" original, desde nossas origens. São inerentes à nossa natureza e parecem ter um propósito – são parte vital de um planejamento intencional.

O TRABALHO REAL

O mundo está em movimento e nossa vida move-se com ele. Agora que você sabe o que há nestas páginas, não pode ignorar o que leu. Não pode simplesmente fechar o livro e esquecer as descobertas relativas à sua origem ou ao imenso poder que há dentro de você. Embora tenha chegado ao fim deste livro, você também chegou ao início do que vem depois. É onde começa o trabalho real. Quando fechar este livro, você se defrontará com uma escolha entre não levar em consideração o que descobriu sobre si mesmo, ou aceitar.

Qualquer escolha exige esforço. Qualquer escolha custa um trabalho real.

Em seu livro clássico, *O Profeta*, o filósofo Khalil Gibran faz uma declaração sobre o significado de "trabalho" que me lembro de ter lido quando tinha 10 anos de idade. Como um garoto vivendo em uma casa sem pai, com minha mãe sozinha e um irmão mais novo em um conjunto habitacional, subsidiado pelo governo, para moradores de baixa renda, as palavras de Gibran me proporcionaram uma maneira de pensar que me guiou na época e permaneceu comigo desde essa ocasião como a pedra angular de minha filosofia de vida. Gibran nos lembra de que o trabalho "é nosso amor tornado visível".[2] Para mim, isso sempre significou que o esforço que ingressa em qualquer tarefa diz respeito a mais que a própria tarefa.

Se concordei em fazer alguma coisa, é o significado que eu atribuo a essa coisa, seja ela o que for, que importa para mim. Meu "amor tornado visível" significa que estou 100% presente e entrego 100% de mim a qualquer coisa que eu disse que ia fazer. Em outras palavras, não se trata do que fazemos, trata-se da maneira como fazemos. É trabalhoso estar plenamente presente e, do ponto de vista de Gibran, esse trabalho é uma expressão de nosso amor pelo mundo, por nós mesmos e por nossas famílias.

Sou realista ao reconhecer o trabalho que será necessário para nos levar a aceitar nossa nova história humana. Exigirá muito trabalho mudar os livros didáticos, arquivos de computador, anotações feitas em sala de aula e exibições científicas em museus espalhados pelo mundo. Exigirá muito trabalho ensinar a nova história humana a nossos filhos e depois aos filhos deles. É por meio de nosso trabalho, de nosso amor tornado visível, que mapeamos nosso maior potencial humano: aquele que nos leva da evolução pelo acaso à transformação pela escolha. A pergunta agora é: "Será que de fato acreditamos que valemos a pena?".

Será que de fato acreditamos que valemos o trabalho que será necessário para adotar o extraordinário potencial que se encontra à espera dentro de todo ser humano? Não precisaremos esperar muito para saber como responderemos a isso. Saberemos pelo mundo que escolhemos deixar aos nossos filhos.

A NOVA HISTÓRIA HUMANA EM 46 PONTOS-CHAVE

Ao longo de todo este livro, apresentei descobertas e fatos que nos proporcionam uma razão para pensarmos de maneira diferente sobre nós mesmos. Para enfatizar o que eu considerei que fossem pontos de referência, eu destaquei ideias e descobertas significativas. Mas o que pode não ter sido óbvio é o fato de que, embora cada um desses pontos-chave resuma um tema importante, quando eles são lidos conjuntamente, um após o outro, eles contam uma história. Essa história é a essência da nova história humana. Para sua conveniência, você pode ler a seguir esses pontos-chave, um após o outro.

Ponto-chave 1: Até mesmo na presença dos mais importantes avanços tecnológicos do mundo moderno, a ciência ainda não pode responder à pergunta mais fundamental de nossa existência: "Quem somos nós?".

Ponto-chave 2: Tudo, desde nossa autoestima até nosso senso de valor próprio e de autoconfiança, nosso bem-estar e nossa segurança, assim como nossa visão do mundo e das outras pessoas, deriva de nossa resposta à pergunta: "Quem somos nós?".

Ponto-chave 3: Ao permitir que novas descobertas levem às novas histórias que elas narram, em vez de forçá-las a entrar em um arcabouço predeterminado de ideias, podemos, por fim, responder às mais importantes questões sobre nossa existência.

Ponto-chave 4: Novas evidências a respeito do DNA sugerem que somos o resultado de um ato intencional de criação, que nos impregnou de extraordinárias capacidades para a intuição, a compaixão, a empatia, o amor e a autocura.

Ponto-chave 5: As histórias que contamos a nós mesmos sobre nós mesmos – e nas quais acreditamos – definem nossa vida.

Ponto-chave 6: Quando mudamos a narrativa, mudamos nossa vida.

Ponto-chave 7: Pela primeira vez na história humana escrita, a Teoria da Evolução de Charles Darwin, publicada em 1859, permitiu que a ciência respondesse às grandes questões sobre a vida e a respeito de nossa origem sem a necessidade de recorrer à religião.

Ponto-chave 8: Embora se acredite que as conexões entre antigos primatas e seres humanos modernos na árvore genealógica evolutiva realmente existam, elas nunca foram comprovadas como fatos – são apenas, no presente momento, conexões inferidas e especulativas.

Ponto-chave 9: A descoberta de uma menina neandertal extraordinariamente bem preservada – datando de 30 mil anos atrás – e a comparação de seu DNA mitocondrial com o nosso nos diz, em definitivo, que os primeiros seres humanos modernos *não eram* descendentes de antigos neandertais.

Ponto-chave 10: O cromossomo humano 2, o segundo maior cromossomo do corpo humano, é resultado de uma antiga fusão de DNA que não pode ser explicada pela Teoria da Evolução como a compreendemos atualmente.

Ponto-chave 11: As 20 proteínas que tornam possível a coagulação do sangue e os mais de 40 componentes dos cílios (caudas ondulantes) que permitem às células moverem-se através de um fluido são apenas dois exemplos de funções que não poderiam se desenvolver gradualmente, durante um longo período, como a evolução sugere. Em ambos os exemplos, se faltar uma só proteína ou parte componente, as células perdem sua função.

Ponto-chave 12: Os seres humanos apareceram na Terra com o mesmo cérebro avançado e sistema nervoso que temos hoje e com a capacidade para autorregular funções vitais já desenvolvidas, contradizendo o corolário da Teoria da Evolução segundo o qual a natureza só nos "superdota" com essas características quando elas são necessárias.

Ponto-chave 13: Um conjunto crescente de evidências físicas e de características do DNA sugere que nossa espécie pode ter aparecido 200 mil anos atrás sem nenhuma trilha evolutiva que tenha levado ao nosso aparecimento.

Ponto-chave 14: Um cientista honesto, que não é limitado pelas restrições do pensamento acadêmico, da política ou da religião, não pode mais desconsiderar as novas evidências sobre nossas origens humanas e continuar digno de crédito.

Ponto-chave 15: Como parte de nosso sistema nervoso avançado, o coração se associa ao cérebro como um órgão fundamental para informar ao cérebro tudo o que o corpo precisa em qualquer momento.

Ponto-chave 16: Tradições antigas sempre sustentaram que o coração, e não o cérebro, é um centro de profunda sabedoria, de emoção e de memória, além de servir como um portal para outros reinos da existência.

Ponto-chave 17: A descoberta de 40 mil neuritos sensoriais no coração humano abre a porta para novas e vastas possibilidades, que revelam paralelismo com aquelas que foram descritas com precisão nas escrituras de algumas de nossas mais antigas e estimadas tradições espirituais.

Ponto-chave 18: A documentação científica de memórias transportadas de um doador para o corpo de um receptor por meio do próprio coração – *transferência de memória* – demonstra exatamente quanto a memória do coração é real.

Ponto-chave 19: O coração é a chave para despertar a intuição profunda, memórias sutis e capacidades extraordinárias, consideradas raras no passado, e para acolhermos esses atributos como parte normal da vida cotidiana.

Ponto-chave 20: A disposição para aceitar uma hipótese científica como fato, na ausência de evidências para sustentá-la, pode nos levar, como nos levou no passado, a conclusões erradas quando se trata da maneira como pensamos sobre nós mesmos e a respeito de nossa relação com o mundo.

Ponto-chave 21: Conceituados cientistas nos dizem que é matematicamente impossível que o código genético da vida tenha emergido apenas por meio do processo da evolução.

Ponto-chave 22: Em um âmbito quase universal, tradições antigas e mitos de povos indígenas atribuem nossas origens ao resultado de um ato consciente e intencional.

Ponto-chave 23: Um conjunto cada vez maior de evidências sugere que existimos como parte de um universo vivo e vibrante, que não é composto apenas de poeira inerte, gás e espaço vazio.

Ponto-chave 24: Se somos resultado de algo mais que o puro acaso, então faz sentido reconhecer que nossa vida diz respeito a algo mais do que apenas sobreviver, pois indica, isso sim, que nossa vida tem um propósito.

Ponto-chave 25: Nossas capacidades para a intuição profunda, a simpatia, a empatia, a compaixão e a autocura, que nos permitem viver um tempo suficientemente longo para compartilhar tais capacidades, atuam como a agulha de uma bússola que nos indica claramente o propósito de nossa vida.

Ponto-chave 26: A *intuição* é uma avaliação em tempo real que recorre à experiência pessoal e passada, a sugestões e pistas sensoriais e ao jogo de cintura do dia a dia, e o *instinto* é uma reação que emerge do nosso subconsciente, por meio da "fiação" que os articula, como um mecanismo de sobrevivência.

Ponto-chave 27: O laço emocional que existe entre mãe e filhos está agora cientificamente documentado por meio de estudos que oferecem percepções aguçadas sobre a conexão intuitiva que todos nós podemos desenvolver em nossos relacionamentos.

Ponto-chave 28: O foco intencional no coração nos capacita a experimentar consistentemente estados profundos de intuição quando temos de fazer, por encomenda, uma escolha.

Ponto-chave 29: É possível ter acesso à sabedoria do nosso coração por meio de um processo que pode ser resumido em cinco passos simples: focalize, respire, sinta, pergunte e ouça.

Ponto-chave 30: Intuição, simpatia e empatia são os trampolins para a compaixão.

Ponto-chave 31: A compaixão é tanto uma força da natureza como uma experiência emocional que nos conecta com a natureza e com toda a vida.

Ponto-chave 32: Telômeros são sequências especializadas de DNA localizadas nas extremidades de um cromossomo que servem como um *buffer* para proteger a informação genética do cromossomo quando a célula se divide. A cada divisão celular, os telômeros ficam mais curtos, até não poderem mais proteger a informação vital da célula, ponto em que a célula experimenta o envelhecimento, a decrepitude e, finalmente, a morte.

Ponto-chave 33: A finalidade da enzima telomerase em nossas células é reparar, rejuvenescer e alongar os telômeros que determinam quanto tempo nossas células vivem.

Ponto-chave 34: Nossas opções de estilo de vida, incluindo formas específicas de exercícios, suplementos alimentares especiais e redução do estresse físico, são estratégias essenciais, documentadas, para termos êxito em retardar, e até mesmo reverter, danos infligidos aos telômeros e o envelhecimento celular.

Ponto-chave 35: É o estresse *não resolvido* em nossa vida que corrói nossos telômeros e nos rouba a coisa que mais prezamos: a própria vida.

Ponto-chave 36: Por meio da sabedoria de nosso coração, podemos pedir e receber percepções esclarecedoras sobre alternativas saudáveis às distrações nocivas a que nos entregamos em nossa vida.

Ponto-chave 37: Em cada momento de cada dia, fazemos as escolhas que afirmam – ou que negam – a vida em nosso corpo.

Ponto-chave 38: A resiliência coração-cérebro é a chave para a recuperação emocional diante da perda de família e de entes queridos que acompanha vidas prolongadas.

Ponto-chave 39: Mais harmonia (coerência) coração-cérebro leva a maior resiliência em nossa vida.

Ponto-chave 40: Ainda temos a oportunidade de criar um futuro saudável definindo os valores que prezamos *antes* de implementarmos soluções que causarão danos irreversíveis a nós mesmos e ao nosso planeta.

Ponto-chave 41: Já temos todas as soluções – todas as soluções tecnológicas – para os maiores problemas que enfrentamos como indivíduos, comunidades e nações.

Ponto-chave 42: A maior crise que enfrentamos como indivíduos e sociedade é uma crise de pensamento. Como podemos abrir espaço para o novo mundo que está emergindo se estamos agarrados ao velho mundo do passado, aprisionados por ele?

Ponto-chave 43: Um conjunto cada vez maior de evidências científicas está nos levando a uma conclusão inevitável: a competição violenta e a guerra contradizem diretamente nossos instintos mais profundos de cooperação e de cuidados e instrução (*nurturing*).

Ponto-chave 44: A brutalidade dos crimes de ódio só é possível em uma sociedade na qual o valor da vida humana se perdeu.

Ponto-chave 45: A destruição de um indivíduo em consequência do abuso de drogas e do álcool só é possível quando o sentimento pessoal de valor se perdeu.

Ponto-chave 46: Rachel Carson lembra-nos de que só destruímos aquilo a que não damos valor e que não podemos dar valor àquilo que não conhecemos. Uma solução duradoura para os problemas que nos dividem e para os níveis crescentes de *bullying*, de crimes de ódio e de atrocidades em tempo de guerra consiste em infundir na nova geração, e em acolher dentro de nós mesmos, a necessidade de respeitar e de valorizar toda a vida.

RECURSOS

Inteligência do Coração / Resiliência

The Institute of HeartMath, www.HeartMath.org

"O Instituto HeartMath é uma organização sem fins lucrativos de pesquisa e educação, reconhecida internacionalmente, que se dedica a ajudar pessoas a reduzir o estresse, autorregular emoções e desenvolver energia e resiliência para uma vida feliz e saudável. As ferramentas, tecnologia e treinamento do HeartMath ensinam as pessoas a confiar na inteligência do coração, em harmonia com a mente, em casa, na escola, no trabalho e no lazer."

Crimes de Ódio

National Organization for Victim Assistance [Organização Nacional de Assistência à Vítima] (NOVA), www.trynova.org

Os crimes de ódio criam um conjunto complexo de circunstâncias e necessidades que variam de indivíduo para indivíduo. Vários estados dos EUA oferecem assistência às vítimas, bem como treinamento profissional para entender como abordar o ódio. Este site é um portal para muitas dessas organizações em todo o país.

Leituras Recomendadas

Charles Darwin, *On the Origin of Species by Means of Natural Selection* (Seattle, WA: Pacific Publishing Studio, 2010).

Doc Lew Childre, Howard Martin e Donna Beech, *The HeartMath Solution: The Institute of HeartMath's Revolutionary Program for Engaging the Power of the Heart's Intelligence* (Nova York: HarperOne, 2000). [*A Solução HeartMath*. São Paulo: Cultrix, 2001 (fora de catálogo).]

Francis Crick, *Life Itself: Its Origin and Nature* (Nova York: Touchstone, 1981).

Adrián Recinos, *Popol Vuh: The Sacred Book of the Ancient Quiché Maya*, Part I, Creation Myth, capítulos 1-3, Delia Goetz e Sylvanus G. Morley, orgs. (Norman, OK: University of Oklahoma Press, 1950). Disponível em: https://en.wikipedia.org/wiki/ Popol_Vuh#Creation-myth.

NOTAS

Epígrafe, Carl Sagan, *Contact* (Nova York: Simon and Schuster, 1997), p. 430.

Introdução

1. Atualmente, em uma explosão de novas pesquisas, várias áreas da ciência estão explorando o poder das crenças humanas, o efeito placebo e o poder de nossas expectativas com relação à cura do corpo. Este exemplo em particular descreve um estudo duplo-cego randomizado que investigou um grupo de portadores da doença de Parkinson. Joseph Mercola, "How the Power of Your Mind Can Influence Your Healing and Recovery", Mercola.com (5 de março de 2015). Disponível em: http://articles.mercola.com/sites/articles/archive/2015/03/05/placebo-effect-healing-recovery.aspx.
2. Elizabeth Palermo, editora associada, "Niels Bohr: Biography & Atomic Theory" (14 de maio de 2013). Disponível em: http://www.livescience.com/32016-niels-bohr-atomic-theory.html.

Capítulo 1: Rompendo com o discurso de Darwin

Epígrafe, Scott Turow, *Ordinary Heroes* (Nova York: Grand Central Publishing, 2011), p. 66.

1. Frank Newport, "In U.S., 42% Believe Creationist View of Human Origins", Gallup.com (2 de junho de 2014). Disponível em: http://www.gallup.com/poll/170822/believe-creationist-view-human-origins.aspx.
2. Francis Crick, *Life Itself: Its Origin and Nature* (Nova York: Touchstone, 1981), p. 88.
3. Adrián Recinos, *Popol Vuh: The Sacred Book of the Ancient Quiché Maya*, "Creation Myth", capítulos 1-3, Delia Goetz e Sylvanus G. Morley, orgs. (Norman, OK: University of Oklahoma Press, 1950), pp. 167-68. Disponível em: https://en.wikipedia.org/wiki/Popol_Vuh#Creation_myth. O *Popol Vuh*, como o conhecemos hoje, foi tirado dos registros de Francisco Ximénez, um padre dominicano que os redigiu no começo do século XVIII. O manuscrito foi mantido na obscuridade até ser "redescoberto", em 1941, por Adrián Recinos, a quem geralmente é concedido o crédito por sua publicação em tempos recentes. Recinos explica: "O manuscrito original não é dividido em partes ou capítulos; o texto avança sem interrupção do começo até o fim. Nesta tradução, segui a divisão de Brasseur de Bourbourg em quatro partes, e cada parte em capítulos, porque o arranjo parece lógico e está de acordo com o significado e o tema da obra. Como a versão do abade

francês é mais conhecida, isso facilitará o trabalho dos leitores que quiserem fazer um estudo comparativo das diversas traduções do *Popol Vuh*" (Goetz xiv; Recinos 11-2; Brasseur, xv).

4. *The Holy Bible: Authorized King James Version*, Gênesis, capítulo 1, versículo 26 (Cleveland, OH: World Publishing Company, 1961), p. 9.
5. *The Torah: A Modern Commentary*, Bereshit, capítulo 1, versículo 26, W. Gunther Plaut, org. (Nova York: Union of American Hebrew Congregations, 1981), p. 19.
6. "Ancient Egypt: The Mythology", EgyptianMyths.net. Disponível em: http://www.egyptianmyths.net/section-deities.htm.
7. Esses *slogans* (dos cigarros Lucky Strike, da aprovação do Lucky Strike pelo ator Edmund Lowe e dos cigarros Viceroy) foram populares nas propagandas de cigarros do início até meados do século XX. Ver Hadgirl, "10 Evil Vintage Cigarette Ads Promising Better Health", *blog* da Healthcare Administration Degree Programs. Disponível em: http://www.healthcare-administration-degree.net/10-evil-vintage-cigarette-ads-promising-better-health.
8. *Ibid.*
9. Reportagem do noticiário da NBC TV (11 de janeiro de 1964), do correspondente Frank McGee. "Special Report: Smoking and Health." Disponível em: https://highered.nbclearn.com/portal/site/HigherEd/flatview?cuecard=68341.
10. Terry Pratchett. *A Hat Full of Sky* (Nova York: HarperCollins, 2004). Leia trechos do livro em https://theillustratedpage.wordpress.com/2015/07/16/review-of-a-hat-full-of-sky-by-terry-pratchett.
11. Carl Sagan, "The Blackbone of Night", *Cosmos*, episódio 7, 9 de novembro de 1980.
12. Albert Einstein, citado por Steven Pollock, Oliver DeWolfe e Steve Goldhaber, "Physics 3220: Quantum Mechanics", Physics Department University of Colorado, Boulder (outono de 2008). Disponível em: http://www.colorado.edu/physics/phys3220/phys3220_fa08/quotes.html.
13. Charles Darwin, *On the Origin of Species by Means of Natural Selection*. Disponível em: http://www.gutenberg.org/files/2009/2009-h/2009-h.htm.
14. Para mais informações sobre a viagem de Charles Darwin a bordo do HMS *Beagle*, consulte o site: https://www.aboutdarwin.com/voyage/voyage03.html.
15. Darwin, *Origin of Species*, pp. 126-27.
16. *Ibid.*, p. 219.
17. *Ibid.*, p. 155.
18. "*Evolution* Series Overview", PBS, org. (2001). Disponível em: http://www.pbs.org/wgbh/evolution/about/overview.html.
19. Joshua Gilder, "PBS' 'Evolution' Series Is Propaganda, Not Science", WorldNetDaily.com (24 de setembro de 2001). Disponível em: http://www.wnd.com/2001/09/11004.
20. Ler o texto do Projeto de Lei 1322 do Senado de Oklahoma, proposto pelo senador estadual Josh Brecheen durante a segunda sessão da 55ª Legislatura do Estado de Oklahoma (2016) em: http://www.oklegislature.gov/BillInfo.aspx?Bill=sb1322&Session=1600.
21. "Definition of Intelligent Design", site do Discovery Institute, Center for Science and Culture (acesso em 30 de janeiro de 2017). Disponível em: http://www.intelligentdesign.org/whatisid.php.

22. Decisão apresentada em 20 de dezembro de 2005, no caso Dover, pelo United States District Court [Tribunal Distrital dos Estados Unidos] para o Middle District of Pennsylvania [Distrito Central da Pensilvânia]. "Tammy Kitzmiller, *et al.*, v. Dover Area School District, *et al.*", site do National Center for Science Education. Disponível em: https://ncse.com/files/pub/legal/kitzmiller/highlights/2005-12-20_Kitzmiller_decision.pdf.
23. Louis Agassiz, "Evolution and Permanence of Type", *Atlantic Monthly* (janeiro de 1874), p. 10. Disponível em: http://www.unz.org/Pub/AtlanticMonthly-1874jan-00092.
24. *Ibid.*, p. 12, os itálicos são nossos.
25. Adam Sedgwick, *Spectator* (março de 1860). Citado em David L. Hull, *Darwin and His Critics: The Reception of Darwin's Theory of Evolution by the Scientific Community* (Cambridge, MA: Harvard University Press, 1973), pp. 155-70.
26. *Louis Agassiz: His Life and Correspondence*, Elizabeth C. Agassiz, org. (Boston: Houghton Mifflin, 1893), p. 647. Disponível em: https://ia902606.us.archive.org/28/items/louisagassizhisl02agas/louisagassizhisl02agas.pdf.
27. Albert Fleischmann, "The Doctrine of Organic Evolution in the Light of Modern Research", *Journal of the Transactions of the Victoria Institute or Philosophical Society of Great Britain*, vol. 65 (Londres, 1933), pp. 194-95, 205-06, 208-09. Disponível em: https://biblicalstudies.org.uk/pdf/jtvi/1933_194.pdf.
28. H. S. Lipson, "A Physicist Looks at Evolution", *Physics Bulletin*, vol. 31, nº 4 (maio de 1980), p. 138.
29. Leonard Harrison Matthews, "Introduction", em *The Origin of the Species*, de Charles Darwin (Londres: J. M. Dent and Sons, 1971), pp. x-xi.
30. Fred Hoyle, "Hoyle on Evolution", *Nature*, vol. 294, nº 5837 (12 de novembro de 1981), p. 105.
31. Michael Denton, *Evolution: A Theory in Crisis* (Chevy Chase, MD: Adler and Adler Books, 1986), p. 358.
32. Stephen Jay Gould, "Not Necessarily a Wing", *Natural History*, vol. 94, nº 14 (outubro de 1985), pp. 12-3.
33. Wolfgang Smith, *Teilhardism and the New Religion: A Thorough Analysis of the Teachings of Pierre Teilhard de Chardin* (Charlotte, NC: TAN Books, 1988), p. 24.
34. A Scientific Dissent from Darwin é um site que contém a lista publicada pelo Discovery Institute, em 2001, de cientistas de todo o mundo que não aceitaram a Teoria da Evolução de Darwin como fato. Disponível em: http://www.dissentfromdarwin.org.
35. Charles Darwin para Asa Gray, 1860. Citado em David Masci, "Darwin and His Theory of Evolution", Pew Research Center, Religion and Public Life (4 de fevereiro de 2009). Disponível em: http://www.pewforum.org/2009/02/04/darwin-and-his-theory-of-evolution.
36. Henry Edward Manning. Citado em Masci, "Darwin and His Theory of Evolution".
37. Thomas H. Morgan, *Evolution and Adaptation* (Nova York: Macmillan Company, 1903), p. 43.
38. Darwin (Pacific Publishing Studio, 2010), p. 151.

Capítulo 2: Humano conforme um planejamento

Epígrafe, Harold Urey, citado por *Christian Science Monitor* (4 de janeiro de 1962), p. 4.

1. "This Day in History: February 28: Lead Story: Watson and Crick Discover Chemical Structure of DNA", History.com (acesso em 30 de janeiro de 2017). Disponível em: http://www.history.com/this-day-in-history/watson-and-crick-discover-chemical-structure-of-dna.

2. William Goodwin. "Rare Tests on Neanderthal Infant Sheds Light on Early Human Development", *Science News* (4 de abril de 2000). Disponível em: https://www.sciencedaily.com/releases/2000/03/000331091126.htm.

3. "What Does It Mean to Be Human? Neanderthal Mitochondrial DNA", site da Smithsonian Institution, National Museum of Natural History (acesso em 30 de janeiro de 2017). Disponível em: http://humanorigins.si.edu/evidence/genetics/ancient-dna-and-neanderthals/neanderthal-mitochondrial-dna.

4. Igor V. Ovchinnikov, Anders Götherström, Galina P. Romanova, Vitaliy M. Kharitonov, Kerstin Lidén e William Goodwin, "Molecular Analysis of Neanderthal DNA from the Northern Caucasus", *Nature*, vol. 404 (2000), pp. 490-93. Disponível em: http://cogweb.ucla.edu/Abstracts/Goodwin_00.html.

5. "What Does It Mean to Be Human? Homo Sapiens", site da Smithsonian Institution, National Museum of Natural History (acesso em 30 de janeiro de 2017). Disponível em: http://humanorigins.si.edu/evidence/human-fossils/species/homo-sapiens.

6. Lizzie Wade, "Oldest Human Genome Reveals When Our Ancestors Had Sex with Neandertals", site de *Science* (22 de outubro de 2014). Disponível em: http://www.sciencemag.org/news/2014/10/oldest-human-genome-reveals-when-our-ancestors-had-sex-neandertals.

7. Hillary Maywell, "Neandertals Not Our Ancestors, DNA Study Suggests", *National Geographic News* (14 de maio de 2003). Disponível em: http://news.nationalgeographic.com/news/2003/05/0514_030514_neandertalDNA.html.

8. Public Library of Science, "Europe's Ancestors: Cro-Magnon 28,000 Years Old Had DNA Like Modern Humans", *ScienceDaily* (16 de julho de 2008). Disponível em: www.sciencedaily.com/releases/2008/07/080715204741.htm.

9. Simon Tripp e Martin Grueber. "Economic Impact of the Human Genome Project", relatório do Battelle Memorial Institute (maio de 2011). Disponível em: http://www.battelle.org/docs/default-document-library/economic_impact_of_the_human_genome_project.pdf.

10. Para uma descrição de fácil compreensão das diferenças de DNA entre seres humanos e nossos mais próximos parentes primatas, os chimpanzés, visite "DNA: Comparing Humans and Chimps", site do American Museum of Natural History (acesso em 30 de janeiro de 2017): http://www.amnh.org/exhibitions/permanent-exhibitions/human-origins-and-cultural-halls/anne-and-bernard-spitzer-hall-of-human-origins/understanding-our-past/dna-comparing-humans-and-chimps.

11. A expressão *7q31* é uma notação abreviada da maneira como os cientistas descrevem a localização de um gene dentro de um cromossomo. O código é simples e constituído de três partes. Parte 1: O primeiro número nos indica o grande quadro do cromossomo dentro do qual o gene está localizado. Parte 2: A letra nos indica

em qual dos dois braços que constituem um cromossomo o gene está: no braço curto (ou p) ou no braço longo (ou q). Parte 3: O último número nos indica a posição efetiva do gene no cromossomo, conforme é determinada pelo número de bandas escuras ou claras que são visíveis ao usarmos um microscópio em amostras especialmente tingidas. No presente caso, o gene está no cromossomo 7, no braço longo q e na posição 31, quando contamos a partir do ponto central (centrômero) do cromossomo.

12. "Study Links Evolution of Single Gene to Human Capacity for Language", comunicado à imprensa do Yerkes National Primate Research Center, da Universidade Emory (11 de novembro de 2009). Disponível em: http://www.yerkes.emory.edu/about/news/neuropharmacology_neurologic_diseases/gene_language_capacity.html.
13. *Ibid.*
14. Wolfgang Enard, entrevistado por Helen Briggs, "First Language Gene Discovered", *BBC News* World Edition (14 de agosto de 2002). Disponível em: http://news.bbc.co.uk/2/hi/science/nature/2192969.stm.
15. *Ibid.*
16. Michael Purdy, "Human Chromosomes 2, 4 Include Gene Deserts, Signs of Chimp Chromosome Merger", *Washington University in St. Louis Source* (6 de abril de 2005). Disponível em: https://source.wustl.edu/2005/04/human-chromosomes-2-4-include-gene-deserts-signs-of-chimp-chromosome-merger. Ver também J. W. Ijdo, A. Baldini, D. C. Ward, S. T. Reeders e R. A. Wells. "Origin of Human Chromosome 2: An Ancestral Telomere-Telomere Fusion", *Proceedings of the National Academy of Sciences USA*, vol. 88, nº 20 (15 de outubro de 1991), pp. 9051-055. Disponível em: https://www.ncbi.nlm.nih.gov/pmc/articles/PMC52649.
17. J. W. Ijdo *et al.* Os itálicos são nossos. Embora alguns cientistas continuem a fazer objeções à conclusão de que o cromossomo humano 2 é resultado de uma antiga fusão de genes, as evidências indicam claramente uma tal fusão. Em resumo, essas evidências enunciam: 1) o fato de que as sequências de DNA dos distintos genes de chimpanzé são quase idênticas às que se encontram combinadas no cromossomo humano 2; 2) a presença de um segundo centrômero (o ponto que separa os braços longo e curto do gene) "vestigial", que não tem uso, presença essa que seria esperada se dois genes, cada um com um centrômetro, tivessem se fundido em uma única unidade; e 3) a presença de telômeros (a sequência protetora de DNA normalmente encontrada nas extremidades dos cromossomos) vestigiais localizada no meio do gene na banda q13, e não no fim do cromossomo.
18. Para uma descrição detalhada das funções associadas ao cromossomo humano 2, consulte "Chromosome 2 (Human)", Wikipedia (acesso em 30 de janeiro de 2017). Disponível em: https://en.wikipedia.org/wiki/Chromosome_2_(human).
19. *Ibid.*
20. J. W. Ijdo, *et al.*
21. *The Expanded Quotable Einstein*, Alice Calaprice, org. (Princeton, NJ: Princeton University Press, 2000), p. 204.
22. Alfred Russel Wallace, *Contributions to the Theory of Natural Selection* (Nova York: Macmillan, 1870), p. 356. Disponível em: https://ia601406.us.archive.org/32/items/contributionstot00wall/contributionstot00wall.pdf.

Capítulo 3: O cérebro no coração
Epígrafe, Gary E. R. Schwartz e Linda G. S. Russek. Prefácio para Paul P. Pearsall, *The Heart's Code: Tapping the Wisdom and Power of Our Heart Energy* (Nova York: Broadway Books, 1998), p. XIII.

1. "Cro-Magnon", Wikipedia (acesso em 30 de janeiro de 2017). Disponível em: https://en.wikipedia.org/wiki/Cro-Magnon.
2. *Ibid.*
3. "Neanderthal Anatomy", Wikipedia (acesso em 30 de janeiro de 2017). Disponível em: https://en.wikipedia.org/wiki/Neanderthal_anatomy.
4. Joshua Batson, "Watch 80,000 Neurons Fire in the Brain of a Fish", *Wired* (28 de julho de 2014). Disponível em: https://www.wired.com/2014/07/neuron-zebrafish-movie.
5. "Anatomy of the Brain", Mayfield Clinic, Brain and Spine Institute (acesso em 30 de janeiro de 2017). Disponível em: http://www.mayfieldclinic.com/PE-AnatBrain.htm#.VYTaBFVViko.
6. "Amazing Heart Facts", Arkansas Heart Hospital (acesso em 30 de janeiro de 2017). Disponível em: http://www.arheart.com/cardiovascular-health/amazing-heart-facts.
7. O idioma hebraico, o aramaico e o grego antigo contribuíram para a Bíblia que conhecemos hoje. Por exemplo, quando seus trechos são traduzidos para o inglês, o número exato de vezes que uma determinada palavra ocorre na Bíblia varia em função da tradução (por exemplo, a Authorizad King James Version ou a New American Standard). Para saber o número de vezes que a palavra *heart* [coração] ocorre em diferentes versões inglesas da Bíblia, veja "Word Counts: How Many Times Does a Word Appear in the Bible?", site da Christian Bible Reference: http://www.christianbiblereference.org/faq_WordCount.htm.
8. *The Holy Bible, Authorized King James Version*, Provérbios, capítulo 20, versículo 5 (Cleveland, OH: World Publishing Company, 1961), p. 534.
9. Rodney Ohebsion, "Native American Proverbs, Quotes and Chants", Rodney Ohebsion.com (acesso em 30 de janeiro de 2017). Disponível em: http://www.rodneyohebsion.com/native-american-proverbs-quotes.htm.
10. Daisaku Ikeda, "The Wisdom of the Lotus Sutra", Soka Gakki International (acesso em 30 de janeiro de 2017). Disponível em: http://www.sgi.org/about-us/president-ikedas-writings/the-wisdom-of-the-lotus-sutra.html.
11. *Ibid.*
12. Ver Ralph Marinelli, Branko Fuerst, Hoyte van der Zee, Andrew McGinn e William Marinelli. "The Heart Is Not a Pump", *Frontier Perspectives* (outono/inverno de 1995). Disponível em: http://www.rsarchive.org/RelArtic/Marinelli.
13. J. Andrew Armour, *Neurocardiology: Anatomical and Functional Principles*, HeartMath Research Center, Institute of HeartMath, eBook (2003).
14. *Ibid.*
15. *Ibid.*
16. *Ibid.*
17. The Quick Coherence© Technique for Adults [A Técnica da Coerência Rápida© para Adultos]. Disponível em: https://www.heartmath.org/resources/heartmath-tools/quick-coherence-technique-for-adults.

18. Armour, *Neurocardiology*.
19. "Fifty Spiritual Homilies of Saint Macarius the Egyptian: Homily 43:7", e-Catholic 2000 (acesso em 22 de março de 2017). Disponível em: http: //www.ecatholic2000.com/macarius/untitled-46.shtml#_Toc385610658.
20. Tony Long, "Dec. 3, 1967: Patient Dies, but First Heart Transplant Is a Success", *Wired* (3 de dezembro de 2007). Disponível em: https://www.wired.com/2007/12/dayintech-1203.
21. "Artificial Hearts May Help Patients Survive until Transplant", comunicado à imprensa do American College of Cardiology (27 de março de 2014). Disponível em: http://www.acc.org/about-acc/press-releases/2014/03/27/12/53/gurudevan-artificial-heart-pr.
22. *Ibid.*
23. Claire Sylvia. *A Change of Heart: A Memoir* (Nova York: Warner Books, 1997).
24. *Ibid.*, p. 226.
25. Paul Pearsall, *The Heart's Code* (Nova York: Broadway Books, 1999), Introduction.
26. Charles E. Gross. "Leonardo da Vinci on the Brain and the Eye", *Neuroscientist*, vol. 3, nº 5 (1º de setembro de 1997), pp. 347–54. Disponível em: http://journals.sagepub.com/doi/pdf/10.1177/107385849700300516.
27. Clare Boothe Brokaw (Clare Boothe Luce), *Stuffed Shirts* (Nova York: Horace Liveright, 1931), p. 239.
28. Chad Boutin, "Snap judgments decide a face's character, psychologist finds", Universidade de Princeton (22 de agosto de 2006). Disponível em: https://www.princeton.edu/main/news/archive/S15/62/69K40/index.xml?section=topstories.
29. Minha relação com o Institute of HeartMath começou em 1995. Durante esse tempo compartilhei da realização de palestras e seminários de fins de semana com Howard Martin, vice-presidente executivo, e Debbie Rozman, Ph.D., presidente e co-CEO; e participei do comitê de direção do Global Coherence Initiative Project desde seu início em 2008. Para uma lista da equipe e dos consultores, consulte: https://www.heartmath.com/heartmath-team.
30. Rollin McCraty, Mike Atkinson e Raymond Trevor Bradley, "Electrophysiological Evidence of Intuition: Part 1. The Surprising Role of the Heart", *Journal of Alternative and Complementary Medicine*, vol. 10, nº 1 (junho de 2004), pp. 133-143.

Capítulo 4: A nova história humana

Epígrafe, Brené Brown, *Own Our History. Change the Story* (18 de junho de 2015). Disponível em: http://brenebrown.com/2015/06/18/own-our-history-change-the-story.

1. Kristen Philipkoski, "Researchers Cut Gene Estimate", *Wired* (12 de fevereiro de 2001). Disponível em: http://archive.wired.com/science/discoveries/news/2001/02/41749.
2. "The Human Genome Is More and Less Than We Expected to Find", The Tech Museum of Innovation (2013). Disponível em: http://genetics.thetech.org/original_news/news14.
3. Guilherme Neves, Jacob Zucker, Mark Daly e Andrew Chess, "Stochastic Yet Biased Expression of Multiple *Dscam* Splice Variants by Individual Cells", *Nature Genetics*, vol. 36, nº 3 (1º de fevereiro de 2004), pp. 240-46.

4. Victor A. McKusick, citado em "2001: Publication of the Human Genome Sequence", *Genome News Network*. Disponível em: http://www.genomenewsnetwork.org/resources/timeline/2001_human_pub.php.
5. Craig Venter, citado por Tom Abate. "Genome Discovery Shocks Scientists", *San Francisco Chronicle* (11 de fevereiro de 2001). Disponível em: http://www.sfgate.com/news/article/Genome-Discovery-Shocks-Scientists-Genetic-2953173.php.
6. Albert A. Michelson e Edward W. Morley, "On the Relative Motion of the Earth and the Luminiferous Ether", *American Journal of Science*, vol. 34, nº 203 (novembro de 1887), pp. 333-45.
7. E. W. Silvertooth, "Special Relativity", *Nature*, vol. 322, nº 6080 (agosto de 1986), p. 590.
8. Ilya Prigogine, Gregoire Nicolis e Agnes Babloyantz, "Thermodynamics of Evolution", *Physics Today*, vol. 25, nº 11 (novembro de 1972), pp. 23-8.
9. Marcel Golay e Frank Salisbury, citados por Henry M. Morris, "Probability and Order versus Evolution", *Acts and Facts*, vol. 8, nº 7 (1979). Disponível em: http://www.icr.org/article/probability-order-versus-evolution.
10. Fred Hoyle e N. Chandra Wickramasinghe, *Evolution from Space* (Londres: J. M. Dent & Sons, 1981).
11. Fred Hoyle, "Hoyle on Evolution", *Nature*, vol. 294, nº 5837 (12 de novembro de 1981), p. 105.
12. John Black, "The Origins of Human Beings according to Ancient Sumerian Texts", *Ancient Origins* (30 de janeiro de 2013). Disponível em: http://www.ancientorigins.net/human-origins-folklore/origins-human-beings-according-ancient-sumerian-texts-0065.
13. Louis Ginzberg, *The Legends of the Jews*, vol. 1, *From Creation to Jaco* (1938), p. 54. Disponível em: http://www.gutenberg.org/ebooks/1493.
14. *The Holy Qur'an, with English Translation and Commentary*, Pilgrimage, capítulo 22, versículo 5. Maulana Muhammad Ali, org. (Columbus, OH: Ahmadiyah Anjuman Isha'at Islam, 1917), p. 648.
15. *Ibid.*, capítulo 25, versículo 54, p. 705.
16. *Ibid.*, p. 648.
17. *The Holy Bible, Authorized King James Version*, Gênesis, capítulo 2, versículo 7 (Cleveland, OH: World Publishing Company, 1961), p. 10.
18. Charles C. Mann, *1491: New Revelations of the Americas before Columbus* (Nova York: Alfred A. Knopf, 2005), pp. 199-212.
19. *Popol Vuh*, Norine Polio, org., Yale-New Haven Teachers Institute. Disponível em: http://teachersinstitute.yale.edu/curriculum/units/1999/2/99.02.09.x.html.
20. Duane Elgin, "Why We Need to Believe in a Living Universe", blog do *Huffington Post* (15 de maio de 2011). Disponível em: http://www.huffingtonpost.com/duaneelgin/living-universe_b_862220.html.
21. *Ibid.*
22. *Ibid.*
23. *Ibid.*
24. Ray Bradbury,"G. B. S. Mark V", em *I Sing the Body Electric! And Other Stories* (Nova York: HarperPerennial, 2001), p. 275.

25. Albert Einstein, Carta para Robert S. Marcus, diretor politico do Congresso Mundial Judaico, por ocasião do falecimento de seu filho vitimado pela pólio (12 de fevereiro de 1950). A ênfase é nossa.
26. Karl Jaspers, *The Idea of the University* (Londres: Peter Owen, 1965), p. 30, citado por James Cowan, "Climate Change: A Humanist Response", epígrafe (junho de 2015). Disponível em: http://www.academia.edu/12372530/Climate_Change_a_humanist_response.

Capítulo 5: Nossa "fiação" está pronta para a conexão

Epígrafe, Mitch Albom, *The Five People You Meet in Heaven* (Nova York: Hachette, 2003), p. 50.

1. Dean Koontz, citado em Goodreads. Disponível em: http://www.goodreads.com/quotes/95562-intuition-is-seeing-with-the-soul.
2. "Mother-Baby Study Supports Heart-Brain Interactions", HeartMath Institute (20 de abril de 2008). Disponível em: https://www.heartmath.org/articles-of-the-heart/science-of-the-heart/mother-baby-study-supports-heart-brain-interactions.
3. *Ibid.*
4. *Ibid.*
5. *Ibid.*
6. "Captured Pilot's Mother Felt Something Was Wrong", CNN.com (24 de março de 2003). Disponível em: http://www.cnn.com/2003/US/South/03/24/sprj.irq.pilot.family.
7. *Ibid.*
8. *Ibid.*
9. Alan Cowell e Douglas Jehl, "Luxor Survivors Say Killers Fired Methodically", *The New York Times* (24 de novembro de 1997). Site: http://www.nytimes.com/1997/11/24/world/luxor-survivors-say-killers-fired-methodically.html.
10. Albert Einstein, Carta para Robert S. Marcus (12 de fevereiro de 1950).
11. Dalai Lama, *The Art of Happiness: A Handbook for Living*, edição do 10º aniversário (Nova York: Riverhead Books, 2009), p. 119.
12. Joanna Macy, "The Bodhisattva", extraído de uma palestra proferida no Barre Center for Buddhist Studies, "The Wings of the Bodhisattva", *Insight Magazine* (primavera/verão de 2001). Disponível em: http://www.joannamacy.net/the-bodhisattva.html.

Capítulo 6: Nossa "fiação" está pronta para nos dar pleno acesso à cura e a uma vida longa

Epígrafe, Neel Burton. Disponível em: http://www.goodreads.com/quotes/7280473-many-things-can-prolong-your-life-but-only-wisdom-can.

1. *The Holy Bible, Authorized King James Version*, Gênesis, capítulo 6, versículo 10 (Cleveland, OH: World Publishing Company, 1961), p. 13.
2. *Ibid.*, Gênesis, capítulo 5, versículo 24, p. 12.
3. *Ibid.*, Gênesis, capítulo 6, versículo 3, p. 13.

4. "The Nobel Prize in Physiology or Medicine 2009", comunicado à imprensa, Nobelprize.org (5 de outubro de 2009). Disponível em: https://www.nobelprize.org/nobel_prizes/medicine/laureates/2009/press.html.

5. Ewen Callaway, "Telomerase Reverses Aging Process", *Nature News* (28 de novembro de 2010). Disponível em: http://www.nature.com/news/2010/101128/full/news.2010.635.html

6. *Ibid.*

7. Kristin Kirkpatrick, "Should I Stop Eating Eggs to Control Cholesterol? (Diet Myth 4)", ClevelandClinic.org (16 de agosto de 2012). Disponível em: https://health.clevelandclinic.org/2012/08/should-i-stop-eating-eggs-to-control-cholesterol-diet-myth-4.

8. John Phillip, "Targeted Nutrients Naturally Extend Telomere Length and Provide Anti-aging Effect", *Natural News* (29 de dezembro de 2011). Disponível em: http://www.naturalnews.com/034513_telomeres_longevity_nutrition.html. O estudo original está disponível em http://jn.nutrition.org/content/139/7/1273.full.pdf.

9. Elissa S. Epel, Elizabeth H. Blackburn, Jue Lin, Firdaus S. Dhabhar, Nancy E. Adler, Jason D. Morrow e Richard M. Cawthon, "Accelerated Telomere Shortening in Response to Life Stress", *Proceedings of the National Academy of Sciences of the United States of America*, vol. 101, nº 49 (28 de setembro de 2004), pp. 17312-5. Disponível em: http://www.pnas.org/content/101/49/17312.long.

10. "Essenes", Wikipedia (acesso em 30 de janeiro de 2017). Disponível em: https://en.wikipedia.org/wiki/Essenes.

11. *The Essene Gospel of Peace*, org. e trad. Edmond Bordeaux Szekely (Matsqui, BC: International Biogenic Society, 1937), p. 39.

12. Há definições legais e culturais a respeito do que é, precisamente, o alimento. Estou usando uma definição do Google que aborda os aspectos comuns e práticos do alimento como ele é compreendido em nossa sociedade. Ver https://www.google.com/webhp?sourceid=chrome-instant&ion=1&espv=2&ie=UTF-8#q=definition+of+food.

13. "Li Ching-Yuen", Wikipedia (acesso em 30 de janeiro de 2017). Disponível em: https://en.wikipedia.org/wiki/Li_Ching-Yuen.

14. "Li Ching-Yun Dead; Gave His Age as 197", *The New York Times* (6 de maio de 1933); disponível em: http://query.nytimes.com/gst/abstract.html?res=9503E4DF1538E333A25755C0A9639C946294D6CF; e "China: Tortoise--Pigeon-Dog", *Time* (15 de maio de 1933); disponível em: http://content.time.com/time/magazine/article/0,9171,745510,00.html.

15. "Tortoise-Pigeon-Dog", *Time*.

16. Martin Patience, "World's 'Oldest' Person in Israel", *BBC News* (15 de fevereiro de 2008). Disponível em: http://news.bbc.co.uk/2/hi/middle_east/7247679.stm.

17. "Life Expectancy for Social Security", Social Security Administration (acesso em 30 de janeiro de 2017). Disponível em: https://www.ssa.gov/history/lifeexpect.html.

18. Romeo Vitelli, "When a Parent Loses a Child", *Psychology Today* (4 de fevereiro de 2013). Disponível em: https://www.psychologytoday.com/blog/media-spotlight/201302/when-parent-loses-child.

19. American Psychological Association, "What Is Resilience?", Psych Central (acesso em 20 de março de 2017). Disponível em: http://psychcentral.com/lib/2007/what-is-resilience.

20. "What Is Resilience?", Stockholm Resilience Centre (4 de julho de 2008). Disponível em: http://www.stockholmresilience.org/research/research-videos/2011-12-01-what-is-resilience.html.
21. "Heart Rate Variability", HeartMath Institute (27 de outubro de 2014). Disponível em: https://www.heartmath.org/articles-of-the-heart/the-math-of-heartmath/heart-rate-variability.
22. Rollin McCraty, Raymond Trevor Bradley e Dana Tomasino, "The Resonant Heart", *Shift* (dezembro de 2004-fevereiro de 2005), pp. 15-9. Disponível em: https://www.heartmath.org/research/research-library/relevant-publications/the-resonant-heart.
23. Doc Childre e Deborah Rozman, *Transforming Stress: The HeartMath Solution for Transforming Worry, Fatigue, and Tension* (Oakland, CA: New Harbinger Publications, 2005), p. 99.

Capítulo 7: Nossa "fiação" está pronta para nos ligar à realização do nosso destino

Epígrafe, William Jennings Bryan, de "America's Mission", pronunciamento feito em um banquete oferecido pela Virginia Democratic Association, em Washington, DC, em 22 de fevereiro de 1899. Disponível em: https://archive.org/stream/speechesofwillia02bryauoft/speechesofwillia02bryauoft_djvu.txt.

1. *Forrest Gump* (1994), dirigido por Robert Zemeckis, escrito por Eric Roth, baseado no romance *Forrest Gump*, de Winston Groom (Nova York: Vintage Books, 1986).
2. Aldous Huxley, *Brave New World* (Londres: Chatto and Windus, 1931).
3. H. G. Wells, *Men Like Gods* (Londres: Cassell & Company, 1921).
4. Carnegie Endowment for International Peace Records, 1910-1954, Carnegie Collections Rare Book and Manuscript Library, Columbia University. Disponível em: http://www.columbia.edu/cu/lweb/eresources/archives/rbml/CEIP/index.html?ceipFBio.html&1.
5. "11 Myths about Global Hunger", World Food Programme (21 de outubro de 2011). Disponível em: https://www.wfp.org/stories/11-myths-about-global-hunger.
6. "By the Numbers: Hunger in the World", UFCW Canada (United Food and Commercial Workers Union 2017). Disponível em: http://www.ufcw.ca/index.php?option=com_content&view=article&id=3061:by-the-numbers-hunger-in-the-world&catid=271&Itemid=6&lang=en.
7. Richard Martin. "Meltdown-Proof Reactors Get a Safety Check in Europe", *MIT Technology Review* (4 de setembro de 2015). Disponível em: https://www.technologyreview.com/s/540991/meltdown-proof-nuclear-reactors-get-a-safety-check-in-europe.
8. *Ibid.*
9. "Indian Point Energy Center", Wikipedia (acesso em 30 de janeiro de 2017). Disponível em: https://en.wikipedia.org/wiki/Indian_Point_Energy_Center.
10. Doug Stephens, "Shared Interests: The Rise of Collaborative Consumption", *Retail Prophet* (26 de novembro de 2013). Disponível em: http://www.retailprophet.com/blog/shared-interests-the-rise-of-collaborative-consumption.
11. Stephen Hawking, de uma entrevista publicada em uma revista alemã (tradutor desconhecido). Von Klaus Franke e Henry Glass, "Wir alle wollen wissen, woher wir kommen", *Der Spiegel*, vol. 42 (17 de outubro de 1988). Disponível em: http://www.spiegel.de/spiegel/print/d-13542088.html.

12. Richard Dawkins, "Review of *Blueprints: Solving the Mystery of Evolution*", *The New York Times* (9 de abril de 1989), p. 34.

13. Neil Munro, "Poll: Race Relations Have Plummeted Since Obama Took Office", *Daily Caller* (25 de julho de 2013). Disponível em: http://dailycaller.com/2013/07/25/race-relations-have-plummeted-since-obama-took-office-according-to-poll.

14. Eric Hobsbawm, "War and Peace in the 20th Century", *London Review of Books*, vol. 24, nº 4 (21 de fevereiro de 2002). A estatística de Hobsbawm mostra que, por volta do fim do século XX, mais de 187 milhões de pessoas tinham perdido a vida na guerra. Disponível em: https://www.lrb.co.uk/v24/n04/eric-hobsbawm/war-and-peace-in-the-20th-century.

15. Matthew White, "Worldwide Statistics of Casualties, Massacres, Disasters and Atrocities", *The Historical Atlas of the Twentieth Century*. Disponível em: http://necrometrics.com/index.htm.

16. Jonathan Steele, "The Century That Murdered Peace", *Guardian* (11 de dezembro de 1999). Disponível em: https://www.theguardian.com/world/1999/dec/12/theobserver4.

17. "Convention on the Prevention and Punishment of the Crime of Genocide", resolução da Assembleia Geral da ONU (9 de dezembro de 1948). Disponível em: http://www.ohchr.org/EN/ProfessionalInterest/Pages/CrimeOfGenocide.aspx.

18. Richard Weikart, *From Darwin to Hitler: Evolutionary Ethics, Eugenics and Racism in Germany* (Nova York: Macmillan, 2006).

19. Ver Stéphane Courtois, Nicolas Werth, Jean-Louis Panné, Andrzej Paczkowski, Karel Bartošek e Jean-Louis Margolin, *The Black Book of Communism*, trad. Jonathan Murphy e Mark Kramer (Cambridge, MA: Harvard University Press, 1999), p. 491.

20. Ver Adolf Hitler, "Nation and Race", *Mein Kampf*, vol. 1: *A Reckoning* (1925). Disponível em: http://www.hitler.org/writings/Mein_Kampf/mkv1ch11.html.

21. "Past Genocides and Mass Atrocities", United to End Genocide. Disponível em: http://endgenocide.org/learn/past-genocides.

22. Charles Darwin, *On the Origin of Species by Means of Natural Selection* (Seattle: Pacific Publishing Studio, 2010), p. 133.

23. Hitler, *Mein Kampf*.

24. Charles Darwin, *The Descent of Man* (Amherst, NY: Prometheus Books, 1998), p. 110.

25. Peter Kropotkin, *Mutual Aid: A Factor of Evolution* (1902) (Boston: Porter Sargent, 1976), p. 14.

26. John M. Swomley, "Violence: Competition or Cooperation", *Christian Ethics Today*, vol. 26 (fevereiro de 2000), p. 20. Disponível em: http://pastarticles.christianethicstoday.com/cetart/index.cfm?fuseaction=Articles.main&ArtID=300.

27. *Ibid*.

28. *Ibid*. Citado em Ronald Logan, "Opening Address of the Symposium on the Humanistic Aspects of Regional Development", *Prout Journal*, vol. 6, nº 3 (setembro de 1993).

29. Alfie Kohn. Citado em Ronald Logan, "Opening Address".

30. Carl Sandburg, *The People, Yes* (1936) (Nova York: Mariner Books, 1990), p. 43.

31. Simone Robers, Anlan Zhang, Rachel E. Morgan e Lauren Musu-Gillette, *Indicators of School Crime and Safety: 2014*, relatório do National Center for Education Statistics, Institute of Education Sciences (julho de 2015). Disponível em: https://nces.ed.gov/pubs2015/2015072.pdf.

32. "Suicide of Jadin Bell", Wikipedia (acesso em 30 de janeiro de 2017). Disponível em: https://en.wikipedia.org/wiki/Suicide_of_Jadin_Bell.

33. *Ibid.*

34. "Cyberbullying and Social Media", Megan Meier Foundation (acesso em 21 de março de 2017). Disponível em: http://www.meganmeierfoundation.org/cyberbullying-social-media.html; Joe Vallese, "'Audry and Daisy' Exposes the Trauma of TeenageSexual Assault and Slut Shaming", *Vice* (23 de setembro de 2016). Disponível em: https://www.vice.com/en_us/article/audrie-and-daisy-netflix-documentary-social-media-sexual-assault.

35. Haeyoun Park e Iaryna Mykhyalyshyn, "L.G.B.T. People Are More Likely to Be Targets of Hate Crimes Than Any Other Minority Group", *The New York Times* (16 de junho de 2016). Disponível em: https://www.nytimes.com/interactive/2016/06/16/us/hate-crimes-against-lgbt.html.

36. "Matthew Shepard", Wikipedia (acesso em 30 de janeiro de 2017). Disponível em: https://en.wikipedia.org/wiki/Matthew_Shepard.

37. Além de apresentar um relato factual do assassinato de James Byrd Jr., o verbete da Wikipedia "James Byrd, Jr." (acesso em 30 de janeiro de 2017) descreve a legislação federal que resultou de sua morte e da morte de Matthew Shepard, a Hate Crimes Prevention Act [Lei de Prevenção de Crimes de Ódio]. Disponível em: https://en.wikipedia.org/wiki/Murder_of_James_Byrd_Jr.

38. Transcrição do depoimento prestado à British House of Commons [Câmara Britânica dos Comuns] pela vice-presidente Natascha Engel. "DAESH: Genocide of Minorities", *House of Commons Hansard*, vol. 608 (20 de abril de 2016). Disponível em: https://hansard.parliament.uk/commons/2016-04-20/debates/16042036000001/DaeshGenocideOfMinorities.

39. *Ibid.*

40. "FBI Releases 2014 Hate Crime Statistics", FBI National Press Office, Washington, DC (16 de novembro de 2015). Disponível em: https://www.fbi.gov/news/pressrel/press-releases/fbi-releases-2014-hate-crime-statistics.

41. *Ibid.*

42. Tara Lawley-Bergey, "'My Heart Died': A Sister Writes about Losing Her Brother to a Drug Overdose", NBC10 (8 de fevereiro de 2016). Disponível em: http://www.nbcphiladelphia.com/news/local/My-Heart-Died-A-Sister-Writes-About-Losing-Her-Brother-to-a-Drug-Overdose-367969281.html.

43. *Ibid.*

44. *Ibid.*

45. Rachel Carson foi uma bióloga marinha e conservacionista cujo livro de 1962, *Silent Spring* (Nova York: Houghton Mifflin), originalmente publicado como uma série de artigos em *The New Yorker*, despertou o interesse das correntes principais da cultura pelo movimento ambientalista e acabou levando à proibição de pesticidas como o DDT.

46. "Rose Schneiderman", Wikipedia (acesso em 30 de janeiro de 2017). Disponível em: https://en.wikipedia.org/wiki/Rose_Schneiderman.
47. "Domestic Violence Statistics", Hope Rising (acesso em 20 de janeiro de 2017). Disponível em: http://hoperisingtx.org/about/domestic-violence-statistics.
48. Jim Yardley, "Report on Deadly Factory Collapse in Bangladesh Finds Widespread Blame", *The New York Times* (22 de maio de 2013). Disponível em: http://www.nytimes.com/2013/05/23/world/asia/report-on-bangladesh-building-collapse-finds-widespread-blame.html.
49. Albert Schweitzer, *Reverence for Life*, trad. Reginald H. Fuller (Nova York: Harper and Row, 1969).
50. *Ibid.*
51. Desmond Tutu, "Made for Goodness", *Huffington Post* (13 de março de 2012). Disponível em: http://www.huffingtonpost.com/desmond-tutu/made-for-goodness_b_1199864.html.

Capítulo 8: Para onde vamos a partir daqui?

Epígrafe, Henry Miller, *Big Sur and the Oranges of Hieronymus Bosch* (Nova York: New Directions, 1957), p. 25.

1. As palavras exatas dessa declaração, que costuma ser atribuída ao Chefe Seattle, foram recentemente postas em dúvida. Embora essas palavras possam variar, a essência do que é atribuído a ele é consistente com seu pensamento, como evidencia a fala de 1854, pela qual é mais amplamente conhecido. Essa fala, com um comentário de Walt Crowley, está disponível em: http://www.historylink.org/File/1427.
2. Khalil Gibran, *The Prophet* (Nova York: Alfred A. Knopf, 1963), p. 28.

ÍNDICE REMISSIVO

NOTA: Referências de páginas em *itálico* indicam figuras.

A

Abri de Cro-Magnon, 79
Abuso de substâncias, 243-45
Abuso dirigido para dentro, 243-45
Abuso do álcool, 243-45
Admirável Mundo Novo (Huxley), 217-20, 250
Agassiz, Louis, 46, 47
Amash, Mariam, 201-02
American Psychological Association, 210
Amor, longevidade e, 201
Aposentadoria, longevidade e, 205-06
Armour, J. Andrew, 85, 87
Attitude Breathing® [Respiração de Atitude®] (Instituto HeartMath; exercício), 214-15
Australopiteco, 59
Autoabuso, problema do, 243-45
Autocura
    Estabelecendo uma Base de Referência para Suas Crenças (exercício), 21-2
    questionamento da Teoria Científica e a, O, 23-7

B

Barnard, Christiaan, 88-9
BBC News World Edition, 63
Bell, Jadin, 239-40
Blackburn, Elizabeth H., 179
Bodhisattva, 163-64
Bohr, Niels, 15
Bradbury, Ray, 123
Braden, Gregg
    O Mistério por Trás das Nossas Origens, 16-8
    The Divine Matrix, 159
Brecheen, Josh, 43
Bremer, John, 84
Budismo
    atitude com relação ao envelhecimento, 196-97
    bodhisattva do, 163-64
    sobre a compaixão, 157-163
    título de *geshe*, 172
    tradição Mahayana, 84, 163
Bullying, 239-40
Byrd, James, Jr., 241

C

Califórnia, Universidade do Estado da, 233
Camel (marca de cigarro), 30
Carnegie Endowment for International Peace [Fundo Carnegie para a Paz Internacional], 224
Carson, Rachel, 245-46
Case Western Reserve University, 103

Celular, Divisão 177-79
Células HeLa, 203-04
Células humanas, 71-2
Cérebro. *Veja também* Sabedoria baseada no coração anatomia do cérebro, visão geral, 79-81
    papel do, 81-3
Change of Heart, A (Sylvia), 89-91
Chante ishta ("força vital"), 137-38, 145
Childre, Doc, 214
Chimpanzés, relacionamento humano com, 61-8
Ciberrealidade, violência baseada na, 239-40
Ciência, *O Mistério por Trás das Nossas Origens* (Braden) objetivos e, em, 16
Cílios, exemplo dos, 70-2
Clínica Mayfield (Universidade de Cincinnati), 82
Coagulação do sangue, exemplo da 70-1
Coerência psicofísica, 141-46
Coerência. *Veja também* Intuição
    coerência psicofísica,141-46
    definida, 139
    Quick Coherence® Technique [Técnica da Coerência Rápida©] (Instituto HeartMath), 149-53
Colesterol, 183
Compaixão. *Veja também* Conexão
    como força física e experiência humana, 157-62
    empatia e, 154-57
    intuição para a, 130-36
    longevidade e, 173-74
    natureza global da, 162-63
    sabedoria e equilíbrio da, 163-64
Complexidade irredutível, 68-72
Conexão, 129-64
    a vida com propósito e a, 257-59
    como impulso, 131-32
    compaixão e, 157-64
    conexão intuitiva como coerência psicofísica, 140-43
    conexão intuitiva comparada a instinto, 132-36
    confiança na intuição e a, 142-46 (*Ver também* Intuição)
    empatia para a, 154-57
    energia e, 102-04
    Fazendo uma Pergunta ao seu Coração (exercício), 148-57
    identificando-se com outros pela, 153-54
    intuição baseada no coração voltada para a, 130-31
    intuição como, intencional, 137-40
    sabedoria do coração voltada para a, 137 (*veja também* Sabedoria baseada no coração)
    verdade pessoal e, com a sabedoria do coração, 146-48
    visão geral, 129-30
Confiança, intuição comparada à, 144-45
Contributions to the Theory of Natural Selection (Wallace), 72-3
Cooperação em vez de competição, 235-38
Crenças de base. *Ver também* Teoria da Evolução; Vida com um Propósito; "Quem somos nós?"
    "Estabelecendo uma Base de Referência para suas Crenças", 21-2
    mudanças de narrativas sobre, 13-5, 254-57
    Reavaliação das Crenças da sua Base de Referência (exercício), 255-56
    Reflexão sobre as crenças, 254-57
Criação, *veja também* Criacionismo
    narrativas religiosas/antigas sobre a, 27-9, 35-7, 113-17
    origem humana como ato intencional de, 77-8
    visão geral das teorias sobre a, 77-8
Criacionismo

Caso Dover e, 43-6
    mutação dirigida como alternativa ao, 117-20
Crick, Francis, 27, 36, 56
Crimes de ódio
    casos, 238-42
    Hate Crime Statistics [Estatística de Crimes de Ódio] (2014), 242
    Hate Crimes Prevention Act [Lei de Prevenção de Crimes de Ódio], 241
    preconceito contra o que nos torna únicos, 232-35
Crise do pensamento, 228-29
Cristianismo
    narrativa da criação no, 28, 114-15
    sobre longevidade,174-76, 193-94
    "Cro-Magnon", Homem de, 61
Cromossomo HC2, fusão, 64-8, 110, 112
Cromossomos
    definição de, 56-7
    divisão celular e, 178
    fusão do cromossomo 2 (HC2), 64-8, 110, 112
Cuidadores, padrões dos, 34-5
Cura
    autocura, 21-7
    capacidade para a, 167-70
    componentes do estilo de vida e, 183-85, 193-96

D

Da Vinci, Leonardo, 92
Dalai Lama (décimo quarto), 162-63
Darwin, Charles, 13-4, 34, 37-40, 50-2, 54-5
    Veja também Teoria da Evolução
Dawkins, Richard, 107, 231
Denton, Michael, 49
Departamento do Censo dos Estados Unidos, 240
Descubra e Resolva Seu Estresse Não Resolvido (exercício),191-2
Destino, 216-17. *Veja também* Transformação pessoal
Diretrizes para escolhas, 253-54
Discovery Institute, petição do, 50
DNA mitocondrial (mtDNA), 58
DNA, fusão do. *Veja* Genética
Drogas, abuso de, 243-45

E

E. coli, exemplo da, 69
Economias baseadas no compartilhamento, 228
Economias ponto a ponto [*peer-to-peer*], 228
Egito
    antiga religião do, 28-9
    Massacre de Luxor, 143-46
Einstein, Albert, 33, 72, 124, 162
Ekhlas (vítima do Estado Islâmico no Iraque), 242
Elgin, Duane, 120-22
Emoção. *Veja também* Empatia
    compaixão como, 157-62 (*ver também* Compaixão)
    laço emocional e intuição, 140-41
Empatia
    compaixão resultante da, 156-57 (*veja também* Compaixão)
    simpatia comparada com, 155-56
    visão geral, 154-55
Empoderamento da intuição, 153-54
Enard, Wolfgang, 63
Energia nuclear, 226-27
Energia renovável, Fontes de, 225-27
Energia, conexão e, 102-04
Enoque, 175
Envelhecimento. *Ver* Longevidade
Estabelecendo uma Base de Referência para Suas Crenças (exercício), 21-2
Estresse construtivo, 186-88

Estresse crônico, 191
Estresse
    Descubra e Resolva seu Estresse Não Resolvido (exercício), 191-92
    reação ao dilema de lutar ou fugir, 188-90
    telômeros e, 186-88
Evolução, Teoria da, 23-55. *Veja também* Genética
    Caso Dover sobre o *design* inteligente e, 43-6
    crítica da, 46-50
    Dawkins sobre, 231
    Evolution: A Journey into Where We're From and Where We're Going (PBS), 42-3
    mutação dirigida e, 117-20
    o questionamento de teorias científicas e a, 29-35
    potencial de autocura e questionamento, 23-7
    relações "inferidas" da, 52-55, 53
    "Scientific Dissent from Darwinism, A" (Discovery Institute), artigo sobre a, 49-50
    Sobre a Origem das Espécies por Meio da Seleção Natural (Darwin), 37-40, 50-2
    teorias da "sobrevivência do mais forte [apto]", 15, 234-35
    vida com um propósito e, a, 104-13
    visão geral das teorias sobre, 77-8
    visões religiosas sobre a criação, 27-9, 35-7
    Wallace sobre seleção natural, 72-3
Evolution and Adaptation (Morgan), 54
Evolution: A Journey into Where We're From and Where We're Going (PBS), 42-3
Exercícios
    Attitude Breathing® [Respiração de Atitude®] (Instituto HeartMath), 214-15

Descubra e Resolva seu Estresse Não Resolvido, 191-92
Estabelecendo uma Base de Referência para suas Crenças, 21-2
Fazendo uma Pergunta ao seu Coração, 148-53
Reavaliação das Crenças da Sua Base de Referência, 255-56
Experimento Michelson-Morley, 102-04

F

Fábrica de roupas (Bangladesh), colapso de, 246
Famílias, longevidade e, 205-07
Fatores de estilo de vida, longevidade e, 183-85, 193-96
Fazendo uma Pergunta ao Seu Coração (exercício), 148-53
Federal Bureau of Investigation (FBI), 240
Fleischmann, Albert, 47
Flutuação da frequência cardíaca (HRV), 212-13, 212
Fontes de energia renovável, 225-27
Força Aérea dos Estados Unidos, 103-04
Forrest Gump (filme), 216-17
Fumar, chefe da Saúde Pública sobre o hábito de, 29-31

G

Gene BMPR2, 66
Gene FOXP2, 62-4, 66-7, 110
Gene SATB2, 66
Gene SSB, 66
Gene TBR1, 66
Genética, 56-78
    complexidade irredutível e, 68-73
    fusão do cromossomo 2 (HC2), 64-8, 109, 112
    genes, definição de, 56-7
    neandertais e, 57-9, 80, 111
    pesquisas sobre o genoma humano, 61-4

primeiras pesquisas genéticas, 56-7
problemas éticos da, 220-23
seres humanos anatomicamente modernos (SHAMs), 60-1
tamanho do padrão genético humano, 100-02
tamanho do telômero, 176-82 , 177
teoria científica convencional sobre as origens humanas e, 73-7
teorias sobre o humano conforme um planejamento e, 77-8
visão geral das teorias sobre, 77-8
visão geral, 13
Wallace sobre seleção natural, 72-3
Genocídio, 233-35, 238
Genoma humano, pesquisas sobre o, 61-4
   Veja também Genética
Geshe, título, 172
Gilder, Joshua, 42-3
Golay, Marcel, 105
Goodwin, William, 57
Gould, Stephen Jay, 49
Gray, Asa, 51
Greider, Carol W., 179-80, 186

H

Hábitos, escolhas saudáveis como, 195
Hawking, Stephen, 229-31, 246-47
Hayflick, Leonard, 179-80
Hitler, Adolf, 234, 235
HMS *Beagle*, 39
Homo habilis, 59
Homo sapiens sapiens, 60
Hoyle, *sir* Fred, 48, 106
Human Identification Centre (Universidade de Glasgow), 58-9
O Mistério por Trás das Nossas Origens (Braden), 16-8
Huxley, Aldous, 217-20, 250

I

Icons of Evolution (Gilder), 43
Iluminação, budismo sobre, 163-64

Impulso para a connexão, 131-33
Instinto
   confiando no, 96-9
   intuição comparada a, 132-36
Instituto HeartMath (IHM)
   Attitude Breathing® [Respiração de Atitude®] (exercício), 214-15
   Quick Coherence® Technique [Técnica de Coerência Rápida®],149-52
   sobre a intuição, 138-40
   visão geral, 97
Inteligência
   do coração (*veja* Sabedoria baseada no coração)
   origem humana como produto de uma forma de vida inteligente, 78
Intenção. *Veja também* Vida com propósito
   intuição e, 138-40
   pensamento antigo sobre origem intencional, 113-17
   origem humana como ato intencional, 77-8
Intuição
   baseada no coração, 130-31, 137-38
   chante ishta ("força vital") e, 137
   coerência psicofísica da, 141-46
   compaixão e, 157-64
   empatia e, 154-57
   empoderamento da, 153-54
   espontânea, 131
   Fazendo uma Pergunta ao seu Coração (exercício), 149-53
   impulso para a conexão e, 131-32
   instinto comparado a, 132-36
   intenção e, 138-40
   laço emocional da, 140-41
   natureza pessoal da, 145-48
   para conexão, 129-30
Intuição espontânea, 131
Islã, história da criação no, 114-15

J

Jaspers, Karl, 125-26
Jesus, 194
Johns Hopkins, 203-04
Jones, John E., III, 44
Jornada nas Estrelas: A Nova Geração (série de TV), 154-55
Journal of Nutrition, 185
Judaísmo
    história da criação no, 36, 113
    sobre longevidade, 174-76, 193-94

K

Kohn, Alfie, 237
Koontz, Dean, 133
Kropotkin, Peter, 235-38

L

Lacks, Henrietta, 204
Lawley, Derik, 243-45
Lawley-Bergey, Tara, 243-45
Li Ching-Yuen, 199-201, 200
Lipson, H. S., 48
Logan, Ronald, 236-37
Longevidade, 165-215
    Attitude Breathing® [Respiração de Atitude®] (Instituto HeartMath; exercício), 214-15
    capacidade de cura para a, 167-69
    Descubra e Resolva seu Estresse Não Resolvido (exercício), 191-92
    estresse e, 188-93
    fatores de estilo de vida e, 186-88, 193-95
    histórias de, 170-76, 199-202, 200
    impacto emocional da, 204-09
    resiliência para a, 209-14, 212
    resistência à medição da idade e, 196-99
    telômeros e, 203-04
    visão geral, 165-66

Luce, Clare Boothe, 93
Lutar ou fugir, reação de, 188-90

M

Macário, São, 87
Macy, Joanna, 164
Mahayana, budismo, 84, 163.
    Veja também Budismo
Maias, narrativa da criação entre os, 116-17
Manning, Henry Edward (cardeal da Inglaterra), 51
Mao Tsé-Tung, 234
Matthews, Leonard Harrison, 48
Matusalém, 174
Max Planck Institute for Evolutionary Anthropology, 63
McKusick, Victor A., 101
Mein Kampf (Hitler), 234, 235
Men Like Gods (Wells), 218-20, 250
Mezmaiskaya, Descoberta da Gruta de, 57-8
Michelson, Albert, 102-04
Minerais, 185-86
Ministério da Educação dos Estados Unidos, 239
Morgan, Thomas H., 54
Morley, Edward, 102, 103
Mubarak, Hosni, 145-46
Mudança, trabalhando na, 259-60
Mulheres, violência contra, 246
Mutual Aid [*Ajuda Mútua*] (Kropotkin), 236

N

Narrativas em mudança, 32
National Academy of Sciences, 65-8, 186, 191
National Center for Education Statistics, 239
National Geographic News, 60
Nature, 59, 63, 103-04, 180-81
NBC News, 232
Neandertais, 14, 57-9, 80, 111
Neuritos sensoriais, 85-7

Neuritos, 85-7
Neurocardiology, 85
Nippur (história da criação sumeriana), 114
No Contest (Kohn), 237
Nut (deusa egípcia), 28-9
Nutrição
    disponibilidade de alimento, 224-25
    longevidade e, 183-85, 193-95

O

Of Pandas and People, 44
Óleo de coco, 183-84
Omaha, Povo, 84
Orientação sexual, violência baseada na, 240-41
Ovos de galinha, 183
Ovos, nutrição com, 183

P

Padrões condicionados, 34-5
Pathos, 155
Pearsall, Paul, 91-2
Peixe-zebra, 80-1
Percepção, sabedoria baseada no coração e 95
Pesquisa de opinião Gallup, 27
Pesquisa/resenha, *O Mistério por Trás das Nossas Origens* (Braden), objetivos e, em, 16, 17
Pew Research Center, 240
    Design Inteligente, Caso Dover, e, 43-6
Poder da autoestima, O, 230-32, 246-47
Poder da sabedoria do coração, 138
"Pontos-chaves", resumo dos, 260-66
Popol Vuh (texto maia), 28, 116
Pratchett, Terry, 32
Prigogine, Ilya, 105
Princeton, Universidade de, 96
Problemas éticos envolvidos na evolução da tecnologia, 220-23
Proceedings of the National Academy of Sciences, 65-8

Profissão médica, autocura e, 23-7
Projeto Genoma Humano, 61, 100-02
Psychology Today, 206
Public Broadcasting Service (PBS), 42-3

Q

Quick Coherence® Technique [Técnica de Coerência Rápida®] (Instituto HeartMath), 149-53
Quotations from Chairman Mao Tse-Tung ("Livrinho Vermelho"; Mao), 234

R

Raça
    relações de raça, 232-33
    violência baseada na, 241-42
Raciocínio circular, 95-6
Reavaliação das Crenças da Sua Base de Referência (exercício), 255-56
Relações "inferidas", Teoria da Evolução e, 14, 52-5, 53
Religião
    Caso Dover sobre o *design* inteligente e, 43-6
    compaixão e, 157-64
    crenças sobre o coração, 84, 87
    criacionismo, 43-6, 117-20
    envelhecimento/longevidade e, 174-76, 193-99 (*Veja também* Longevidade)
    O Mistério por Trás das Nossas Origens (Braden), objetivos e, em, 16
    "Scientific Dissent from Darwinism, A" (Discovery Institute) e, 49-50
    tradições de cura na, 169
    violência baseada na, 233, 234, 242
    visões religiosas e/ou antigas sobre a criação, 27-9, 35-7, 113-17
Resiliência
    Attitude Breathing® [Respiração de Atitude®] (Instituto HeartMath; exercício), 214-15

eletrocardiograma (ECG), exemplo de, 211-15, 212
visão geral, 209-11
Rozman, Deborah, 214

S

Sabedoria baseada no coração, 79-99.
Veja também Compaixão
anatomia do cérebro, visão geral, 79-81
confiança nos instintos da, 96-8
funções do coração e, 83-5
intuição como modo de percepção baseado no coração, 130-31 (*veja também* Intuição)
longevidade e amor, 202
neuritos no coração e, 85-8
olho único do coração (*chante ishta*) e, 137, 145
papel do cérebro e, 81-3
para tomada de decisão, 93-6
poder da, 138
resiliência e saúde do coração, 211-15, 212
transferência de memória e, 88-93

Sagan, Carl, 33
Salisbury, Frank, 105
Sandburg, Carl, 237
Saúde Pública dos Estados Unidos, Chefe da, 29-31
Schweitzer, Albert, 249-50
"Scientific Dissent from Darwinism, A" (Discovery Institute), 50-1
Seattle (chefe suquamish), 258
Sedgwick, Adam, 47
Seres humanos anatomicamente modernos (SHAMs), 59-60, 79-81
Shepard, Matthew, 241
Silvertooth, E. W., 103
Simpatia, empatia comparada com, 155-56
Sistema imune, sabedoria baseada no coração e, 89

Smith, Wolfgang, 49
Smithsonian Institution, 58
Sobre a Origem das Espécies por meio da Seleção Natural (Darwin), 13-4, 37-40, 50-2, 233-35.
Veja também Teoria da Evolução
St. Paul School of Theology, 236
Steiner, Rudolf, 84
Stockholm Resilience Centre, 211
Sumérios, narrativa da criação entre os, 114
Suquamish, Povo, 258
Sutra do Lótus (budismo Mahayana), 84
Sutras, 163-64
Swomley, John, 236
Sylvia, Claire, 89-91
Symposium on the Humanistic Aspects of Regional Development [Simpósio sobre os Aspectos Humanistas do Desenvolvimento Regional] (1993), 236-37
Szostak, Jack W., 179-80

T

Tabaco, Chefe da Saúde Pública sobre o, 29-31
Tellus Institute, 224
Telômeros
células HeLa e, 203-04
estresse e, 186-88
fatores do estilo de vida e, 183-85
importância do tamanho do telômero, 176-80, 177
telomerase, 179-82
The Descent of Man (Darwin), 235
The Divine Matrix (Braden), 159
The Heart's Code (Pearsall), 91-3
Todorov, Alex, 96
Tomada de decisão, sabedoria baseada no coração para a, 93-6

Tório, Energia do, 226-27
Tradições norte-americanas nativas
   conceito de *chante ishta* (cherokee), 137
   sabedoria baseada no coração do povo Omaha, 84
   Seattle (chefe suquamish) sobre a vida com um propósito, 258
Transferência de memória, 88-93
Transformação pessoal, 216-51
   a valorização da vida humana e, 245-51
   abuso dirigido para dentro e, 243-45
   conceitos utópicos e, 217-20, 249-50
   cooperação em vez da competição para a, 235-38
   crise do pensamento e, 228-30
   economias baseadas no compartilhamento e, 228
   poder da autoestima para a, 230-31, 246-47
   problemas éticos e, 220-23
   respeitando o que torna únicas as outras pessoas, 232-35, 238-43
   soluções para problemas pessoais e globais, 223-27
Transforming Stress (Childre, Rozman), 214
Transplante de coração, 88-93
Transplante de órgão; de coração, 88-93
Tutu, Desmond (Arcebispo), 250

U

U.S. District Court for the Middle District of Pennsylvania [Tribunal Distrital dos Estados Unidos para o Distrito Central da Pensilvânia], 44
U.S. Social Security Administration [Administração da Seguridade Social dos Estados Unidos], 205
UCLA, 63

Uma Breve História do Tempo (Hawking), 230-31, 246-47
Únicos, respeito ao que nos torna, 232-35, 238-43
United Nations World Food Programme [Programa Mundial de Alimentos das Nações Unidas], 224-25
Universidade da Califórnia em Berkeley, 179
Universidade de Cincinnati, 82
Universidade de Glasgow, 57, 59
Universidade de Montreal, 85
Universidade do Estado de Utah, 105
"Universo morto", perspectiva do, 120-22
Utopia, conceitos de, 217-20, 249-50

V

Valor da vida humana, 245-51
Venter, Craig, 102
Verdade como pessoal, 146-48
Vida com propósito, Uma, 100-26
   capacidade para amar e, 125-26
   conexão e, 257-59
   expansão de teorias sobre a evolução, 107-13
   intenção e, 77-8, 113-17, 138-40
   mutação dirigida como alternativa para a evolução e o criacionismo, 117-20
   pensamento antigo sobre origem intencional, 113-17
   suposições científicas e, 100-04
   Teoria Convencional da Evolução e, 104-06
   universo como sistema vivo e, o, 120-25
Vida humana, valorização da, 245-51
Violência de parceiro amoroso, 246
Violência doméstica, 245-46
Vitaminas, 185-86

W

Wall Street Journal, 232

Wallace, Alfred Russel, 72-3
Wangmo, Kelsang, 172-73
Washkansky, Louis, 88-9
Watson, James, 56
Weikart, Richard, 233-34
Wells, H. G., 218-20, 250
    "Quem somos nós?" *Veja também*
    Vida com um propósito,
    A base de referência de crenças a respeito de, 13-5, 21-2, 254-57 (*Veja também* Teoria da Evolução)
    diretrizes para fazer escolhas a respeito de, 253-54
    importância da origem e, 11-3
    metas de *O Mistério por Trás das Nossas Origens* (Braden), 16-8
    mudando a resposta para, 252-53
    "pontos-chaves", sumário dos, 260-66
    Reavaliação das Crenças da sua Base de Referência (exercício), 255-56
    trabalhando na mudança para a realização de, 259-60
    vida com um propósito, A, 257-59
    visão geral de teorias sobre, 77-8
Wickramasinghe, Chandra, 106
Williams Institute, 240
Williams, David S., 141

Y

Young, Kaye, 140-41
Young, Ronald, Jr., 140

AGRADECIMENTOS

Eu me lembro do momento em que tomei a decisão de escrever *O Mistério por Trás das Nossas Origens*. Estava voltando para casa depois de três dias de palestras em uma convenção em Londres. Ao passar pelos monitores de TV no saguão do aeroporto, notei que todas as transmissões veiculavam um tema comum, que entrelaçava as diferentes reportagens em uma história compartilhada e inundava os canais de TV naquele fim de tarde.

De fato, estendendo-se desde as tragédias da violência doméstica nos Estados Unidos e a tendência crescente da prática do *cyberbullying* entre os jovens até a epidemia do uso de drogas ilegais de um extremo a outro dos Estados Unidos e as indescritíveis atrocidades que ocorriam na Síria e no Iraque desvastados pela guerra, o tema no centro de cada noticiário era o mesmo: uma história humana baseada na falta de apreço pela vida humana. Estava claro para mim que qualquer solução para amenizar tanta tragédia e sofrimento precisava voltar a atenção para este núcleo – *a maneira fundamental como pensamos em nós mesmos e nos outros*. Nesse momento foi concebido este livro. Eu queria criar uma fonte concisa e acessível sobre novas descobertas que podem nos proporcionar razões para mudarmos a maneira como pensamos sobre nós mesmos. No entanto, um livro é apenas uma ideia até que lhe seja dada forma.

Se precisamos apenas de uma aldeia para criar uma criança, precisamos de toda uma comunidade de indivíduos de mentalidade semelhante, mas com habilidades diversificadas, espalhados por muitos fusos horários, para que um livro passe realmente a existir. Esta seção é minha oportunidade de expressar gratidão e apreço para com a família que deu apoio a meu compromisso de compartilhar nossa nova história humana – os editores de texto, revisores de prova, diagramadores, ilustradores, representantes de marketing, divulgadores e produtores de eventos que trabalharam nos bastidores para tornar este livro possível. A cada um dos membros da tão dedicada família Hay House com quem tive a satisfação de trabalhar, sou especialmente grato a:

Louise Hay, Reid Tracy e Margarete Nielsen – obrigado pela confiança que depositaram em mim, por sua experiente visão, que lhes permite entender como nós, autores, podemos contribuir para nossas comunidades, e por sua dedicação realmente extraordinária à maneira de fazer negócios que se tornou a marca registrada do sucesso da Hay House.

Patty Gift – sou profundamente grato a você por acreditar em mim desde o começo, por seu apoio sempre presente, por sua confiança e, em especial, por sua amizade. *O Mistério por Trás das Nossas Origens* é meu nono livro com a Hay House e marca o meu aniversário de treze anos como autor da editora. Estou ansioso para ver aonde os próximos treze anos vão nos levar!

Anne Barthel – sou grato além das palavras por sua orientação, apoio e amizade. As recomendações que você compartilhou comigo ultrapassam em muito os limites do título oficial de editora-executiva que você detém e meu apreço por elas é maior do que conseguiria expressar.

Richelle Fredson – é uma alegria trabalhar com você e seus instintos de publicidade são sempre certeiros. Obrigado por seu empenho em me ajudar a alcançar o maior número possível de pessoas com nossa mensagem de empoderamento e por tornar essa tarefa tão divertida.

Christy Salinas e Tricia Breidenthal – vocês, e sua equipe de extraordinário talento, têm sido tão pacientes comigo, tão abertas às minhas ideias, tão capazes de executar as mais belas capas de livros, que "obrigado" parece uma palavra inadequada para expressar a profunda gratidão que sinto em relação a vocês.

Kathryn Wells – nossa incrível gerente especial de projetos para a internet. Eu me sinto muito afortunado por ter você e sua equipe me apoiando. Minha mais profunda gratidão pelo mais belo site e as *newsletters* mais inspiradoras que já tive!

Agradecimentos

Mollie Langer – a melhor produtora de eventos que eu poderia querer! Obrigado por sua dedicação e profissionalismo, por honrar nossas audiências com os mais belos eventos ao vivo do planeta, pelo cuidado que envolve tudo o que você faz e, especialmente, por nossa amizade.

Rocky George – você é o engenheiro de áudio perfeito, sempre com o ouvido voltado para aquele som correto. Quem me dera eu pudesse levá-lo a cada gravação que faço pelo mundo afora!

Diane Ray e toda a equipe da Hay House Radio – obrigado por tornar o rádio tão divertido e fácil. Meu sincero agradecimento a vocês pela dedicação à excelência e por me fazer soar tão bem a cada postagem na internet, a cada entrevista e palestra no rádio.

Melissa Brinkerhoff e todas as pessoas sempre sorridentes, tão aplicadas ao trabalho, que criam as mesas de livros perfeitamente abastecidas em nossos eventos *I Can Do It!* e *Celebrate Your Life* – vocês todos são, em definitivo, os melhores! Eu não poderia esperar uma equipe mais dedicada ou um grupo mais simpático de pessoas para dar apoio ao meu trabalho. O entusiasmo e o profissionalismo de vocês são insuperáveis e tenho orgulho de ser parte de todas as coisas boas que a família Hay House traz ao nosso mundo.

Ned Leavitt – obrigado mais uma vez por sua sabedoria e pelo toque humano que você traz a todos os projetos que compartilhamos. Sou profundamente grato à sua orientação como meu agente nas muitas e variadas formas sob as quais ela está atuando agora. Em especial, sou grato por sua confiança em mim e por nossa amizade.

Stephanie Gunning – minha guru editorial de primeira linha, minha caixa de ressonância e minha amiga há mais de dezessete anos. Minha gratidão profunda pela sabedoria, objetividade e dedicação com as quais você me ajudou a compartilhar as complexidades da ciência e as verdades da vida de maneira alegre e significativa.

Estou orgulhoso de fazer parte da equipe virtual e da família que cresceram em torno do apoio ao meu trabalho ao longo dos anos, incluindo minha tão estimada Lauri Willmot, minha favorita (e única) gerente-executiva e porta-voz de Gregg Braden e da Wisdom Traditions desde 1996. Tenho uma tremenda admiração e um grande respeito por você. Aprecio as incontáveis maneiras pelas quais você sempre esteve do meu lado, a cada dia e em todas as horas. Admiro sua estima e seu suporte contínuos e, em especial, sua amizade.

Rita Curtis – valorizo profundamente sua visão, sua clareza como minha gerente de negócios e suas habilidades que nos fazem superar cada mês. Aprecio sua confiança, sua abertura para novas ideias e, em especial, sua amizade.

Para minha mãe, a bela Sylvia Lee Braden – você lutou por minha vida quando eu estava em seu ventre e agora tenho a honra de defender sua saúde e dignidade à medida que sua vida está mudando com mais rapidez do que qualquer um de nós poderia ter imaginado. Para meu irmão, Eric, minha gratidão mais profunda por seu amor infalível e por acreditar em mim, mesmo quando não me entende. Embora nossa família seja pequena, descobrimos juntos que nossa extensa família de pessoas amadas é maior do que jamais imaginamos.

Martha – minha bela esposa e melhor amiga. Agradeço além das palavras por sua aceitação e apoio, por sua inabalável amizade, pela requintada e amável sabedoria, e pelo amor todo abrangente que me acompanha em cada dia da minha vida. Você, ao lado de Woody, Nemo e Mr. Merlin, as criaturas com quem compartilhamos nossa vida, são a família que faz valer a pena voltar para casa depois de cada jornada. Obrigado por tudo o que me dão, por tudo o que compartilham e por toda a alegria que trazem para minha vida.

Um agradecimento muito especial a todos os que têm apoiado meu trabalho, livros, vídeos e apresentações ao vivo ao longo dos anos. Fico honrado por sua confiança, fascinado pela visão que vocês têm de um mundo melhor e profundamente satisfeito pela paixão que sentem por transformar esse mundo em realidade. Por intermédio de vocês, aprendi a ser um ouvinte melhor e ouvi as palavras que me permitem compartilhar nossa empoderadora mensagem de esperança e possibilidade. A todos, permaneço grato de todas as maneiras, sempre.